Goldmann Science Fiction

D1867295

Von Thomas Le Blanc
sind bereits im Goldmann Verlag lieferbar:

Antares · 23365
Beteigeuze · 23385
Canopus · 23391
Deneb · 23405
Eros · 23417
Fomalhaut · 23425
Halley (Juni 1984)

SCIENCE FICTION STORIES

Thomas Le Blanc (Hrsg.)

Ganymed

Originalausgabe

Wilhelm Goldmann Verlag

Innenteilillustrationen
von Norbert Lösche, Aachen

Made in Germany · 12/83 · 1. Auflage · 118
© der Originalausgabe 1983
by Wilhelm Goldmann Verlag, München
© der Einzelgeschichten:
Reinmar Cunis: »Schrei Freiheit Schrei« © 1983 by Reinmar Cunis
Bernd Kreimeier: »Es führt kein Weg zurück«
© 1983 by Bernd Kreimeier
Harald Braem: »Der Riß durch die Wirklichkeit«
© 1983 by Harald Braem
Jörg von Liebenfels: »Der Anti-Orpheus-Effekt«
© 1983 by Jörg von Liebenfels, mit freundlicher Genehmigung
seiner Agentur Utoprop
Heidelore Kluge: »Wiedersehen mit Elena«
© 1983 by Heidelore Kluge
Robert Steffen: »Der intergalaktische Kulturaustausch«
© 1983 by Robert Steffen
Stephan de la Motte: »Die Stummen« © 1983 by Stephan de la Motte
Iny Klocke: »Musik für Schmetterlinge« © 1983 by Iny Klocke
Ilona Bodden: »Eine sehr alte Geschichte« © 1983 by Ilona Bodden
Rainer Erler: »Die Liebenden von Manhattan« © 1983 by Rainer Erler
Martin Rossmann: »Formblatt 230.882« © 1983 by Helmut Weber
Karl-Ulrich Burgdorf & Wolfgang E. Hohlbein:
»Im Goldmann-Echtbuchladen«
© 1983 by Karl-Ulrich Burgdorf & Wolfgang E. Hohlbein
Umschlagentwurf: Design Team München
Umschlagillustration: Jürgen-F. Rogner, London
Satz: Mohndruck Graphische Betriebe GmbH, Gütersloh
Druck: Elsnerdruck GmbH, Berlin
Verlagsnummer 23440
Lektorat: Ingrid Petersen/Peter Wilfert
Herstellung: Peter Papenbrok
ISBN 3-442-23440-9

Inhalt

Vorwort

In meinen Einladungen an die Autoren, sich mit Erzählungen an meinen »Sternenanthologien« zu beteiligen, gebe ich Themen nicht nur deshalb vor, um dann inhaltlich zueinander passende Erzählungen zu bekommen. Sicher ist das *ein* Ziel: daß der Band eine für den Leser klar erkennbare Linie erhält. Aber ein solcher Band wird nicht nur für die Leser, sondern *auch für die Autoren* gemacht – das wollen wir gerne zugeben. So dient die Vorgabe eines Themas als Schreibanstoß an den Autor, und ich verstehe meine Funktion als Herausgeber keinesfalls als die eines bloßen Sammlers von zufällig verfaßten Texten, sondern gerade als Initiator. So muß ein Thema besonders ergiebig und breit oder aber besonders knifflig und anspruchsvoll sein, um den Autor zu *reizen*, um ihm Denkanstöße zu vermitteln und bei ihm kreative Prozesse auszulösen. Und da ohne ein vorhandenes Risiko kaum ein notwendiges Engagement eingesetzt wird, deshalb will ich gelegentlich bewußt das Wagnis eingehen, neben konventionelleren Themen der Science Fiction auch extravagantere anzugehen.

So habe ich für diesen Band, der ja schon der siebte der Reihe ist, das Thema *Kunst / Musik / Literatur* vorgegeben und darüber hinaus natürlich jede denkbare künstlerische Darstellungsform gemeint. Denn auch auf anderen Welten und zu anderen Zeiten wird es (hoffentlich!) Künstler geben: Und ihre Kunstformen und ihre Probleme und ihre Arbeit zu zeigen, ist Aufgabe der Science Fiction. Ein Thema, das in der SF selten genug vorkommt; ein Grund mehr, daß deutsche Autoren es aufgreifen.

Nachdem ich die Briefe an die Autoren verschickt hatte, bekam ich viele Wochen lang kaum Rückmeldungen. Normalerweise ist es so, daß nach der Einladung zur Beteiligung an einem Band schon sehr schnell Erzählungen einlaufen und sich das Textaufkommen bis zum Redaktionsschluß recht gleichmäßig verteilt (und erst zwei Tage *nach* Redaktionsschluß noch einmal einen mit tausend Entschuldigungen versehenen Höhepunkt erreicht). Hier verlief es anders, und das ließ mich erst voller Unruhe glauben, das gestellte Thema sei doch *zu* ausgefallen.

Nein, das war es nicht. Die Autoren schöpften nur die Zeit, die ihnen zur Verfügung stand, voll aus: Der Anspruch des Themas verlangte eben auch besondere Anstrengungen und fraß mehr Arbeitszeit – und als die Texte schließlich kamen, sah ich erfreut, daß sich das Warten wahrhaftig gelohnt hatte. Gerade Reinmar Cunis setzte als letzter (dafür ist seine Erzählung hier der Auftakt) einen Punkt, daß mir beim Lesen der Atem wegblieb.

So halten Sie jetzt einen besonders exquisiten Band in Händen. Die angegangenen künstlerischen Themen reichen von Darstellender Kunst über Theater, Malerei, Ballett und Musik (die mehrfach als Thema gewählt wurde) bis zur künstlerischen Kreativität allgemein, unabhängig von der Kunstform, und auch die Computersimulation fehlt nicht.

Was (merkwürdigerweise?) fehlt, ist die Literatur. Für dieses Manko wird man aber reichlich entschädigt mit einer Story über das Bücherherstellen und Bücherverkaufen: jene herrliche Satire von Karl-Ulrich Burgdorf und Wolfgang E. Hohlbein, die auch vor dem ehrwürdigen Namen *Goldmann* keinen Respekt zeigen.

T. L. B.

Reinmar Cunis

SCHREI FREIHEIT SCHREI

Eine Skulptur, die auf erregende Weise verkörpert, was wir alle fühlen: unsere Sehnsucht, frei zu sein, über uns selbst zu bestimmen, in Gerechtigkeit zu leben.

Früher mochten das hohle Wörter gewesen sein, jeder deutete sie anders und so, wie's ihm gerade paßte, die demokratischen Häuptlinge benutzten sie und die anarchistischen Hitzköpfe auch. Doch wenn Unrecht, Unfreiheit und Unterdrückung auf dem Volk lasten, empfinden alle dasselbe, und es gibt nur noch wenige, die *Menschlichkeit* sagen und *Machtanspruch* meinen.

Ja! Wir haben schon zu lange Gewalt in unserem Land geduldet. Zu spät begriffen wir: *Machthunger* vernichtet unsere Spezies. Zu oft haben wir vor der totalen Technik und zu selten vor den Diktatoren gewarnt. Jetzt, wo wir alle dasselbe fühlen, fehlt uns die Kraft, uns zu wehren.

Olrik war es gelungen, unserer Sehnsucht Gestalt zu geben: seine Skulptur – das waren unsere Gefühle. Bei jedem, der sie sah, ballte sich das Blut in der Brust und explodierte gleich darauf in alle Enden des Körpers, man meinte, mehr als drei Dimensionen zu schauen, denn der Blick öffnete sich in unfaßbarer Weise. Mehrmals habe ich das erlebt: Olrik führte die Besucher in sein Atelier, enthüllte die Plastik, und sie standen einen Augenblick bleich wie Industriesklaven, dann schwollen Puls und Schläfen dunkelrot, viele sprudelten Tränen hervor, und sie hoben nicht die Hand, sie abzuwischen.

Olrik freute sich über diese Wirkung, ohne sich klarzumachen, welche Gefahr von ihr ausging. Ich redete auf ihn ein, es brauchte Wochen, bis er bereit war, seine Gäste sorgfältiger auszuwählen und die Plastik im Keller seiner Hütte hinter Reisig und Kaminholz zu verstecken. »Meinst du nicht, wir sollten sie öffentlich ausstellen?« sagte er, und ich: »Noch ist die Zeit nicht gekommen.«

In dem verfallenen Schuppen am Ende des Bergvorsprungs hielt ich die Skulptur für sicher. Die Hütte schmiegt sich in eine Spalte des Steilhangs, weder vom Fjord noch vom Hochland aus ist sie zu sehen, der einzige Pfad dorthin führt an Olriks Atelier vorbei, hart an den Klippen entlang, bei Nacht würde man abstürzen, und bei Tageslicht ist der unbewachsene Fels gut zu überwachen. »Ein ideales Versteck!« sagte Olrik in seiner kindlich-stürmischen Art, obwohl er gut genug über moderne Schnüffeltechnologien Bescheid wußte: Ausgerechnet die neuen, kaum entwickelten Grundlagen der *Paratechnik* verwendete er für seine Kunst. »Ein prächtiger Einfall von dir!« sagte er. »Wir werden sie dort lassen, bis es soweit ist.«

Sie ist gewiß noch heute dort.

Warum ich Ihnen den Platz so genau beschreibe? Sind Sie nicht zur Verschwiegenheit verpflichtet, auch in dieser Zeit, in der die Kirche wieder einmal mit den Tyrannen paktiert, um zu überleben? Aber selbst, wenn Sie dem Direktor berichten würden – was wäre für die Behörden damit gewonnen? Olriks Wunsch, die Skulptur im Augenblick der Befreiung auf dem Platz vorm Rathaus unserer Hauptstadt aufzustellen, kann nicht erfüllt werden, nie wird sie das Symbol unserer Sehnsucht sein.

Damit Sie verstehen, was ich meine, will ich sie Ihnen beschreiben, so wie ich sie zum ersten Mal im Licht der grellen Maisonne sah: ein flacher, blanker Felsen, vom Meer vielfach geschliffen und doch kantig wie unser Volk, und daraus sprießen zwei weiße, schlanke Bogen wie Stoßzähne eines Elefanten, der den Kopf in den Nacken geworfen hat und den Schrei seines freien Lebens hinaustrompetet, unbesiegbar, stark. Dieser Schrei ist blitzender Kristall zwischen den aufwärts gerichteten Spitzen, diamantscharf schwebt er zwischen ihnen, scheinbar dem Himmel ebenso nah wie dem Felsen, aus dem er hervorgebrochen ist. Olrik, ich sagte es schon, nutzte die Erkenntnisse der Paratechnik: Die Atomstruktur der beiden Bogen ist im oberen Bereich so verändert, daß ein Wechselspiel zwischen mentaler Strahlung und Schwerkraft wirksam wird, das heißt, die Gedanken des Betrachters halten den Kristall in seiner Schwebelage.

Ich schätze, daß den Gelehrten unserer Kirche dieses alte Prinzip schon lange bekannt war, das Wunder der Levitation ist also auf Naturgesetzlichkeit zurückzuführen, und vermutlich wird man auch andere Erscheinungen mit der Schwerkrafttheorie erklären können. Vielleicht weiß man aber auch in den katholischen Akademien so wenig wie in der Öffentlichkeit, Theorie und Entwicklung der Paratechnik werden lange geheim gehalten, militärischer Sperrbereich, wie? Forschung hat nur noch der Rüstung, der

Machtabsicherung zu dienen.

Aber eines Tages werden sich die prächtig bewachten Laboratorien öffnen, denn das Ende jeder irdischen Macht steckt in ihr selbst, und die Friedfertigen werden das Erdreich besitzen – Entschuldigung, Bibelauslegung fällt eher in Ihr Gebiet als in meins. Ich habe im Kommunionunterricht schlecht aufgepaßt, wollte damit sagen, wie sehr ich an unseren Sieg glaube, wenn ich ihn auch nicht mehr erleben werde.

Es war vor sechs Wochen an einem der warmen, stürmischen Herbsttage, wo abends der Wind innehält und sich aufs Meer legt, damit es still und glatt wie ein Bettlaken wird, die Wolken standen geballt, einige mitten im Sprung angehalten, andere, ineinandergeklammert, zuckten gewittrig. Ich war die sechsundvierzig Kilometer zu Olrik hinausgefahren durch zerzausten Bergwald, herabgebrochene Äste bedeckten die Schotterstraße, einige versperrten mir den Weg, bei Fornæs sah ich die Ruine des Leuchtturms, sie schien mir an diesem Tag noch weiter eingefallen. Ein Mitglied unserer Organisation hatte mich informiert, Olrik sollte verhaftet, seine Privatsammlung beschlagnahmt, alle angefangenen Arbeiten zerstört werden. Als ob's nicht schon zuviel gewesen wäre, ihn aus den Museen zu werfen, seine Ausstellungen zu schließen und ihm das Reisen zu verbieten!

Wir hatten für diesen Tag vorgesorgt. Als wir noch Kinder waren, segelten wir an den Tausend Inseln entlang, auf denen früher Robben und Walrösser lebten, wir *suchten den Turm, der das Nordlicht ausstrahlt* – jedenfalls hatte uns Großvater davon erzählt, und wir hielten dies Märchen für wahr. Das Herumsegeln war unser schönstes Abenteuer, zu lange beschäftigten uns Kinderträume, da war unsere Welt bereits unter die Stiefel der Diktatoren geraten. Olrik und ich beschlossen vor ein paar Jahren, die Tage unserer Träume nützlich zu verwerten, deshalb legten wir im Labyrinth dieses unwirtlichen Gebiets Stationen an wie Biwaks fürs große Überwintern. Niemand außer uns würde sie finden, und auch die Paratechnik schreckte uns nicht, denn der Vorteil der Höhlen liegt darin, daß sie tief unter Salzschichten liegen, ein Mentaldetektor versagt. Der Nachteil: Man kann den Verborgenen nicht informieren, er muß selbst den Augenblick für gekommen halten, wieder aufzutauchen und Mittel finden zurückzukehren.

In den Höhlen ist Olrik sicher, aber wie sollten wir hinkommen? Lange dachten wir nach; Olrik, mit verkniffenen Augen,

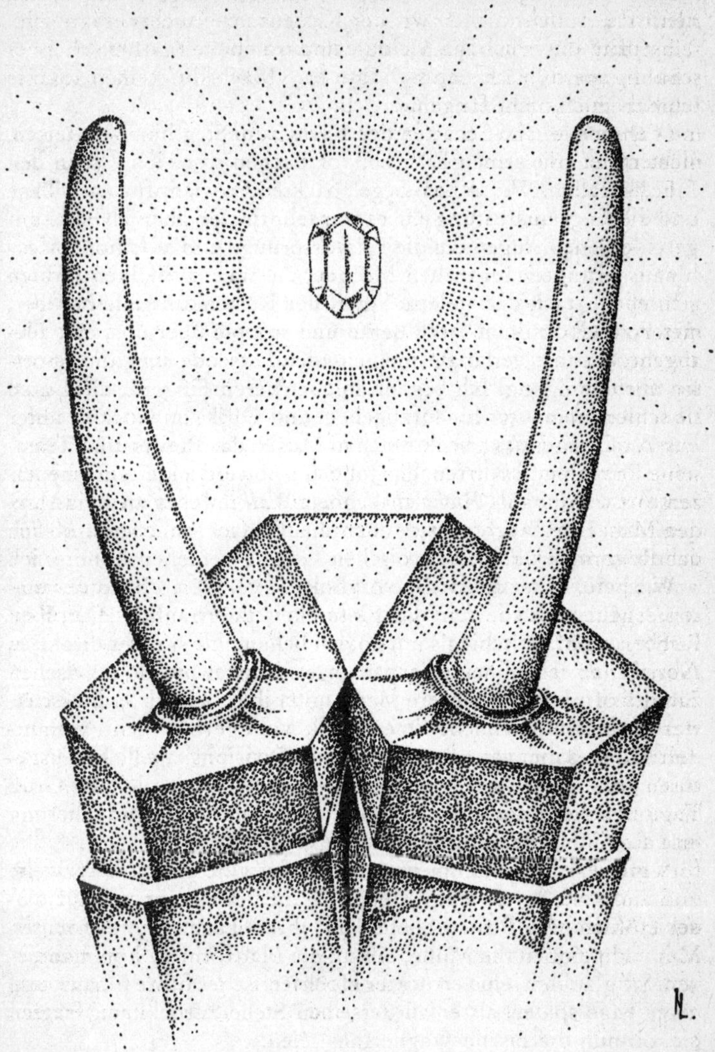

starrte unter seinen dichten Brauen in den Abendhimmel hinaus, in die Wolkentürme und das ferne Wetterflackern. »Auch mit dem kleinsten Boot entgehen wir der Küstenwache nicht«, sagte ich.

Er pfiff eine wuchtige Melodie und trampelte rhythmisch, pfiff und trampelte. »Ich hab's«, sagte er. »Mach die Leinen los, sie werden mich nicht fangen.«

Während wir im Schatten der Nacht zum Steg hinabkletterten, flüsterte er mir seinen Plan zu, vor Lachen wäre ich fast in den Fjord gefallen. Wir setzten Segel, packten Proviant für zwei Tage und die Angelausrüstung ein, es war sehr finster, aber ich hätte mit geschlossenen Augen um die Felsvorsprünge und aufs hohe Meer hinausgefunden. Im frühen Morgen, die starren Wolken färbten sich eben, stach der violette Strahl der Küstenkontrolle herüber, das Polizeiboot kam rasch heran und stoppte über uns, eine blecherne Stimme verlangte meinen Identitätscode und die Sportbootgenehmigung. Ich begann mit schweren Fingern, die Daten über Bordcomputer hinaufzugeben, und Olrik, im Cockpit unter der Plane liegend, versenkte sich in Musik, das Pfeifen und Trampeln, Traben und Klirren, das Joho-ho-ho verdeckte seine mentalen Ausstrahlungen, *Richard Wagners Walkürenritt* stieg ins Morgenlicht. Der Wachtposten oben am Prüfschirm fragte, ob ich schon vorm Frühstück heroischen Gesang genießen könnte, ich antwortete, es sei die einzige Audiokassette, die an Bord sei, und ohne Musik würde mir die Einsamkeit unerträglich. Der Kerl lachte, jedenfalls schien's mir so, ich bekam ihn ja nicht direkt zu Gesicht, er saß in seiner gepanzerten Kanzel und ich zwischen Kunststoffplanken mehrere Meter unter ihm. Seinem Militärschädel war das unsterbliche Opernstück wohl gerade recht, vermutlich klang es ihm wie vom Blech seiner Divisionskapelle herausgedroschen. Ließ uns freie Fahrt, nicht ohne den schlimmen Gruß herabzubellen, der für die Diktatoren Selbstbeweihräucherung und fürs Volk demütigend ist.

Wind war aufgekommen, wir machten gute Fahrt. Die zweite Kontrolle an der Dreißig-Meilen-Grenze täuschten wir auf dieselbe Weise, die Posten blieben auf ihren Türmen und machten sich nicht einmal die Mühe, uns an die Plattform zu kommandieren. Sie glaubten, ein verrückter Hochseefischer führe hinaus, und zwei Tage später, als er an derselben Stelle zurückkam, fragten sie, ob nun die Fische Wagnerfans seien.

Olrik und ich waren in der zweiten Nacht auf die Höhlenstationen gestoßen. Außerhalb der Reichweite der Mentaldetektoren war er wieder an Deck gekommen und hatte mich gelotst, schon immer kannte er sich hier am besten aus, und bis zur letzten Minute pfiff er *Wotans Abschied* und *Feuerzauber*.

Die Inquisitoren haben das alles aus meinem Kopf herausgepreßt, niemand wird diesen Trick mehr nachmachen können. Auch den Landeplatz habe ich preisgegeben, denn erstens werden sie Olrik dort nicht mehr finden, und zweitens sind sie an ihm nicht mehr interessiert. Sie haben ihr Ziel schon erreicht, er ist für sie ungefährlich geworden, dort kann er nicht arbeiten, sich niemandem zeigen, mit niemandem hat er Sprechverbindung, er wird, so rechnen sie, als Eremit sterben, von den Lebenden vergessen und ohne Botschaft an die kommende Generation. Ich bin ihnen wichtiger: An mir beweisen sie, daß kein Untertan gegen das Regime handeln darf. Indem sie mich bestrafen, festigen sie ihre Macht. Gleich nach meiner Rückkehr hatten sie mich im Visier, ein paar Tage ließen sie mich zappeln, vielleicht hofften sie, ich würde noch andere Leute beiseite schaffen und sie damit als Mitglieder unserer Organisation verraten.

Ich habe ständig mit Verhaftung gerechnet, wir Katholiken gehören in diesem Land einer Minderheit an, und in totalitären Systemen sind Minderheiten immer gefährdet. Irgendwann hätte mich die Polizeimaschine gepackt – war's nicht besser, dann wirklich etwas Wichtiges getan zu haben, als zu warten, bis man in einer Razzia hängenbleibt?

Sie mögen diese Einstellung verurteilen, ich stehe dazu. Dies ist keine Beichte, ich will nicht beichten; nach allem, was in unserm Land geschehen ist, habe ich zur Kirche kein Vertrauen mehr. Sie sind zu mir gekommen, weil's üblich ist, seit Jahrhunderten gehen Beichtväter in die Todeszellen, damit die Verurteilten demütig vor den Scharfrichter treten.

Ist Ihnen nie der Gedanke gekommen, Sie könnten einen Menschen auf diese Weise zur Preisgabe seines Willens zwingen, der doch von Gott und unveräußerbar ist? Nach der Unterwerfung unter die Staatsmacht eine zweite, schlimmere, bei der man sich selbst aufgibt? Sie behaupten, mit der Beichte stünde ich vor Gott, aber tatsächlich soll ich mich der Kirche ausliefern und damit wieder weltlicher Macht.

In einer Stunde werde ich draußen auf den Richtplatz geführt, die flache Sonne wird übers Gemäuer schielen, in dem schon im Mittelalter im Namen der Herrschenden gemordet wurde. Ich kann von dieser Zelle aus auf den Hof blicken, auf dem Menschen seit Jahrhunderten mit dem Segen der Kirche erschossen, gehenkt oder geköpft wurden, obwohl geschrieben steht, es sei Gott vorbehalten, Leben zu geben und zu nehmen, und der Mensch solle nicht töten. Wieder ist Mittelalter, wieder wird hier geschlachtet, nur die Methoden sind technisch feiner: *humaner,* sagt der Richter, ich nenne das *zynischer.*

Blicken Sie hinaus, Hochwürden, wir beide haben das Privileg, von meinem Fenster aus dieses Prunkstück menschlichen Erfindergeistes zu bestaunen, nur wir, der Todeskandidat und der Kirchengehilfe, dürfen die streng geheime Maschine betrachten. Sehen Sie, jetzt wird Ihnen klar, warum Olriks Skulptur niemals auf dem Rathausmarkt stehen wird, niemals kann ihr *Schrei unsere Freiheit verkünden, dieser Schrei,* der zwischen den stolz emporgebogenen Stoßzähnen schwebt. Sehen Sie dort mitten im Hof die kantige, plangeschliffene Plattform, auf die ich steigen werde, den Block, vor dem ein Drahtkorb aufgestellt ist, um meinen Kopf aufzufangen, und links und rechts davon die weißen Pfeiler, nach oben leicht gebogen und verjüngt. Zwischen ihnen, blitzend, diamantscharf, das Fallbeil, freischwebend, nur durch Paratechnik gehalten, und die Henker behaupten, der Delinquent selbst löse es mit seinem Unterbewußtsein aus.

Aber ich weiß, daß sie lügen.

Bernd Kreimeier

Es führt kein Weg zurück

1

Sie ging mit langsamen, bedächtigen Schritten. Ihre schweren Stiefel machten keine Geräusche auf dem feuchten, sammetartig grünen Moos, das den Felsstrand bedeckte und sich an den Steinriffen emporrankte. Ihre schlanke, mädchenhafte Gestalt wurde von dem massigen Schutzanzug fast verborgen. Eine Comp-Kamera und ein tragbares Analys-Gerät hingen an ihrem Gürtel, neben dem schweren Weyr-Werfer und dem Vibradolch. Ihren Glashelm hielt sie in der linken Hand, mit dem Metallhandschuh den Koppelring umfassend.

Das Licht der großen, blassen Sonne hatte die Nachtkälte noch nicht ganz vertreiben können, und ein fast eisiger Wind strich über den weißen, feinen Sand der Meeresküste. Die Morgenluft war klar, und der gelassene Blick ihrer schwarzen Augen folgte den Linien der Uferfelsen und Steilklippen und dem hellen Schaum auf dem grünen, bewegten Wasser. Ihr junges, relativ schmales Gesicht mit den hochstehenden Wangenknochen wurde von einer schneeweißen Haarmähne eingerahmt. Sie mochte siebzehn Standard-Jahre alt sein, ihr Gang wirkte gleichmäßig und geschmeidig, auch wenn Anzeichen der Erschöpfung unverkennbar waren. Ihre weißen Augenbrauen und die glatte, leicht gebräunte Gesichtshaut waren zu einem abwartenden, fast mißtrauischen Ausdruck verzogen, aber ihre Augen blickten müde und fast ein wenig gelangweilt. Die Stiefelabdrücke, die sie auf ihrer Wanderung hinterlassen hatte, zogen sich an Farngewächsen und gischtigen Wasserfällen vorbei und verloren sich im hellen Sand.

Ihr Blick fiel auf eine Grotte. Sie blieb stehen und sah mit Falten auf der Stirn in die Finsternis, dann stieg sie in das blaugrüne Wasser, das im Schatten schwarz wurde, und stapfte an den Stalagmiten vorbei in die Grotte hinein. Einen Augenblick lang verharrte sie, um den Scheinwerfer vom Gürtel zu nehmen und einzuschalten, dann ging sie weiter, knietief im kalten Wasser. Nebelartige Schleier trieben über der Wasserfläche, in der sich wurmartige, weiße Gallertwesen und helle Gewächse bewegten. Als sie den Kopf drehte, bemerkte sie zwei bleiche, molchartige Albinowesen, armlang, halb im Wasser. Sie blieb stehen und legte die Hand auf ihre Waffe, aber gleich darauf schien sie nicht mehr zu existieren. In dem Gewölbe hallte das explosionsartige Geräusch des Wassers wider, das in den abrupt entleerten Raum stürzte, in dem sich das Mädchen einen Augenblick vorher noch befunden haben mußte. Wenigstens schien es so.

2

Der weiße Altstern schien nicht größer als ein ferner, zwergenhafter Mond. Die Sterne flackerten nicht, aber die Lichtreflexe, die sie in der Methaneisebene Fhantres warfen, blitzten auf und erloschen wieder, während die Eiswelt unendlich langsam rotierte. Die Sichtscheiben gaben den Blick auf den großen Meteoritenkrater frei, in dem die Crys-Facetten einiger Glaskuppeln matt glänzten. Der massige, schwarze Metallrumpf der LHARYNX lag auf der mit Stickstoffschnee bedeckten Landefläche, unterhalb des Kontrollturms, der sich auf einem Wassereisblock erhob. Der Eisfels stammte wie auch die eisenharten Steinsplitter und weniger große Wassereisfelsen von dem Meteoriten, dessen Einschlag auch die brücken- und bogenartigen Methaneis-Formationen hatte entstehen lassen, die radial vom Kraterhang aus in die Eisebene hinausgriffen.

Die unterirdische Anlage war in den Eismantel der Frostwelt eingelassen, sie reichte bis zu den Felsschichten des Urgesteins hinab, das den Metallkern Fhantres umgab. Die Sichtscheibenreihe, durch die er auf die kalte Oberfläche hinausblickte, gehörte zu dem Gewölbe, das am weitesten über die Schneelandschaft aufragte, in einer bergartigen Eisformation.

Er wandte sich um und musterte den Raum. Das schwarze, geäderte Material, aus dem er bestand, bildete fast organisch wirkende Strukturen. Eine spiralige Säulenformation im Zentrum zeigte auf die wabenförmige, facettierte Grundplatte, beide gingen in das Material des Raumes über, aus dem leicht geneigte, glasklare Crysscheiben heraustraten, die von sieben rippenartigen Säulenformationen getrennt wurden und einen etwas niedrigeren, tiefer liegenden Zentralbereich vom übrigen Raum abschlossen. Ein thronartiges Gebilde stand unter der massigen Stalaktitenform. Auf den überall erkennbaren Crys-Sichtschirmen flackerten gelborange, rotviolette und blaugrüne Lichtlinien, die fremdartige Schriftzeichen bildeten, spektral gegliederte Kontrollanzeigen glühten im Zwielicht.

In einer freien Zone waren die Monitor-Geräte und Überwachungsanlagen des Xetharcho-Teams aufgebaut worden. Fast zwanzig Männer und Frauen standen und saßen im Raum, über Sichtgeräte und Kontrollschirme gebeugt, Computertastaturen und Schaltpaneele bedienend. Comp-Kameras, elektronische Analysetaster und Detektorgeräte waren an mehreren Stellen montiert worden. Ein fünfseitiger Projektorblock zeigte in grünlich leuchtenden Ziffern eine Zeitangabe an. Fast im Schatten stehend warteten zwei bewaffnete Männer in den halbgepanzerten Raumanzügen der Sicherheitsgarde, einen schweren Lichtbrenner und andere tragbare Ausrüstung in den Händen haltend. Einige Schritte entfernt schwebte eine Agravliege, ein massiges Gleitgerät mit kompletter medizinischer Ausstattung, vom Scan-Monitor bis zum Vitacontrol-Computer. Ein Medic-Team stand abwartend daneben.

Er richtete seinen Blick wieder auf das Gebilde im Zentralbereich des Raumes und versuchte, die reglose Gestalt zu erkennen, die sich auf der thronartigen Formation befand.

»Ein Mädchen«, stellte er erstaunt fest.

Der weibliche Sicherheitsoffizier, der neben ihm stand, nickte. »Talente sind fast immer sehr jung«, erklärte sie.

Der Xenologe nickte geistesabwesend. »Ich weiß«, sagte er.

»Und sie war die einzige im gesamten Paracorps, die den Anforderungen in etwa entsprach«, setzte Lhira fort.

Er deutete auf die Zeitanzeige. »Ist dies eine lange oder weniger lange Zeit für eine Operation?« fragte er.

Die Offizierin folgte seinem Blick. »Zweiundvierzig Standardminuten . . . eigentlich nicht. Wir lagen bisher zwischen zwanzig und zweihundert Minuten, so etwa waren die Grenzen.«

Cethen nickte. »Wie ausgedehnt sind diese Anlagen?«

»Ziemlich groß«, antwortete die fast zierliche, schwarzhaarige Soldatin. »Eine der labyrinthischen Cher-Raumbasen, die das Xetharcho-Corps so fürchtet. Die Eisgänge reichen unter der Ebene manchmal mehr als siebzigtausend Meter weit.«

»Nicht schlecht«, stellte der Xenologe fast ehrfürchtig fest. »Viele Artefakte?«

»Fast alle Gänge, die wir bisher untersuchen konnten, sind leer, und auch die Zentralsektoren dieses Stützpunktes sind mehr oder weniger geräumt worden. Von einigen Waffenlagern und anderem schweren Gerät abgesehen, ist alle mobile Ausrüstung abtransportiert worden, wahrscheinlich von den Cher selbst.«

»Ist der Stützpunkt aufgegeben worden?«

»Vielleicht haben sie die Anlage nicht mehr gebraucht«, meinte Lhira. »Wir wissen es nicht, und die Zeit hat wahrscheinlich alle Spuren zerstört.«

Er setzte zu einer Erwiderung an, blieb aber stumm, als in dem abgetrennten Raum unvermittelt einige ringförmig angeordnete, weiße Lichtzellen aufflammten. Die Gestalt auf dem thronartigen Gebilde bewegte sich und stand schließlich langsam auf. Sie erschien als Schattenriß gegen die hellen Lichter, während sie die beiden stufenartigen Steinabsätze heraufstieg und vor einer der Crysscheiben stehenblieb, in der sich gleich darauf feine Linien zeigten. Die Scheibe schien irisähnlich zu zersplittern, und das Mädchen trat auf eine freie Fläche, von mehreren Überwachungsgeräten anvisiert.

Einer der Monitor-Operatoren sah sie fragend an. »Alles okay?«

Sie nickte.

Ein großer, grauhaariger Mann, dessen riesenhafte Gestalt wie die der Techniker in einem weißen Coverall steckte, sah von dem Scannergerät auf, an dem er bisher gestanden hatte. Er schien das Mädchen zu mustern, dann sah er auf einen Metallsessel, der mit großen Computerblocks umgeben war. »Sollen wir die psysensische Abtastung gleich durchführen?« fragte er.

Das Mädchen schien zu überlegen, dann nickte es zögernd und widerstrebend. »Meinetwegen«, sagte sie mit fast erbittert klingender Stimme.

Der Mann, an dessen Coverall die Rangabzeichen eines Commanders befestigt waren, nickte zufrieden, ehe er den Kopf bewegte und die Offizierin anblickte, neben der der Xenologe wartete. »Lhira, ist der Mann anwesend, den die SHIR gebracht hat?«

Die schwarzhaarige junge Frau nickte und zeigte auf ihn. Der Kommandant des Xetharcho-Teams sah ihn an, und Cethen bemerkte, daß seine Augen eigenartig hell wirkten, als wären sie ganz und gar weiß, aber er war zu weit entfernt, um die Ursache zu erkennen.

»Ich möchte mir in einer Stunde Ihre Ausrüstung ansehen«, erklärte Scolmon. »Lhira wird Ihnen Ihr Quartier zeigen.« Er warf dem weißhaarigen Mädchen einen Blick zu. »Sie sollten auch mitkommen, Shera.«

Sie musterte den Xenologen mit einem unergründlichen Gesichtsausdruck. Schließlich nickte sie ihm gleichgültig zu. »Ich werde kommen«, sagte sie.

Der Kommandant bewegte erneut zufrieden den Kopf, während sie dem Mann und der Offizierin nachsah, die den großen Raum verließen.

3

Nachdem die Geräte, von einigen Kontrollanlagen abgesehen, desaktiviert worden waren, erleuchteten die weißen Lichtzellen den Raum. Er stieg über zwei armstarke Faserkabel und musterte nachdenklich die nicht symmetrischen Crysflächen der Sichtschirme, auf denen hellrot glimmende, geflechtartig vernetzte Linien erschienen und wieder erloschen.

Die Offizierin trat aus einem der Gänge und sah sich suchend um, dann blieb sie stehen. »Ich dachte mir schon, daß ich Sie hier finden würde«, stellte sie fest und kam einige Schritte heran. »Ziemlich komplex, nicht?«

Cethen nickte. »Ich kenne einige Cher-Computer, aber eine derartig große und ausgedehnte Operationszentrale ist mir bisher nicht begegnet.«

»Das Cryogengehirn selbst ist genauso kompliziert aufgebaut. Wie lange sind Sie im Xetharcho-Corps gewesen?«

»Mein erster Einsatz liegt mehr als siebenundzwanzig Jahre zurück«, antwortete er geistesabwesend.

»Auch detailliert mit Supratemp-Computern gearbeitet?«

Er nickte. »Mehrmals. Aber diese Zentrale scheint keinen normalen Großcomputer zu kontrollieren.«

»Stimmt«, gab Lhira zu und sah auf ihr Com-Gerät am Handgelenk. »Es wird Zeit. Scolmon ist ein wenig ungeduldig.« Sie entschied sich für einen der Gänge, und der Xenologe drehte sich um und folgte ihr.

»Wartet er im Computerraum?«

»Nein«, antwortete die zierliche Sicherheitsoffizierin. »Er ist im Quartier, sich ihre Ausrüstung ansehen.«

Er schwieg und musterte nachdenklich die finster wirkenden Gänge und Räume, in denen an manchen Stellen fremdartige Geräte angebracht waren. Überall war das schwarze Crys-Material mit den grünlichen, halbkristallinen Adern verwendet worden, aus dem auch die Facettbildschirme und die glasklaren Sichtscheiben bestanden, ein monomolekulares Gittergeflecht, dessen Ursprung nicht geklärt war.

Schließlich erreichten sie die nicht weit entfernte Zone, in der das Team untergebracht war. Computerblocks, Recycle-Wiederaufbereiter und Biosynther-Säulen standen in den hallenartigen Gewölben. Lhira führte ihn in einen weniger großen Raum, in dem mehrere meterlange Container standen. Seine Geräte waren bereits montiert worden, auch ein Comp-Terminal und eine Vidcom-Säule standen in dem schwarzen, ein wenig niedrigen Raum, der von zwei elliptischen Gasleuchten erhellt wurde.

Scolmon stand vor dem Visual-Syntheser und musterte den schwarz erscheinenden, abgeschalteten Flüssigkristallschirm, über den die optische Wiedergabe der Compbilder erfolgen konnte. Als sie den Raum betraten, wandte er sich um. Das Mädchen saß in einem der Metallsessel und sah ihn abwartend an. Er ließ sich ihr gegenüber in einem der freien Sessel nieder, und auch der Kommandant setzte sich, während die Offizierin stehen blieb. Scolmon betrachtete ihn mit gelassenem Gesicht. Er bemerkte, daß beide Augen eine blaßgelbliche, getrübte Fläche waren, Sichtprothesen, wie sie früher verwendet worden waren. Das glimmende Facettengeflecht irritierte ihn, aber er ließ sich nichts anmerken.

»Sie wissen, weshalb wir Sie angefordert haben?« fragte der Kommandant schließlich.

»Mehr oder weniger«, antwortete er. »Aber eine Zusammenfassung der bisherigen Vorfälle und Ergebnisse würde mir einiges erleichtern.«

Scolmon nickte. »Fangen wir am Anfang an. Entdeckt wurde diese Anlage vor zwei Jahren von einem Tiefraum-Explorer, der die Randgebiete des Ruinenquadranten anläßlich einer normalen Sektorenerkundung untersuchen sollte. Unser Xetharcho-Team wurde bald darauf mit seiner Ausrüstung von der LHARYNX hertransportiert und auf der Fhantre getauften Welt abgesetzt. Wir untersuchten in der Folgezeit das Zentralgebiet des verlassenen Stützpunktes und fanden in diesem Areal nicht viel mobiles Gerät, aber die fest montierten Artefakte waren unbeschädigt. Wir reparierten die energetische Anlage, einen Antimaterie-Reaktor, und aktivierten dabei auch den riesigen Supratemp-Computer.«

»Welche Aufgabe hatte dieser Stützpunkt überhaupt?«

»Es scheint eine Operationszentrale für militärische Manöver gewesen zu sein«, stellte Lhira fest. »Unter den Cryskuppeln im Kratergebiet befinden sich Werftanlagen und Robotdocks, und die Explorationsteams fanden in einigen Systemen dieses Sektors Spuren eines atomaren Vernichtungskrieges. Auch haben die Versorgerschiffe einige Schwierigkeiten mit driftenden Wracktrümmern und alten Raumminen.«

»Ich bemerkte es, als ich an Bord der SHIR war«, erklärte der Xenologe ein wenig grimmig. »Ausschließlich militärische Aufgaben?«

»Wir wissen es nicht sicher«, erwiderte Scolmon. »Ursprünglich war es mit Sicherheit so, aber es erscheint mir unwahrscheinlich, daß ein derartig umfangreiches Computergehirn nach einem vielleicht sogar unbedeutenden Sektorenkrieg aufgegeben worden sein soll, und die bisherigen Ergebnisse unserer Untersuchung deuten auch auf andere Aufgaben hin. Außerdem sind wenige der unterirdischen Anlagen für militärische Aufgaben einsetzbar.«

»Also eine Kampfzentrale, zumindest eine Zeitlang.«

»Wahrscheinlich«, bestätigte die Sicherheitsoffizierin.

»Und weiter?«

Der Kommandant lehnte sich zurück. »Wir erkannten nach einiger Zeit, daß die einzige Möglichkeit, den Computer zu kontrollieren, in dem Mentalthron bestand, den Sie bereits gesehen haben. Es existieren selbstverständlich auch Operatorpaneele für manuelle Überwachung, aber das Cryogengehirn reagiert gegenwärtig nicht auf solcherart programmierte Befehle. Die Ursache kennen wir nicht, möglicherweise sind die Extern-Anlagen defekt oder abgeschaltet.«

»Und der Mentalthron?«

»Unseren Detektorgeräten nach befand er sich in einem aktiven Zustand, aber als wir einen Computer-Operator einsetzten, der im Gebrauch von Mentalkontrollen erfahren war, wurde er bewußtlos. Es stellte sich heraus, daß den mentalen Abtastern der normale menschliche Geist zu fremd war. Wir versuchten also, einen anderen Weg einzuschlagen, und berieten uns mit dem Paracorps.«

»Und das Corps entschied, mich einzusetzen«, warf das Mädchen ein, das dem Gespräch bisher schweigend gefolgt war. Der Xenologe wandte ihr das Gesicht zu und musterte sie, nachdem er ihr bisher nur flüchtige Aufmerksamkeit gegönnt hatte. Der unergründliche, fast kalte Ausdruck ihres schmalen Gesichts beunruhigte ihn, aber es waren ihre schneeweiße Haarmähne und ihr Blick, der ihn einen Moment lang erschreckte.

Die Augen einer uralten Frau im Gesicht eines blutjungen Mädchens, dachte er geistesabwesend, dann bemerkte er, wie sich ihre Augen leicht verengten. Gleich darauf zeigten ihre ebenmäßigen Züge wieder die beherrschte Gelassenheit, und sie nickte leicht, als er sich erinnerte.

»Richtig, ich bin ein Talent«, bestätigte sie und gab seinen Blick nicht frei, als würde sie darauf warten, wie er reagierte.

Er lächelte unbefangen. »Telepathisch, wie ich gerade festgestellt habe«, sagte er ruhig. »Und Sie versuchen, das Cryogengehirn mental zu steuern, nehme ich an.«

Scolmon nickte. »Es reagierte auf sie, bereits beim ersten Versuch.« Er lehnte sich zurück und musterte den Xenologen mit seinen scheinbar blinden Augen. »Wir sehen bisher keine andere Möglichkeit, in das Computergehirn einzudringen, deshalb ist Shera im Augenblick unsere einzige Verbindung.«

»Wie sieht ein derartiges Experiment aus?« fragte er.

»Wir haben den Verlauf bislang mehr oder weniger dem Zufall überlassen«, erklärte Scolmon. »Shera stellte den Kontakt zum Computergehirn her und unterbrach ihn nach einiger Zeit wieder, während wir mit Scanner-Geräten und Bio-Monitoren sie und auch die Anlage überwachten, anschließend untersuchten wir mit psysenischen Sonden ihr Gedächtnis und kopierten ihre Erfahrungen und ihr Wissen, das sie während des Versuchs erhalten hatte.«

Cethen bemerkte, wie das Mädchen ergrimmt das Gesicht verzog. »Und?«

»Unsere bisherigen Versuche, die Anlage gezielt einzusetzen, waren mehr oder weniger erfolgreich. Während der ersten Kontakte setzten wir sie ein, um abstrakte Probleme zu bearbeiten, algorithmische Operation und weniger komplexe Programme im Gigabyte-Bereich. Vor einem Monat planetarer Zeit scheint Shera einen bislang schlafenden Sektor des Computergehirns reaktiviert zu haben.«

Sie nickte. »Ich geriet unvermittelt in eine Art Computerwelt . . .«

»Ein Simelacra?«

Scolmon nickte. »Im ersten Moment glaubte sie, in eine fremde Welt versetzt worden zu sein, aber es sind Comp-Welten, vergleichbar den Computerreports über erforschte Welten.«

Das Mädchen musterte ihn. »Sie müssen wissen, daß man eigentlich keine Möglichkeit hat, diese nicht existierenden Scheinwelten im Computer von einer wirklichen Welt zu unterscheiden. Wenn ich nicht gewußt hätte, daß ich eigentlich unter dem Mentalaggregat saß, hätte ich nicht daran gezweifelt, in einer anderen Wirklichkeit zu sein. Der mentale Kontakt war so eindringlich, daß ich wahrhaftig glaubte, diese Wirklichkeit sehen, fühlen zu können, und sie wirkte so greifbar, daß ich manchmal an meinen Erinnerungen zweifelte, nicht an meinen Sinnen. Ich schien es immer wieder zu vergessen . . .«

»Sie können sich die psysensischen Aufzeichnungen ansehen«, unterbrach Scolmon. »Visuelle, akustische Scheinwahrnehmungen, wie sie das Computergehirn in ihr Gehirn projizierte, sind von unserem Stab in optische Wiedergabe umgesetzt worden. Sie sehen aus wie Filmsequenzen, die man mit einer Comp-Kamera gemacht hat.«

»Aber diese Aufzeichnungen sind nicht mit dem Erlebnis selbst vergleichbar«, ergänzte Shera. »Man hat das Gefühl, körperlich in diesen Computerwelten zu existieren. Ich habe gefroren und gezittert . . .«

»Sogar auf den Bio-Monitoren konnte man es manchmal erkennen«, warf Lhira ein.

». . . und es ist ein grausamer Schock: etwas, das einem zuerst fast bekannt und vertraut vorkommt, von einem Moment zum anderen als fremd und anders zu erfahren, und gleichzeitig gegen die Zweifel ankämpfen zu müssen, die der Widerspruch zwischen Wahrnehmung und Wissen verursacht«, fuhr das Mädchen fort.

Der Xenologe nickte langsam. »Und damit kommen wir zu mir. Welche Aufgabe ist mir zugedacht worden, Commander?«

Scolmon deutete auf den Flachschirm aus Liqcris-Zellen und den Visual-Syntheser. »Wir werden eine zweite Untersuchungsphase beginnen. In den früheren Experimenten ist Shera, wie gesagt, mehr oder weniger dem Zufall ausgesetzt gewesen, die Kontakte mit dem Computergehirn entstanden eher willkürlich. Jetzt werden wir selektiv arbeiten, mit einer Art Mentalprojektion.«

»Und was ist dabei meine Aufgabe?«

»Shera steuert das Artefakt über mentale Befehle«, erklärte Lhira. »Es reagiert vor allem auf die Gedanken, die mit optischer Erinnerung verbunden sind. Wir wollen den Freiheitsgrad eingrenzen, indem wir eine visuelle, bildliche Mentalprojektion erschaffen lassen.«

»Ich soll also ein Compbild entwerfen«, faßte er zusammen. »Soll diese Mentalprojektion psysensisch in ihr Gedächtnis übertragen werden?« fragte er dann.

Das Mädchen warf ihm einen kalten Blick zu, und Scolmon schüttelte mit einem ihm unverständlichen Gesichtsausdruck den Kopf.

»Angesichts ihres Gedächtnisses ist das nicht erforderlich«, sagte er. »Shera wird sich auch die Grundkonstanten dieser fiktiven Welt merken – Zentralgestirn, Rotationszeit und anderes – und sich auf diese Mentalprojektion konzentrieren, wenn sie den Kontakt zum Computergehirn herstellt.«

»Also ein Compbild des Simelacras, in das sie das Artefakt versetzen soll«, murmelte Cethen. »Visuell . . . nicht sehr schwierig, scheint mir. Stehen die Grunddaten für den nächsten Versuch bereits fest?«

Scolmon zog einen Computerausdruck aus der Brusttasche seines Coveralls.

Der Xenologe warf einen flüchtigen Blick darauf, als er den Ausdruck ergriff, und nickte. »Wann soll die Comp-Skizze fertig sein?«

»Spätestens zehn Stunden vor dem Experiment, das in zwei planetaren Tagen stattfinden wird«, antwortete Scolmon nach einigem Überlegen. »Wir sind nicht in Zeitdruck.«

Cethen nickte erneut. »Ich werde erst mal ein wenig schlafen«, erklärte er dann. »Die Kollisionsalarme und die ständige Gefechtsbereitschaft an Bord der SHIR nach dem Systemeintritt haben mir wenig Ruhe gelassen.« Er sah den Kommandanten an. »Sie erfahren es, wenn ich soweit bin.«

Scolmon nickte zustimmend. »Wenn keine weiteren Fragen mehr geblieben sind, werde ich mich jetzt um die Aufzeichnungen des letzten Experimentes kümmern. Sie finden mich in der Computerzentrale.« Er stand auf und streifte das Mädchen mit einem nachdenklichen Blick, ehe er den Raum verließ.

Shera sah ihm nach, dann richtete sie sich ebenfalls auf. »Wir werden uns morgen noch sehen«, sagte sie zu dem Xenologen, während sie ihre Schritte in den Gang lenkte.

Cethen warf der Sicherheitsoffizierin einen Blick zu, als das Mädchen den Raum verlassen hatte.

»Sie ist eigenwillig, nicht?« fragte die Frau mit einem zurückhaltenden Lächeln.

»Verschlossen«, erwiderte er nachdenklich. »Unzugänglich.« Er stand auf.

Lhira schwieg.

»Mir scheint, daß sie viel riskiert«, stellte er schließlich fest. »Diese Mission ist nicht ungefährlich, oder?«

Sie nickte. »Sie haben die beiden Wachen gesehen, nicht? Wir würden schlimmstenfalls die Crysscheiben sprengen, wenn es Schwierigkeiten gibt.« Sie seufzte. »Mentalgeräte sind immer gefährlich für den, der mit ihnen in geistigen Kontakt tritt, und diese Anlage ist nicht nur fremd, sondern auch nicht ganz unbeschädigt. Und auch wenn es keine Defekte gäbe, wäre sie bedroht.«

»Weshalb?«

»Diese Computerwelten unterscheiden sich nicht von der Wirklichkeit. Ich weiß nicht, was passieren würde, wenn Sheras Simelacra-Gestalt sterben würde ... welchen geistigen Schaden sie davontragen könnte.«

»Und welche Sicherheitsmaßnahmen gibt es dagegen?«

»Wenige«, stellte Lhira offen fest. »Vom Gerät selbst scheint keine Gefahr zu drohen, und gegen psychische Gefahren schützen nur die Waffen des Geistes ... Zweifel.« Sie lachte. »Außerdem ist ihre Computergestalt mit einem Raumanzug und Waffen ausgerüstet ... nicht existierende Waffen gegen nicht wirklich existierende Gefahren.«

Der Xenologe nickte versonnen, die Augen auf den leeren Gang gerichtet. »Weshalb nimmt sie diese Gefahren auf sich? Sie ist nicht einmal ein ausgebildeter Mental-Operator, oder?«

»Shera?« Die Sicherheitsoffizierin warf ihm einen Seitenblick zu und schüttelte den Kopf. »Sie hat ihre Gründe«, sagte sie dann leise. »Ich verstehe sie selbst nicht ganz, und ich würde sie Ihnen auch nicht erklären, wenn ich sie verstünde. Wenn sie es will, wird sie es selbst tun.« Sie lehnte sich mit dem Rücken an die Vidcom-Säule. »Vielleicht ist der Grund, daß sie für sich selbst keine Gründe mehr sieht, um ihr Leben zu fürchten.«

Er schüttelte den Kopf. »Für einen derartig riskanten Einsatz wäre ein erfahrener Mental-Operator geeigneter, und selbst im Paracorps muß es welche geben, die an ihre Stelle treten könnten.«

Lhira seufzte. »Nein, eben nicht. Sie ist die einzige ihrer Art, und sie muß damit leben. Wir mißbrauchen sie lediglich.«

Cethen betrachtete sie verständnislos, und sie erwiderte seinen Blick ungerührt. »Ziemlich zynische Worte für einen Wachoffizier, der Unternehmen wie dieses absichern soll«, murmelte er mit gerunzelter Stirn, dann sah er sie erneut an. »Welche Absichten verfolgt die Cerinx überhaupt mit dieser Mission?«

»Ich weiß es nicht genau«, antwortete sie. »Sicherlich soll die Anlage später als militärische Befehlszentrale verwendet werden, um Gefechte und Raumkriege zu simulieren. Aber auch für ökologische Großprojekte, Eingriffe in planetare Biosphären, Genmanipulation ist sie einsetzbar ... um Simelacras von komplexen Systemen aller Art zu erschaffen. Ähnliche Methoden sind bereits vor Jahrzehnten angewendet worden, aber die Computermodelle waren abstrakt und viel weniger genau als die, die diese Anlage anfertigt.« Sie warf einen Blick auf ihr Handgelenk-Gerät, wandte sich ab und verließ den Raum. »Selbst die Cher werden dieses gigantische Computergehirn wahrscheinlich auch für solche Aufgaben eingesetzt haben.«

Sie nickte ihm zu und ging in den Gang hinaus. Ihre Schritte verhallten, während er seine Geräte mit einem flüchtigen Blick streifte und sich entschloß, sie erst zu überprüfen, nachdem er einige Zeit geschlafen hatte.

4

Das nächtlich schwarze Meer brandete gegen eisbedeckte Sandsteinriffe, während glitzernde weiße Lichter aller Art und Größe im finsteren Wasser glommen. Der Gesang der großen Fledermäuse drang aus den Nachtwäldern, in denen helle, glühende Augen warteten und sich blaugrüne Sumpffeuer bewegten. Der Wind flüsterte leise im grauen Laub, die Gestirne brannten klar und kalt.

Einem Sturmregen gleich fiel unvermittelt gelbrotes, grelles Feuer herab, alles versengend, und die Aschenschleier legten sich nebelartig über die verwüsteten Wälder, während sich die Flammen meerwärts fraßen und die bleichen Geschöpfe des Moores jagten, und sie erwachten.

5

Die planetare Zeit der Eiswelt orientierte sich an der Rotationsdauer Fhantres, die mehr als zweiundvierzig Standardstunden umfaßte. Als er wieder erwachte, stand der weiße Zwergstern nicht mehr zwischen den Gestirnen, und das blasse Licht, das der milchige, zerfasernde Nebelschleier der Galaxis auf die Eisebenen hinabsandte, erhellte die bizarren Methaneisformationen kaum. Nach dem Zeitrhythmus des Stützpunktes war mit dem Sonnenuntergang der einundzwanzigstündige Sterntag angebrochen, der sich mit dem Zwielichttag abwechselte, an dem der Weißzwerg am Firmament zu sehen war.

Seine Ausrüstung war montiert und überprüft. Er hatte sich in der Messe ein Frühstück besorgt und anschließend eine Stunde lang die verlassenen Gänge besichtigt, die vom Team mit Licht, Sauerstoff und Energie versorgt wurden. An einer der massiven Sicherheitsschleusen, die die unerforschten Gewölbe vom Stützpunktbereich abtrennten, war er umgekehrt.

Den Computerausdruck mit den Daten für die Mentalprojektion in der Hand haltend, saß er vor der Schaltkonsole seines Syntheser-Computers, als das Mädchen unvermittelt neben ihm stand. Er hatte ihre Schritte nicht gehört, deshalb erschrak er ein wenig, hatte sich aber bereits gefangen, als er ihr den Kopf zuwandte.

»Sie schleichen wie ein Schattenpanther von Nachtmahr«, stellte er ein wenig vorwurfsvoll fest.

»Möglich«, erwiderte sie ungerührt. »Ich glaube, es ist eine Art Abwehrreflex.«

»Abwehr?«

Shera nickte. »Wenn die Menschen mich nicht sehen, hören oder fühlen oder auf eine andere Art wahrnehmen, denken sie auch nicht an mich.«

Cethen dachte einen Moment lang nach, dann nickte er wortlos.

Sie musterte den Sichtschirm, auf dem in mehreren Schriftzeilen die Daten flackerten, die er dem Computer eingegeben hatte. »Wenn Sie nichts dagegen haben, möchte ich Ihnen zusehen«, sagte sie.

»Selbstverständlich«, antwortete er zerstreut. »Wenn es Sie interessiert.« Er wandte sich wieder der Computerkonsole zu und gab die letzten Grunddaten ein.

»Was machen Sie mit den Daten?« fragte das Mädchen, den Computerausdruck ergreifend, den er beiseite gelegt hatte.

»Ich habe dem Computer die physikalischen und chemischen Konstanten eingegeben, die er bei seiner Visualprojektion berücksichtigen soll«, erklärte er.

»Weshalb?«

»Er erarbeitet dann selbständig bestimmte Faktoren . . . Klima, Atmosphärenbewegungen, die Grenzen und Grundlagen der Biosphäre, Erdschollentektonik . . . bis zum Brechungsindex eventuell vorkommender Flüssigkeiten oder dem Farbspektrum eines Sonnenunterganges.«

Shera nickte. »Auf diese Art erhalten Sie ein Grundgerüst, in dem Sie weiterarbeiten können«, faßte sie zusammen.

»Genau das ist es. Über diese feststehenden Faktoren hinausgehend, kann ich mir andere, nicht festgelegte Einzelheiten überlegen.«

»Zum Beispiel?«

»Genaue Verteilung und Gestalt der Kontinentalflächen, Sternkonstellationen, nächtliches Firmament, ich skizziere bestimmte Gewächse und Lebewesen . . .«

»Und der letzte Schritt?«

»Aus den anfänglichen Rahmendaten ist ein Gebilde entstanden, das ich eine Schattenwelt nenne . . . skizzenhaft. Ich zeichne dann mit leichten, feinen Linien eine Stelle, die ich ausführen will, und der Computer überprüft und strukturiert sie, damit keine Widersprüche mit den Rahmendaten auftreten. Anschließend verwende ich dieses Grundgerüst, um eine Art Computergemälde zu erschaffen, die Visualprojektion.«

Er deutete auf den Flachschirm und betätigte einige Wiedergabetasten. Die Computerskizze eines Sonnensystems erschien. »Die Schattenwelt ist fertig . . . der zweite Planet dort. Er besitzt einen mittelgroßen Mond, dessen Oberfläche mit Atmosphärenschnee bedeckt ist und der deshalb sehr viel vom Licht des gelben Zentralsterns reflektiert. Seine eigene Atmosphäre ist nicht atembar, auch wenn sie Sauerstoffspuren enthält, sie ähnelt der Uratmosphäre auf späteren Erdplaneten . . . sehr viel Stickstoff, Carbondioxid, auch Ammoniak und Methan . . . Rotationsdauer elf Stunden, also eine sehr junge Welt, aber damit auch ausgeprägte Gezeiten, weil der Mond noch relativ nahe steht. Die Atmosphäre ist ziemlich turbulent beschaffen, es gibt Stürme und Gewitter, Nebel und Niederschläge sind alltäglich. Die Schwerkraft liegt ein wenig unter dem Normwert, Temperatur siebzig Einheiten über dem Gefrierpunkt.« Er bewegte einige Schalter, und sie schienen sich auf die ferne Welt zuzubewegen, passierten den Mond, drangen in die trübe Atmosphäre ein und schwebten schließlich über einem aufgewühlten Urozean.

»Es existieren einige ältere Landmassen, außerdem sehr viele mehrzellige, bereits komplex strukturierte Meereslebewesen. Auch in den Gezeitenregionen haben sich bereits Lebewesen angesiedelt, deren Stoffwechsel auf der assimilativen Umsetzung von Lichtenergie basiert.«

»Ein ziemlich umfangreiches Modell, wenn es lediglich für ein Comp-Gemälde geschaffen wurde.«

Er nickte. »Richtig, aber der Computer erleichtert mir diese ersten Schritte. Im Grunde könnte diese Anlage ein mehr oder weniger detailliertes Modell eines ganzen Sonnensystems projizieren, vom Urnebel, der protostellaren Gaswolke ausgehend. Die Genese einer fiktiven Welt, wenn Sie so wollen. Computeranlagen dieser Art werden normalerweise für ähnliche Aufgaben verwendet, wie es auch mit dem Artefakt geschehen soll, an dem sie eingesetzt werden ... Modellerprobung moderner Raumschiffe für biochemische, atom- oder astrophysikalische Vorgänge ... und vieles mehr.« Er lehnte sich zurück. »Auch meine Anlage diente eigentlich der rekonstruierenden Modellerstellung ... beispielsweise bei archäologischen Untersuchungen.«

»Sind Sie jetzt ein Wissenschaftler oder nicht?« fragte das Mädchen langsam.

»Auch. Früher nahm ich an den Einsätzen von Explorations- und Xetharcho-Teams als Xenologe teil, aber später wurde ich mehr so eine Art ... Dokumentator. Ich fertigte Comp-Darstellungen der erforschten Welten und untergegangenen Zivilisationen an, die mehr als Filmsequenzen und räumliche Fotografien waren. Computerwelten nach der Wirklichkeit, die alle Daten enthielten, die wir hatten.«

Shera nickte. »Ein idealer Weg, um aus den wissenschaftlichen Erkenntnissen ein verständliches, begreifbares Gesamtbild anzufertigen.«

»Exakt.«

»Und jetzt skizzieren Sie eine fiktive Welt, die ich im Gedächtnis dieses riesigen Computergehirns suchen soll«, sagte sie dann. »Wir kartografieren die Erinnerungen eines Gerätes ... bizarr.«

Er lachte. »Das ist es wahrscheinlich auch. Aber es ist sicherlich auch interessant, denn wer weiß, welche fremdartigen Wirklichkeiten im Gedächtnis dieses Großcomputers schlafen.« Er deutete auf die Computerskizze. »Und es ist mehr als nur interessant, solche Welten zu erschaffen. Man erahnt, wie sich Götter fühlen müssen. Manchmal skizziere ich eine solche Computerwelt ohne tiefere Absicht und überlasse es dem Gerät, durch Zufallsfaktoren ein detailliertes Simelacra zu erstellen, das ich dann regelrecht erforsche, und ich werde immer wieder von den unerwarteten Entwicklungen überrascht, die ich vorfinde.«

Sie schwieg nachdenklich, und er betätigte erneut die Kontrollen. »Ich habe mir etwas ausgedacht, damit diese fiktive Welt nicht ganz so grimmig und unnahbar wirkt.« Auf dem Sichtschirm erschien der schimmernde, geisterhafte Streifen einer angedeuteten Küstenregion.

»Wir haben Ebbezeit, die Gezeitenzone ist wasserlos, das Meer zieht sich zurück«, fuhr er fort. »Sehen Sie etwas?«

Shera stand auf und stellte sich neben ihn. Sie musterte die langsam näherkommende Geisterlandschaft, die aus Lichtrissen bestand. »Es sieht aus wie Ruinen«, bemerkte sie. »Sie meinen doch die Gebilde neben den Uferfelsen?«

Cethen nickte. »Es sollen die Überreste einzelliger Lebewesen sein, die sich in Gruppen zusammenfinden und feste, korallenartige Strukturen erschaffen. Wenn sie sterben, bleiben die kristallinen Schalen erhalten.« Er warf ihr einen Seitenblick zu. »Diese Stelle werde ich als Comp-Gemälde ausarbeiten.«

Shera nickte. »Es wird interessant sein, ein derartiges Gebilde zu sehen, auch wenn es nicht existiert«, meinte sie.

Er lachte. »Möglicherweise existiert es doch, unendlich weit entfernt, in einer anderen Zeit . . .«

»Vielleicht vergesse ich auch wieder einen Moment lang, daß Wirklichkeit anders ist«, entgegnete sie zerstreut. Er schwieg, und sie ließ gedankenverloren ihre Augen durch das Quartier streifen. Ihr Blick fiel auf einige Gegenstände, die auf dem Metallschreibtisch verstreut lagen und standen. Sie beugte sich vor und ergriff ein flaches Gebilde.

»Ein Schriftbuch«, stellte sie fast erstaunt fest.

Er nickte geistesabwesend, während er einige Linien korrigierte. »Auch eine Art von Weg in eine andere Welt«, sagte er. »Ich besitze viele solcher Gegenstände, ein uraltes Pergament, eine Glasvase, eine Steinfigur . . . es sammelt sich mit der Zeit einiges an, das im Grunde nicht mehr ist als eine andere Säule für mein Gedächtnis.«

»So etwas brauche ich nicht«, murmelte sie und nahm einen fingerlangen, schweren Metallstab in die Hand. »Und was ist das?«

»Staubstifte wurden diese Geräte genannt. Sie enthielten Mikropartikel, die sich mit dem Gewebe des früher verwendeten Synthpapiers verbanden, nach einiger Zeit zumindest. Die Linienstärke ist variierbar, aber die schwarze Farbe bleibt.« Er deutete auf einige Skizzenblätter. »Es ist viel schwieriger, mit ihnen etwas zu zeichnen, als es mit dem Computer ist. Man kann nicht unbegrenzt korrigieren, was einmal geschaffen wurde.« Sein Blick fiel wieder auf das Schriftbuch in ihrer anderen Hand. »Es enthält auch einige Skizzen, die mit diesen Stiften angefertigt worden sind. Auch die archaisch wirkenden Ziffern und Anfangslettern wurden mit ihnen entworfen.«

Ihre Finger glitten über das seidige Synthpapier. »Ich dachte, es gibt nichts Derartiges mehr, seit die schriftliche Erzählung nach und nach durch die Visual-Filme verdrängt wurde.«

Er lachte. »Schriftbücher oder Comp-Cassetten, es wird sie weiterhin geben, obwohl man mit Anlagen wie dieser«, er wies auf seinen Computer, »komplette Welten erschaffen kann, widerspruchsfrei und greifbar. Und die Comp-Bücher vermitteln die Erzählungen im Grunde nur, während ein Schriftbuch mehr wie eine Skulptur, eine Statue ist. Es ist der Gegenstand selbst, nicht allein die Schrift und die Geschichte, die in ihr niedergeschrieben wurde. Eine Seite, die man wendet, gibt den Blick und den Weg frei in eine Welt, die man einen Moment vorher vielleicht nicht einmal erahnen konnte.«

Das Mädchen schwieg.

Er betätigte einen Schalter, und eine Art Richtvisier erschien, ein Lichtring mit einem sechsfachen Fadenkreuz. Er dirigierte es vor die ruinenartigen Gebilde, dann wandte er sich wieder der Tastatur zu. Bis auf das Gebilde, dessen Umriß er festgezeichnet hatte, erloschen alle Linien. Er vergrößerte die Computerskizze, bis sie fast den gesamten Sichtschirm bedeckte, ehe er eine Fixiertaste betätigte.

»Was geschieht jetzt?« fragte Shera.

Er nahm einige stiftähnliche Metallstäbe von einer Ablage. »Dieser Flachschirm ist mit dem Computer gekoppelt«, erklärte er. »Ich kann die Skizze auf dem Sichtschirm selbst verändern, mit diesen Lichtstiften.« Er nahm einen der Metallstäbe auf. »Sie regen die einzelnen Flüssigkristall-Zellen des Sichtschirms in der

Farbe an, die ich eingestellt habe. Es sind sieben Lichtschreiber, jeder von ihnen kann in einem bestimmten Spektralbereich seine Farbe verändern, außerdem kann ich den Helligkeitston festlegen. Zusätzlich habe ich den Skizzenstift, der weiße, verschieden breite Linien zieht, und einen Korrektor, der alle Sichtschirmzellen freimacht, die ich mit ihm bestreiche. Die Linien, die der Computer darauf projiziert hat, erlöschen dann. Je nach Feinheit kann ich von einer einzelnen Zelle bis zur ganzen Fläche kolorieren und wieder entfärben. Die Liqcris-Zellen haben eine derartig geringe Ausdehnung, daß kein Mensch eine einzelne erkennen könnte.«

Er deutete auf die Schalterreihen. »Außerdem kann ich Helligkeit, Kontrast und Farbspektrum der gesamten Skizze gleichzeitig verändern, aber auch in vorher gekennzeichneten Bereichen, und die räumlich dargestellten Szenerien bewegen, vergrößern, transparent machen, zerlegen und wieder zusammenfassen.«

Sie schwieg einige Zeit, während er einen der Colorstifte ergriff und damit begann, blasse, helle Flecken in die räumliche Computerskizze einzusetzen.

»Ich nehme an, ihr Gerät hat eine sehr große Datenreserve«, sagte sie schließlich. »Zum Beispiel, so etwas wie die Gestirne, die immer wieder verwendet werden, soll darin gespeichert sein.«

Cethen zeigt mit einer Kopfbewegung auf ein regalähnliches Gebilde, in dem zwei große und sehr viele weniger große Comp-Speicher aufgereiht waren. »Ich habe ein Festprogramm im Computer, das unter anderem die physikalischen Gesetze enthält«, erklärte er. »So vermeide ich Widersprüche und Fehlstellen im Modell, von den komplizierten subatomaren Vorgängen, die ich selten berücksichtigen muß, bis zu großen Fehlern wie einer Gezeitenzone ohne ausreichend großen Mond.«

»Und diese Cassetten?« fragte Shera, auf die Comp-Speicher deutend.

»Sie enthalten größtenteils auch Festdaten«, antwortete er. »Welten, die während der Explorer-Expeditionen dokumentiert wurden, militärische Simelacras von Gefechten aller Zeitalter, einige Zweikampf- und Visualspiel-Programme, einige fiktive Welten, die ich oder andere erdacht haben, eine Art Museum für unzählige ältere Comp-Gemälde und eine Sammlung von Visualfilmen ist auch darunter. Wenn Sie so wollen, ist es eine komplette Computerbibliothek. Andere Cassetten enthalten Daten, die ich immer wieder in den Comp-Reports brauche . . . ein Mensch-Schema beispielsweise, Modellprogramme von Raumschiffen und

Explorationsausrüstung.«

»Ein Menschschema?«

»Eine räumliche Computerskizze des menschlichen Körpers, die als Grundmuster dient. Ich kann ihre Größe, die genaue Gestalt, Skelettdetails, Muskulatur, die Gesichtszüge, die Art, sich zu bewegen, und das Verhalten den Anforderungen entsprechend verändern und exakter bestimmen, aber das ... das Gerippe, meinetwegen, es ist immer dasselbe. Auch für Fremdwesen-Schemata gilt dies.« Er warf ihr einen Blick zu. »Falls Ihre medizinischen Daten im Comp-Netz dieses Stützpunktes gespeichert sind, könnte ich innerhalb weniger Minuten ein ziemlich genaues Simelacra von Ihnen erschaffen ... als Grundgerüst für ein Comp-Porträt vielleicht. Gleiches gilt für Gegenstände, falls ich eine Computerkamera oder ein tragbares Scanner-Gerät an meine Anlage ankoppeln kann.«

Sie nickte. »Und die beiden großen Cassetten?«

»Sie gehören zur Grundausstattung aller Raumschiff-Computer«, sagte der Xenologe. »Wir nennen sie den *Atlas* und den *Folianten.*«

»Und was enthalten sie? Ein Galaxis-Modell?«

»Ungefähr, so etwas Ähnliches jedenfalls. Der Atlas ist eine Computerdarstellung der Galaxis, als Grundlage für die Navigation im interstellaren Raum und in den Sonnensystemen. In ihm sind alle bisher erforschten oder zumindest entdeckten Welten verzeichnet, alle erfaßten Gestirne, Kollapsare, Gasschleier, Staubnebel, sogar Meteoritenschwärme und Asteroidenbahnen oder Kometenhalos.«

»Und der Foliant?«

»Er enthält alles, was wir über die einzelnen Welten wissen, über die Lebewesen, ihre Vergangenheit, über die, die auf ihnen Städte errichteten, in allen Einzelheiten bis zu Stoffwechseldetails, biochemischen Grundlagen und anderem. Eine Art Wissensbewahrer der Menschheit, könnte man sagen ... mit verlorenen Welten, fremden Wesen, untergegangenen Zivilisationen. Wahrscheinlich ist das Computergehirn dieses Stützpunktes etwas Ähnliches, in viel größerem Maßstab.«

Shera nickte wortlos, und er wandte sich wieder dem Sichtschirm zu. Während das korallenriffartige Gebilde Gestalt annahm, strich sie mit den Fingern über die Comp-Cassetten. »Vielleicht ...«, flüsterte sie leise, verstummte dann aber wieder.

»Enthalten sie auch etwas über die Cher?« fragte sie nach einiger Zeit mit entschlossener Stimme.

Er bejahte, ohne den Kopf zu heben, und dachte flüchtig, daß es fast so geklungen hatte, als hätte sie ursprünglich etwas anderes fragen wollen.

Sie blieb stehen und musterte ihn scharf, aber er bemerkte es nicht. »Ich weiß nicht einmal genau, wie sie ausgesehen haben«, sagte sie schließlich.

Der Xenologe sah sie erstaunt an. »Sind Ihnen denn während der Einweisung keine Cher-Simelacras gezeigt worden?« fragte er dann.

Sie schüttelte den Kopf. »Ich habe mir das Wichtigste erklären lassen, mehr nicht«, sagte sie einfach. »Weil ich den Kontakt zum Xetharcho-Team so gering wie möglich halten wollte.« Sie lachte bitter. »Es war ihnen nicht unlieb.«

»Weshalb?« fragte er langsam, als ahne er schon ihre Antwort.

»Ich bin nicht gerade gesellig«, erklärte sie. »Wissen Sie nichts von den Schwierigkeiten, die meinesgleichen haben?«

Cethen sah ihr offen ins Gesicht. »Ich weiß, daß paranormale Fähigkeiten nicht immer eine Gabe sind«, erwiderte er ruhig. »Eine relativ lange Zeit meines Lebens habe ich mit einer Frau verbracht, die ebenfalls telepathisch begabt war.«

Shera lachte rauh. »Ebenfalls telepathisch begabt ... Ich kann Gedanken und Gefühle erkennen, und die anderen wissen das, das allein ist schlimm genug. Aber es ist viel schlimmer ...«

»Schlimmer?«

»Sie wissen es wirklich nicht?« fragte das Mädchen erstaunt.

»Nein«, antwortete er ungeduldig.

»Mein Gedächtnis ist es, daß die Menschen fürchten«, sagte sie kalt. »Mein verdammtes, elendes Gedächtnis ...«

Er begriff. »Sie können nichts vergessen.«

»Genau«, sagte sie, und ihre Augen musterten, belauerten ihn, als würde sie darauf warten, daß er vor ihr zurückwich. »Deshalb setzte das Paracorps mich ein, nicht einen erfahrenen, widerstandsfähigen und gelassenen Älteren. Mein Gedächtnis ist wie das eines Computergehirns, es vergißt nichts.«

»Ein eidetisches, fotografisches Gedächtnis«, murmelte er verstehend.

»Mehr als das. Es ist ein Cher-Gedächtnis, soweit ein Mensch überhaupt leben kann mit einem derartigen Erinnerungsvermögen. Vergessen schützt uns vor vielem, aber ich bin ein Para, ich nehme mehr wahr als andere, Gedanken und Gefühle, und ich vergesse nichts, gar nichts.« Sie sah ihn an, und ihre Gelassenheit war zerbrochen, ließ ihre Verzweiflung erkennen. »Und die Menschen wissen es, und sie fürchten mich, weil sie sich noch immer vor dem fürchten, was ich aus ihren Alpträumen, ihrem Unterbewußtsein ans Licht bringen könnte, sofort . . . oder in der Zukunft. Ich war niemals allein, aber ich bin immer einsam gewesen, freiwillig, seit ich fühlte, wie sie mich fürchten und hassen.«

»Alle?« fragte er.

Sie nickte zögernd. »Früher oder später, ja. Es ist wie ein Geschwür im Geiste derjenigen, die es wissen . . . und selbst die, die es nicht wissen, erahnen es.« Sie sah ihn an. *»Die Augen einer uralten Frau im Gesicht eines blutjungen Mädchens.«*

Er erwiderte ihren Blick ruhig. »Ich war nicht angewidert oder abgestoßen«, stellte er fest.

»Das stimmt«, gab sie zu. »Aber Sie ahnten es bereits, als Sie noch nicht wußten, welche Fähigkeiten in mir liegen.«

Der Xenologe stand wortlos auf, nahm eine der Comp-Cassetten in die Hand und legte sie in ein Wiedergabegerät. »Ich glaube, ich fürchte mich nicht vor mir selbst«, sagte er gelassen. »Vielleicht wäre es besser, aber ich glaube, Mißtrauen gegenüber meinen eigenen Gefühlen und Gedanken sollte genügen, damit ich Mensch bleibe, ohne mich selbst zu verachten.«

Sie antwortete nicht, und er betrachtete sie versonnen, ihre schmalen, zerbrechlich wirkenden Gesichtszüge, ihre langen, schneeweißen Haare, die schlanke, mädchenhafte Gestalt.

»Ich werde nicht mit Ihnen schlafen«, sagte sie ruhig, fast kalt, und sah ihn abwartend an.

Er erwiderte ihren scharfen Blick gleichmütig. »Dachte ich daran?« fragte er nachdenklich. Sie nickte, und er lächelte ein wenig.

»Es ist nicht verwerflich, denke ich, und unverständlich erscheint es mir auch nicht«, sagte er dann. »Sie sind ein schönes Mädchen, Shera, und Sie wissen es, auch wenn es Ihnen nichts bedeuten mag.«

Ihre Hände verkrampften sich zu Fäusten, und in ihren Augen glitzerte es feucht. »Sie haben mich nicht ganz verstanden«, flüsterte sie heiser. »Ihre Gedanken waren eigentlich nicht verletzend, sie haben nicht einmal bewußt daran gedacht, mit mir zu schlafen. Vielleicht begehren Sie mich, aber diese Gefühle sehe ich auch bei anderen Männern.« Sie blickte nicht auf. »Aber die anderen fürchten mich . . . fürchten meine Gabe, und sie sehen in mir entweder das junge, schöne Mädchen oder aber das gefährliche, nichtmenschliche Talent, und beides ist früher oder später vernichtend.«

Er stand auf, ging zu ihr und sah ihr ins Gesicht, ihr Kinn mit den Fingern anhebend.

Sie zitterte ein wenig. »Ich vermeide es, andere Menschen zu berühren«, sagte sie mit festerer Stimme. »Körperlicher Kontakt scheint meine Fähigkeiten zu intensivieren, läßt ihren Geist über mich hereinbrechen, ohne daß ich mich wehren könnte.«

Cethen strich ihr mit den Fingern sanft über die Wange, ehe er mit einer ruhigen Bewegung die Hand wieder zurückzog. »Das hat psychische, keine paranormalen Ursachen«, sagte er bedächtig.

»Ich weiß«, antwortete sie. »Aber dieses Wissen erleichtert es mir nicht.« Sie sah ihn nachdenklich an. »Ich hatte fast erwartet, daß Sie Ihre Hand zurückreißen würden, als wäre ich ein Feuer.«

Er schüttelte den Kopf, und sie lachte leise.

»Allmählich glaube ich Ihnen, daß Sie mit einem Talent zusammenleben konnten.«

Cethen erwiderte nichts, sondern wandte sich halb dem Sichtschirm zu. »Sie wollten wissen, wie die Cher ausgesehen haben«, sagte er schlicht.

Das Mädchen nickte und stand auf, während er sich über die Computertasten beugte. Die entsprechenden Daten waren bereits herausgesucht worden, und eine Computerskizze erschien, die gleich darauf mit Farbschattierungen ergänzt wurde.

Die Gestalt, die der Computer projizierte, sah fast menschenähnlich aus, aber bereits die eingeblendete Größenangabe von mehr als zwei Standardmetern belehrte sie eines anderen. Das Fremdwesen besaß einen breiten, flachen Brustkorb und lange, muskulöse Arme, deren Unterfinger bis zum Ende der Flügelhäute verlängert waren. Die Resthand besaß immerhin sechs Finger, zwei davon als Gegenfinger geeignet. Die Fellohren waren relativ groß und faltig, ihre Fußhände sehnige Greiforgane mit sieben Fingern, von denen drei gegengerichtet greifen konnten. Das große Gebiß wurde von zwei abwärts gerichteten, scharfen Reißzähnen begrenzt, und die Gestalt besaß einen langen Schwanz mit feinen Segellappen am Ende.

»Er erinnert mich an die Fledertiere meiner Geburtswelt«, meinte Shera nach einiger Zeit.

Der Xenologe nickte. »Entwicklungsgeschichtlich sind die

Cher mit den Fledermäusen vergleichbar, aber sie waren viel größer, und intelligent. Lebewesen ihrer Art gibt es auf fast allen Erdwelten, und nicht selten wurden sie die vorherrschende Art.« Er deutete auf die schmale Hüftpartie der Gestalt. »Sehen Sie die kiemenartigen Atemspalten? Ihre Urahnen müssen sich bereits sehr schnell bewegt haben, damit sich ein gefächertes Atemorgan dieser Art entwickeln konnte. Ihre Brustmuskulatur diente zum Fliegen, weniger zum Atmen.«

Shera nickte. »Sieht faszinierend aus . . . geschmeidig, wild.«

Er lachte. »Sehen Sie sich die Fingerkrallen an. Sie waren fleischfressende, regelrecht blutgierige Nachtjäger, deren raubtierhafte Instinkte wahrscheinlich immer gegen einen eiskalten, beherrschten Geist gekämpft haben. Ihre Lebensweise bedingte ihre außergewöhnlichen Wahrnehmungsorgane.«

»Ihre telepathischen Fähigkeiten?«

»Auch«, bestätigte Cethen. »Aber bereits ihr Gesichtssinn war fantastisch . . . nachtsichtig, stereoskopisch, bis in das Infrarotspektrum hinein. Ähnlich sensibel muß ihr Gleichgewichtssinn gewesen sein. Ihr Gehör diente ihnen möglicherweise auch als quasivisuelles Organ, denn sie nahmen auch Ultraschalltöne wahr, die sie selbst ausstießen und die durchaus eine akustisch-räumliche Orientierung ermöglichen konnten.«

»Und sie waren intelligent.«

»Mehr als wir«, stellte der Xenologe fest. »Ihre extrem explorative Lebensweise, nicht an flächenhafte Vorstellungen gebunden, und ihr Gedächtnis allein erschufen ein Gehirn, das mit dem menschlichen nicht vergleichbar ist. Sie dachten räumlich in einem Ausmaß, wie wir es wahrscheinlich nie erreichen werden, und bereits das bedingt eine Andersartigkeit, die wir uns kaum vorstellen können.«

Shera betrachtete schweigend die fremdartige Gestalt, die sich langsam vor einer fleckigen, schwarzgrauen Fläche bewegte. »Sie sind mir ähnlicher als die Menschen«, flüsterte sie nach einiger Zeit heiser.

Der Xenologe schüttelte den Kopf. »Niemals. Auch wenn Sie telepathisch sind und ein fast nichtmenschliches Gedächtnis besitzen, sie dachten anders, als Sie jemals denken werden.«

Er schaltete das Simelacra wieder ab, und die Computerskizze der Gezeitenlandschaft leuchtete auf, während er sich in den Metallsessel fallen ließ und einen der Lichtstifte ergriff.

Das Mädchen sah ihm zu, seinen Gedanken nachhängend.

Schließlich verlor ihr Gesicht den versunkenen Ausdruck. »Ist es nicht ein wenig umständlich, manuell zu korrigieren, was Ihnen nicht gefällt?« fragte sie unvermittelt.

Er nickte, ohne aufzublicken. »Sicherlich. Aber der einzige andere Weg wäre ein psysensisches Helmgerät, eine Mentalkrone, die meine Ideen unmittelbar aus meinem Gehirn entzieht, und derartige Anlagen sind nicht für jeden geeignet. Außerdem sind sie nicht allen zugänglich.« Er lächelte in sich hinein. »Und ich mag es, mit den Fingern zu arbeiten. Es ist mühsamer, aber das Ergebnis erfreut mich dann auch ein wenig mehr.« Er wandte den Kopf und sah sie achselzuckend an. »Umgekehrt könnte man die Computerwelten über psysenisches Gerät auch sofort in das Gehirn projizieren, nicht über Wiedergabegeräte wie diesen Sichtschirm.«

»Psysensisches Gerät«, sagte sie mit Verachtung und Abscheu in der Stimme.

»Im Grunde eine Art Ersatz . . .«, entgegnete er gedehnt. »Wie die Augenprothesen des Commanders.«

»Vielleicht«, gab sie zu. »Aber ich fühle mich . . . vergewaltigt, wenn mir mit einem Mentalprojektor Gedanken aufgezwungen werden oder mein Gedächtnis entleert wird. Meine Freiheit ist eingeschränkt genug durch meine Gabe . . .« Sie lachte rauh. »Gabe. Es ist ein Fluch. Mich tröstet nicht einmal, daß ich sie früher oder später verlieren werde, im Alter, vielleicht in einigen Jahren schon.«

»Manche denken so«, bestätigte der Xenologe, während er weiterarbeitete. »Auch Vyra glaubte es eine Zeitlang.«

»Ihre Lebensgefährtin?«

»Wir waren keine Zweiergemeinschaft«, korrigierte er sie, »und was wir waren, waren wir kein Leben lang. Ich war einige Jahre in ihrer Wabe aufgenommen.«

»Ein Nichttalent in einer telepathischen Gruppe?« fragte sie erstaunt. »Es erscheint mir beinahe nicht vorstellbar.«

»Ich hatte es mir vorher selbst schwer vorstellen können, und es war nicht leicht«, antwortete er einfach. »Ich begegnete Vyra in einer Zeit, in der sie wegen ihrer Gabe und wegen eines Vorfalls, bei dem einer ihrer Gefährten starb und der die Wabe, der sie von Geburt an angehört hatte, zu zerbrechen drohte.« Er verstummte. »Jedenfalls hat sie einige Zeit gebraucht, um wieder zu sich zu finden. In eben dieser Zeit begegneten wir uns und lebten zusammen. Sie hatte ihre Fähigkeit fast verloren, weil sie sie selbst zerstören wollte und weil sie gleichzeitig Angst vor dem Verlust hatte, und so standen wir beide außerhalb der Wabe und gehörten doch noch zu ihr.«

»Und?« fragte das Mädchen.

»Sie ist wieder sie selbst«, antwortete er geistesabwesend, dann richtete er sich auf und lehnte sich zurück. »Schalten Sie das Licht ab«, bat er das Mädchen.

Shera legte die Hand auf die Helligkeitskontrolle, und die weißen Leuchtgloben erloschen. Er deutete auf den Sichtschirm, auf dem an einem grauen, düsteren Felsstrand glitzernde, blaugrüne Gebilde standen, kristallin, korallenartig, glühend im Licht der untergehenden, rotviolett verfärbten Sonne, das durch die schwarzen Sturmwolken über dem gleichgefärbten Meer drang. Sie kam zwei Schritte heran und betrachtete wortlos die Comp-Landschaft.

»Sie haben dieser Welt wirklich etwas von ihrer Unzugänglichkeit genommen«, sagte sie nach einiger Zeit leise.

6

Der grelle Lichtblitz blendete sie, wie bei den bisherigen Kontakten auch, und als sie wieder etwas sehen konnte, stand sie im Schatten eines großen Felsblocks, den die Meeresbrandung aus glutflüssigem Gestein geformt haben mußte. Einen Moment lang schien es ihr, als decke sich das, was sie im Zwielicht zu sehen glaubte, mit dem Computerbild, das sie sich im Augenblick des Mentalkontaktes in die Gedanken gerufen hatte, aber bereits die erste leichte Bewegung ihres Kopfes befreite ihre Wahrnehmung wieder.

Sie sah sich vorsichtig um, den Helmscheinwerfer einschaltend. Über dem Wasser, das in der Ferne erkennbar war, trieben hellgraue Nebelfetzen, und landeinwärts sah sie die rotglühenden Feueradern flüssigen Gesteins, das sich dem Meer entgegenschob und dort im siedenden Wasser erstarrte.

Auch die Zeit schien übereinzustimmen, da die Sonne niedrig stand und bereits halb im Meer versunken zu sein schien.

Sie rief sich beinahe widerwillig ins Gedächtnis, daß all dies in ihrem Geist existierte, nicht wirklich, projiziert von einem riesigen Computer in ihr Gehirn, ihre Gedankenwelt, während ihr Körper bewußtlos auf dem Mentalthron lag. Ihre Stimme wurde wehmü-

tig, fast bedauernd. Sie blendete ihren Helmscheinwerfer auf und ging mit langsamen Schritten über den nachgiebigen Sandstrand auf die korallenartigen Strukturen zu. Im weißen Licht glitzerten Myriaden feinster, kristalliner Schalenmäntel im gelbroten Feuer, im Zwielicht glommen sie hellblau oder smaragdgrün, ein wenig phosphoreszierend.

Zwischen den ruinenartigen Säulenkristallen und zahnartigen Stalagmitenformationen seewärts gehend, dachte sie an die Äonen, die in Wirklichkeit vergehen würden, bis sterbende Mikroorganismen ein derartiges Riff entstehen lassen konnten, und betrachtete das unirdische Feuer, in dem sich die letzten Strahlen der untergehenden Sonne in dem quarzähnlichen Material brachen. Sie fühlte wieder etwas Fremdes in ihren Gedanken, es glich eiskalten, geisterhaften Fingern, und sie spürte, wie sie etwas verlor, wie ihre Zweifel und ihr Mißtrauen zerbrachen. Furcht stieg in ihr auf, und verzweifelt konzentrierte sie sich auf die Wirklichkeit, aus der sie selbst gekommen war und die sich mehr und mehr von ihr zu entfernen schien, versuchte, sich aus dem Mentalkontakt zu befreien.

Im nächsten Moment ließ ihre Verzweiflung abrupt nach. Sie bemerkte eine schattenhafte Gestalt und bewegte unvermittelt den Kopf. Ein bleiches, weißgraues Geschöpf, geschwänzt, mit nicht sehr großen, blassen Augen schlich auf sie zu. Seine langen, weißen Fangzähne glitzerten feucht, und die faltige, graugefleckte Haut schien mit Schlammspuren bedeckt zu sein. Mochte dieses molchartige Geschöpf auch im trüben Wasser der Gezeitenzone geboren sein, es jagte mit gefährlicher Sicherheit im Sand.

Sie vergaß ihr Wissen, ihre Erinnerungen, während sie einen Schritt zurückwich und die schwere Waffe aus dem Gürtel zog, deren Metall sich kalt und fest anfühlte. Das Geschöpf kauerte fauchend neben einem Felsen, dann sprang es sie an.

7

Das Gefühl, das ihn in dem Moment befallen hatte, in dem das Fleisch am Arm und an der Seite der reglosen Gestalt auf dem Mentalthron in völliger Stille zerriß und sich ihr Coverall blutrot färbte, war nicht ganz gewichen, und auch dem versteinerten Gesicht des Kommandanten konnte er ansehen, daß Scolmon ebenso erschüttert gewesen war wie er.

Der Medic-Offizier, der das Stützpunktlazarett leitete, legte die Computerausdrucke beiseite, warf dem Mädchen einen Blick zu und sah dann den Kommandanten an. »Sie wird in der nächsten Zeit nicht eingesetzt werden können«, erklärte er. »Ihre Verletzung ist ziemlich schwerwiegend, und sie hat nicht gerade wenig Blut verloren.«

Cethen sah das Mädchen an, das die linke Hand auf den weißen, sterilen Gelverband an ihrem Arm gelegt hatte. Auf der gebräunten Haut ihrer Schulter waren die vernarbten Spuren einer älteren Verletzung zu erkennen.

»Ich begreife nicht, wie dies geschehen konnte«, sagte er. »Einen geistigen Schock könnte ich mir erklären, aber eine wirklich vorhandene physische Verletzung . . .«

Der Medic-Offizier bewegte den Kopf und sah den Xenologen an. »Ich glaube, auch für diesen Vorfall gibt es eine Erklärung . . . und die Ursache müssen wir im Unterbewußtsein suchen.«

»So etwas wie psychosomatische Symptome, Fhee?« fragte die Sicherheitsoffizierin, die hinter Scolmon stand. »Der Geist glaubt zu sterben, und der Körper stirbt?«

Der Medic-Offizier antwortete nicht, aber Cethen schüttelte heftig den Kopf. »Solche Symptome treten in viel geringerem Ausmaß auf, und außerdem erst dann, wenn man von den nicht vorhandenen Gefahren oder Geschehnissen überzeugt ist, wenn man die Wirklichkeit nicht mehr kennt.«

Das Mädchen nickte zögernd. »Ich nehme an, das stimmt«, sagte sie dann, sich selbst in das Gespräch einmischend. »Aber Fhees Vermutung scheint mir trotzdem zutreffend zu sein.«

»Weshalb?« fragte Cethen erstaunt.

»Weil ich tatsächlich nicht mehr wußte, daß diese Bestie und diese andere Welt gar nicht wirklich existierten«, sagte sie schlicht.

Scolmon bewegte abrupt den Kopf, und Lhiras Augen musterten sie scharf. »Weshalb?« fragte die Sicherheitsoffizierin irritiert. »Wegen des Schreckmomentes?«

Shera schüttelte den Kopf. »Es war, als würde jemand in meinem Gehirn bestimmte Erinnerungen blockieren, ehe ich es bemerken konnte. Ich hatte dieses Gefühl schon früher gehabt, aber der Mentalkontakt war meistens gleich darauf beendet gewesen, und ich achtete nicht weiter darauf, denn ich schrieb dieses Gefühl meinem unbewußten Mißtrauen gegen das Cryogengehirn zu. Aber diesmal war es fast greifbar, und ich wurde mir seiner gerade bewußt und wollte den Kontakt abbrechen, als dieses Geschöpf erschien.«

»Verdammt«, sagte Scolmon nach einiger Zeit. »Wenn der Computer ihre Erinnerungen an die wirkliche Welt blockiert, weshalb macht er es?«

»Vielleicht ist es eine Abwehrmaßnahme«, vermutete Lhira. »Das Gerät könnte sie als Fremdwesen erkannt haben, das keinen Zugang zu den Daten erhalten darf, und eine Art Mentalabwehr versucht, sie unter Kontrolle zu bringen.«

»Wenn er sie nicht vernichten will«, erklärte der Xenologe grimmig und deutete auf den Verband.

»Richtig«, bestätigte die schwarzhaarige Sicherheitsoffizierin.

Cethen lehnte sich zurück. »Aber vielleicht sind diese Simelacras weniger als wissenschaftliche Computermodelle erschaffen worden«, sagte er dann. »Es könnten Cher-Welten sein, möglicherweise weit entfernt oder bereits damals untergegangen, oder es sind Welten, die nie existiert haben, und wem immer sie zugänglich sind ... wer immer sie betritt, soll vielleicht vergessen, daß es diese Welten nicht ... nicht mehr gibt.«

»Eine Art Computermuseum also«, murmelte Lhira, und Scolmon nickte.

»Oder es könnte einer Art psychischem Untersuchungsprogramm entsprechen«, warf Fhee, der Medic-Offizier, ein. »Ein Verfahren, um die Psyche in fiktiven Welten, unter wechselnden Bedingungen zu testen und zu analysieren.«

Wieder nickte der Kommandant. »Demnach wäre es also keine Abwehrmaßnahme, sondern eine Mentalblockierung, die im Festprogramm der Anlage enthalten ist«, faßte er zusammen. »So oder so. Aber weshalb ist sie für Shera dann so gefährlich?«

Cethen sah das Mädchen an. »Sie sind ein Mensch, Shera. Auch die nichtmenschlichen Fähigkeiten machen Sie nicht zu einem Fremdwesen.« Seine Augen kehrten wieder zu Scolmon zurück. »Entweder waren die Cher nicht gefährdet durch das, was ihrem Geist während des Mentalkontaktes zustieß, oder für sie gab es in den Computerwelten gar keine Gefahren. Wenn nicht ein Defekt die Ursache ist.«

»Es wäre eine Erklärung«, murmelte Lhira, um dann den Kopf zu heben. »Aber weshalb existieren für Shera in den Computerwirklichkeiten Gefahren, die für die Cher vielleicht nicht bestanden haben?«

Der Xenologe sah mit gerunzelter Stirn auf Sheras Schulternarben. »Ich glaube, dieses Computergehirn reagiert auch auf die Gedanken und das Gedächtnis des Operators. Und auf seine Ängste. Vielleicht sollten wir das Unternehmen vorerst ganz abbrechen, Fhee«, antwortete Scolmon zögernd, dann sah er das Mädchen an.

Shera schüttelte den Kopf. »Meinetwegen nicht, Commander«, erklärte sie mit fester Stimme.

8

Einige Tage planetarer Zeit vergingen, und das Team versuchte, durch eine erneute Untersuchung des Computers einen Schritt weiterzukommen. Das Mädchen beobachtete Cethen, der ein Comp-Gemälde der Eiswelt anfertigte, auf der sie sich befanden, und ließ sich von ihm die einzelnen Arbeitsphasen genau erklären. Schließlich nickte sie zufrieden und lehnte sich zurück, während er das Wiedergabesystem abschaltete.

Er deutete auf den Sichtschirm. »Möchten Sie es versuchen?«

Sie schüttelte den Kopf. »Im Augenblick nicht«, antwortete sie.

Er wollte sich achselzuckend wieder dem Gerät zuwenden, als sein Blick wieder auf das vernarbte Gewebe an ihrem verletzten Arm fiel, der nicht mehr im Gelo-Verband steckte. »Fhee sagte mir, es hätte nicht viel gefehlt, und Sie hätten in die Regenerationskammer gemußt«, sagte er. »Waren Sie nicht schon einmal an derselben Stelle verletzt?«

Sie folgte seinem Blick und nickte. »Ja, in meiner Jugend . . .« Sie lachte. »Ich meine, vor zehn Jahren etwa.«

»Und was war geschehen?«

»Auch durch ein Raubtier«, erwiderte sie langsam. »Es sah diesem anderen Geschöpf ein wenig ähnlich.«

Er runzelte die Stirn. »Es ähnelte ihm?«

»Ja. Auf meiner Geburtswelt gab es Grottenlebewesen, fleischfressende Wassertiere, die armlang werden konnten und auch Menschen anfielen, wenn auch selten Erwachsene. Ich habe mich immer vor ihnen gefürchtet, schon vor dem Sommer, in dem ich von einem schwer verletzt wurde.«

Cethen starrte nachdenklich auf ihren Arm. »Auf welchem Planeten sind Sie geboren worden?«

»Finsterwelt«, antwortete sie und erwiderte ungerührt seinen erstaunten Blick. »Er wurde wirklich so genannt, weil ihn von seinem Zentralgestirn wenig sichtbares Licht erreichte. Es war mit Staubschleiern umgeben, die den größten Anteil der Sonnenstrahlung in infrarotes Licht verwandelten. Am Tage herrschte ein nebelhaftes Zwielicht, nachts sahen wir wenig mehr als das blasse Licht eines ziemlich weit entfernten Mondes.«

»Eine düstere Welt«, meinte er.

Sie schüttelte heftig den Kopf. »So mag es klingen. Aber sie ist . . . war eine faszinierende Welt. Wenn im Frühwinter das Algensterben im Meer begann, leuchtete das ganze Wasser geisterhaft auf, durch die verwesenden Lebewesen. Vom Sandstrand aus sah es so aus, als würden die Meere in Flammen stehen. Und noch beeindruckender waren die Nachtwälder.«

»Nachtwälder?«

Sie lachte. »Eigenwillige Namen, nicht wahr? Es gab große, fast schwarz wirkende Laubbäume mit milchigweißen Adern im Geäst und in den Schwarzblättern, diese Bäume bildeten landeinwärts ausgedehnte Wälder. Unter die Laubdächer fiel selten ein Lichtstrahl, aber die Lebewesen des Waldes führten ihr eigenes Feuer mit sich.«

»Das kalte Feuer der Glühwürmchen?«

»Genau. Selbst die größeren Waldtiere leuchten, wenn sie nicht wie die Fledertiere ihrem Gehör folgen. Und der Blütenstaub im Frühjahr gleicht einem Nebelschleier, er fängt sich in den Haaren und glimmt wie Flugasche.« Sie musterte versonnen ihre Finger. »Wenn man im Frühwinter in die Wälder geht, brechen die sterbenden Grashalme unter den Füßen, und wenn man sich umdreht, sieht man seine Spuren in der Finsternis glühen, während das Gras zerfällt und augenblicklich vermodert.«

»Eine Welt der Vergänglichkeit«, stellte er fest.

Sie verzog das Gesicht. »Vielleicht. Sie gehört eigentlich selbst schon der Vergangenheit an . . .«

»Weshalb?«

»Der Planet wurde im letzten Krieg verwüstet und fast zerstört. Sie vernichteten alle Städte aus der sicheren Umlaufbahn heraus und ließen die Wälder brennen. Mein Vater und ich konnten entkommen und wurden evakuiert, aber er starb, ehe wir eine Möglichkeit finden konnten, wieder zurückzukehren.« Sie sah ihn achselzuckend an, aber ihre Gelassenheit war eine nur scheinbare Ruhe, wie er erkannte. »Den Berichten nach regenerierte sich der Wald erst langsam, und Finsterwelt war – zumindest für mich – Wald, Wald und nichts mehr.«

»Sie sind nicht zurückgekehrt?« fragte er.

Shera schüttelte den Kopf. »Nein. Für mich wird es nie wieder so sein, wie es früher gewesen ist. Manches ist vernarbt, und einiges mag heilen, aber die Erinnerungen bleiben.« Sie strich sich mit den Fingern zerstreut über den verletzten Arm. »Ich fürchtete mich vor dem Augenblick, in dem ich die Vorstellungen eines jüngeren Mädchens mit der Wirklichkeit vergleichen müßte, die ich, älter geworden, vielleicht erfahren würde. Und ich fürchte mich noch immer davor, auch wenn ich jederzeit nach Finsterwelt zurückkehren würde ... zu jener Welt, die ich vor einem Jahrzehnt kannte, meine ich.«

Sie sah ihn abwartend an.

»Wann hat sich Ihr Talent erstmals gezeigt?« fragte er nachdenklich.«

»Sehr früh«, antwortete sie. »Ich bin mit meinem Gedächtnis geboren worden, und sobald ich laufen konnte, bin ich fortgelaufen, um allein durch die Wälder zu vagabundieren. Mit anderen zusammenzusein, lehnte ich ab, ich fühlte mich bedroht, gefährdet ... die ersten Jahre waren eine regelrechte Flucht.«

Cethen nickte. »Diese Angst war nicht unbegründet«, stellte er fest. »Telepathische Fähigkeiten können ein sich erst entwickelndes Bewußtsein regelrecht verkrüppeln, und kombiniert mit einem derartigen Gedächtnis ...«

»Ja«, sagte sie zustimmend. »Als mich das Paracorps nach der Evakuierung entdeckte, sagte man mir, daß die meisten, die wie ich ohne Unterstützung und Überwachung aufgewachsen waren, ernsthafte geistige Schäden erlitten hätten ... ein gespaltener Geist, eine Art Schattenbewußtsein, entstanden aus Gedankenfetzen anderer, die sich in das erst entstehende Schattenbewußtsein eingebrannt hatten.«

Der Xenologe warf ihr einen Seitenblick zu. »Auch die Cher müssen diesen Gefahren ausgesetzt gewesen sein«, stellte er fest. »Ihre Gabe entwickelte sich gleichfalls in früher Jugend, und daraufhin wurden die halb erwachsenen Cher sich selbst überlassen, damit sie als Einzelgänger ungefährdet einen eigenen Charakter entwickeln konnten. So lassen es jedenfalls die bisherigen Erfahrungen vermuten.«

»Unwahrscheinlich, daß wir derartig fremdartige Lebewesen jemals begreifen werden«, meinte sie nachdenklich. »Und ich habe noch mehr mit ihnen gemeinsam als alle anderen.«

Er antwortete nicht, und sie musterte ihn. »Sie wissen jetzt schon viel über mich, aber von sich selbst haben Sie kaum geredet«, erklärte sie herausfordernd.

Er lachte. »Interessiert es Sie?«

Shera nickte. »Sind Sie auch ein Flatlander?«

Er schüttelte den Kopf. »Ich bin im Weltraum geboren«, sagte er. »In einer CREEPER-Schiffswelt, mitten im Nichts, zwischen den Sternen eines Randsektors im Cerinx-Quadranten. Es war eine unruhige, gefährliche Zeit damals, und ich war nicht einmal so alt wie Sie, als unsere Schiffsstadt zerstört wurde. Als mich ein Interstellarkreuzer der Raumflotte barg, gab es niemanden mehr, der mich wenigstens gekannt hätte.«

Sie schwieg, dann fragte sie betroffen: »Und später?«

»Ich trieb mich einige Jahre in den Randwelten herum, bis ich schließlich zu den Explorations-Teams kam. Ich nahm an einigen Tiefraum-Expeditionen teil, verbrachte dann etwas Zeit auf den Zentralwelten, bis ich wieder zu den Teams zurückkehrte.« Er lachte. »Ich führe ein unruhiges, fast rastloses Leben. Vielleicht ist es die Erinnerung an das ewige Vagabundentum der Schiffsstadt, daß mich von Welt zu Welt treibt, oder vielleicht flüchtete ich auch einige Jahre lang, bis es eine Gewohnheit war. Es hält mich nirgends lange genug, als daß ich endgültig mit etwas verwachsen könnte. Im Grunde bin ich ein Wanderer, einer, der nie zurückblickt, könnte man sagen.«

»Auch nicht in seinen Erinnerungen?«

Er lächelte. »Selbstverständlich, aber ich betrachte sie als eine Gegenwart, die in mir ist, nicht außerhalb.« Seine Gedanken kehrten zu einer Stimme zurück, die er vielleicht nie vergessen würde.

Shera nickte versonnen, den Blick auf sein Gesicht gerichtet. »Weshalb haben Sie sie verlassen? War es diese Unruhe, oder gab es einen anderen Grund?«

»Vyra?« Er wußte nicht, ob sie seine Gedanken gelesen hatte oder unabhängig von ihm denselben Gedanken gefolgt war. »Möglich, daß es auch meine Unruhe war, die mich gehen ließ. Aber es war vor allem ihre Unsicherheit, als sie ihre Fähigkeiten wiedererlangt hatte. Sie war wieder sie selbst geworden, aber sie brauchte Zeit, um sich selbst zu finden, und ich wußte, daß ich ihr ihre Freiheit nehmen würde, wenn ich blieb ... auch sie brauchte Einsamkeit, um sich ihre Welt suchen zu können.«

Shera sah ihn an und schwieg.

Er lehnte sich zurück, seinen Gedanken nachhängend, und seufzte. »Jahre sind seitdem schon vergangen ...«

»Werden Sie zurückkehren?« fragte das Mädchen.

»Vielleicht ...« Er schüttelte den Kopf. »Ja, ich glaube, ich werde zurückkehren, schon allein deshalb, um zu erfahren, wie die Zeit ihre Gefühle verändert hat ...«

»Mußten Sie fortgehen, um das erfahren zu können?«

Cethen nickte nachdenklich. »Ja, manchmal muß man fortgehen ... manchmal muß man fortgehen, um zurückkehren zu können.«

Shera sah ihn mit einem undeutbaren Blick an, aber er bemerkte es nicht. »Es muß schön sein, an irgendeine Stelle zurückkehren zu können«, sagte sie dann rauh. »Aber für mich gibt es keine Rückkehr mehr ... manchmal fühle ich mich wie ein entwurzelter Laubbaum, ähnlich denen, an denen ich früher entlanggelaufen bin.«

Cethen bewegte den Kopf. »Es ist oft besser, nicht zurückkehren zu können«, entgegnete er bedächtig. »Erinnerungen sind nicht die Wirklichkeit, und die Wirklichkeit kann sich als kalt und gefährlich erweisen, während unsere Erinnerungen immer eine sichere Zuflucht enthalten.«

»Sie sind nicht greifbar, nicht wirklich«, erwiderte sie ablehnend.

»Alles, was nicht greifbar ist, ist ein Fluchtweg aus der Wirklichkeit.« Er deutete auf seine Comp-Cassetten, die alten Schriftbücher und Zeichnungen. »Auch sie sind eine Zuflucht, Welten, die als Worte existieren und vielleicht auch in meinem Geiste, aber nicht in der Wirklichkeit. Auch so kann man fortgehen, um zurückzukehren.«

Das Mädchen nickte widerstrebend. »Vielleicht kommt es nicht darauf an, aus welchem Stoff etwas ist, solange wir daran glauben können, daß es existiert, auf welche Art auch immer.«

Er antwortete nicht, sondern sah ihre vernarbte Haut an. »Werden Sie weitermachen?« fragte er nach einiger Zeit leise.

Sie folgte seinem Blick. »Mit den Experimenten?«

Er nickte wortlos.

»Ich glaube, ich werde weitermachen ... ich muß es.«

Cethen bewegte den Kopf und sah sie mit seinen blaßgrauen Augen an. »Weshalb?«

»Weshalb vagabundieren Sie von Welt zu Welt?« antwortete sie mit einer Gegenfrage. »Ich bin nicht freiwillig fortgegangen, aber mein Weg hat mich bis an diese Stelle geführt, und ich kann nicht umkehren, solange es keinen Weg zurück für mich gibt.«

Er schüttelte verständnislos den Kopf. »Ich begreife Sie nicht, Shera. Der Mentalkontakt ist gefährlich, er wird immer gefährlicher werden, denn das Gerät wird mehr und mehr auf Sie reagieren.« Er deutete auf die weißen Linien an ihrer Schulter. »Wissen Sie denn nicht, weshalb es zu diesem Zwischenfall kam?«

»Nein«, sagte sie erstaunt.

»Weil Sie sich tief in Ihrem Unterbewußtsein vor etwas fürchten, und das Computergehirn bemerkt diese Furcht und setzt sie um. Es ist wie ein Reflex. Weshalb wurden Sie ausgerechnet an der Stelle verletzt, an der Sie schon einmal verletzt worden sind, und warum kehren in diesen nicht existierenden Welten immer die molchartigen, bedrohlichen Geschöpfe wieder?«

»Sagen Sie es mir«, forderte sie ihn mit brüchiger Stimme auf.

»Weil das Computergehirn in Ihren Erinnerungen Ihr schrecklichstes Erlebnis sucht und gebraucht, um seine nichtexistenten Wirklichkeiten an Ihre Furcht anzupassen.«

Sie antwortete nicht, und er versuchte, sich wieder zu beruhigen.

»Verstehen Sie, Shera, diese molchartigen Geschöpfe, diese bleichen Grottenkreaturen werden wiederkehren, jedesmal, sobald Sie vergessen haben, daß es eine andere, eine wirkliche Welt gibt.«

»Vielleicht«, sagte sie.

Er schüttelte heftig den Kopf. »Vergraben Sie sich doch nicht in der Vergangenheit, Shera. Es gibt Zeiten, die für immer vorbei sind, in die man niemals zurückkehren kann, aber es gibt immer Wege, sie trotzdem zu erreichen.«

Sie nickte langsam, mit einer Bewegung, die etwas Endgültiges enthielt, als hätte sie eine Entscheidung getroffen. »Vielleicht gibt es einen Weg zurück . . .«, flüsterte sie geistesabwesend.

9

Mehrere Tage planetarer Zeit waren vergangen, als sich der Kommandant entschied, zunächst wieder ungefährlichere Experimente durchzuführen, um eventuell eine Möglichkeit zu finden, das Computergehirn manuell zu steuern und zu kontrollieren. Das Mädchen hatte sich bereit erklärt, an diesen Experimenten teilzunehmen, und einige der Wissenschaftler hatten zusätzliche Überwachungsgeräte im Zentralraum montiert.

Cethen fühlte sich unruhig, aber er wußte nicht, aus welchem Grund. Während das erste der Experimente begann, wanderte er durch die verlassenen Gänge des Stützpunktes und kehrte schließlich wieder in den Sektor zurück, in dem das Team untergebracht war. Als er am verlassenen Computerraum vorbeigegangen war, fiel sein Blick in sein eigenes Quartier. An seinem Visual-Syntheser leuchtete eine grüne Kontrolle. Er fluchte verhalten, während er den Raum betrat und um das Gerät herumging. Als er es abschalten wollte, fiel sein Blick auf den großen Sichtschirm, und er blieb wie erstarrt stehen.

Das Computerbild auf dem Wiedergabeschirm zeigte eine düstere, schwarzgraue Welt, über der eine Zwielichtsonne stand, verborgen hinter glühenden Schleiern. Finstere Wälder zogen sich zu schroffen Felssäulen hinauf, schwärzlich schimmerndes Wasser fiel über Steinriffe in große Seen hinab, während geflügelte Wesen darüber dahinglitten.

Seine Augen suchten die Codierung. Die Stellarposition sagte ihm nichts, aber der Atlasname bestätigte seine Befürchtungen.

Mit einem heiseren Fluch wandte er sich ab und hastete durch die leeren Gänge auf den Zentralraum des Stützpunktes zu, während seine Gedanken einander jagten. Er begriff schlagartig, in welchem Ausmaß er sie mißverstanden hatte. Sein Blick streifte den an einem Sicherheitsschott montierten Chronometer, und er vermerkte erschreckt, daß das Experiment bereits zwanzig Minuten andauerte.

Die Wachen musterten ihn erstaunt, als er an ihnen vorbeilief, und Scolmon hob den Kopf und sah ihn bereits, ehe er ihn erreicht hatte. Er blieb schweratmend stehen und lehnte sich erschöpft gegen ein Comp-Terminal.

»Abbrechen . . .«, forderte er rauh. »Brechen Sie das Experiment ab, sofort . . .«

Der Kommandant schüttelte irritiert den Kopf, während er die Hand bereits auf die Alarmtaste legte. »Weshalb?«

Cethen deutete auf das Mädchen, das auf dem Mentalthron lag. »Ich fürchte, sie wird erneut versuchen, zu den Computerwelten durchzudringen«, erklärte er stockend.

»Aber weshalb sollte sie . . .«

Einer der Monitor-Operatoren sah auf und warf dem Kommandanten einen besorgten Blick zu. »Ihre Gehirnaktivität läßt jetzt weiter nach«, meldete er. »Wir geraten in einen gefährlichen Bereich, Commander.«

Scolmon sah den Xenologen erstaunt und beunruhigt an und betätigte mit einem Fluch die Alarmtaste. Während der grelle Sirenenklang durch den Raum hallte, lief er bereits auf eine der Crysscheiben zu, gefolgt von Cethen und den Sicherheitsposten. Das glasartige Material brach auf und wich zurück, und gleichzeitig erloschen die hellroten Schriftzeichen auf den Sichtschirmen des Artefaktes, als einer der Techniker die Energieadern zum Mentalthron unterbrach.

Sie stiegen die stufenartige Formation hinab und blieben vor dem immer noch reglosen Mädchen stehen. Einer der Medic-Offiziere drängte sich zwischen den beiden Wachen durch und warf einen Blick auf den Bio-Monitor in seiner linken Hand, dann legte er ihn beiseite und zog ein Nadelgerät aus dem Gürtel, mit dem Medikamente in die Adern gespritzt werden konnten.

»Sie atmet nicht mehr«, erklärte er gepreßt und setzte das Gerät an ihrer Armschlagader an. Zweimal betätigte er die Taste, dann ließ er es achtlos fallen und ergriff die Atemmaske, die ihm Fhee, der zweite Teamarzt reichte. Das klobige Gebilde schien sich an ihrem Gesicht regelrecht festzusaugen, und gleich darauf bewegte sich der zweifache Schlauch, als reiner Sauerstoff in ihre Lunge gedrückt wurde. Ein rotes Licht an der linken Seite der Atemmaske zeigte an, daß die Atmung weiterhin erzwungen war.

»Wenn Sie uns nicht gewarnt hätten, wären wir wahrscheinlich nicht mehr rechtzeitig gekommen«, sagte Fhee aufatmend, den Kopf zu Cethen gewandt. »Aber woher wußten Sie, daß etwas schiefgehen würde?«

Der Xenologe setzte sich auf eine der Stufen und atmete tief ein, ehe er in einer Zusammenfassung von seinem Gespräch mit dem Mädchen berichtete. Scolmon hörte schweigend zu, während er erklärte, was sie überhaupt dazu veranlaßt hatte, an dem Projekt mitzuarbeiten.

»Und als ich dann das Compbild sah, wußte ich Bescheid«, beendete er seinen Bericht, die Augen auf die rote Kontrollampe gerichtet.

In seinem Rücken waren zwei der Teamärzte damit beschäftigt, die Agrav-Liege heranzuschieben.

»Welches Compbild?« fragte Lhira, die neben dem Mädchen stand.

»Sie muß die Atlas-Cassette herausgesucht und in das Wiedergabe-Gerät eingelegt haben, während ich nicht in meinem Quartier war, einige Zeit, bevor das Experiment begann. Wahrscheinlich wollte sie es gar nicht, aber als sie sah, daß ich nicht anwesend war und sie die Gelegenheit erkannte, konnte sie der Versuchung nicht widerstehen. Sie ließ sich die Comp-Aufzeichnungen ihrer Geburtswelt zeigen.«

Scolmon nickte verstehend. »Weil sie diese Welt in den Datenspeichern des Cryogengehirns suchen wollte?«

»Möglich«, meinte Cethen erschöpft. »Aber selbst wenn sie nicht bewußt danach gesucht hätte, früher oder später wäre sie von allein damit konfrontiert worden, denn unbewußt wollte sie es, und das Comp-Gehirn würde darauf reagieren.«

»Wenn diese Welt als Simelacra vorhanden ist«, warf Fhee ein.

Er schüttelte den Kopf. »Das Gerät erschafft die Computerwelten entsprechend den Erwartungen und Gedanken der Operatoren«, entgegnete er. »Es wäre ein ungeheurer Zufall gewesen, wenn die Mentalprojektion des letzten Versuches bereits im Computergedächtnis enthalten gewesen wäre.«

Scolmon nickte. »Das ist richtig«, murmelte er betroffen.

»Jedenfalls«, fuhr der Xenologe fort, »war der Versuch so oder so gefährlich. Sie hatte sich selbst, gewollt oder unbeabsichtigt, einer Art Mentalprojektion ausgesetzt, hatte ihre Erinnerungen an ihre Geburtswelt angeregt. Sie war emotional aufgewühlt, unruhig, als das Experiment begann, und auch ihre Furcht, die sie im letzten Experiment fast umgebracht hätte, war wiedererweckt worden.«

»Wußten Sie, was geschehen würde?« fragte Lhira.

Er schüttelte abwehrend den Kopf. »Mir war klar, daß sie sich einer großen Gefahr aussetzte, von dem Moment an, in dem der Mentalkontakt bestand, mehr nicht. Was geschehen würde . . .« Er sah wieder auf die Kontrollampe. »Vielleicht hat sie versucht, sich in diese nicht mehr existierende Welt zu flüchten, oder das Gerät erkannte ihre Absicht und begann, ihr Bewußtsein regelrecht in sich aufzusaugen . . .« Er bewegte bedrückt die Schultern. »Ich weiß es nicht.«

»Aber es fehlte nicht mehr viel, und sie wäre wirklich ausgebrannt gewesen«, murmelte Lhira, den Blick auf die kantige Atemmaske gerichtet.

In diesem Augenblick erlosch das rote Licht, und eine grüne Kontrolle leuchtete auf. Der Medic-Offizier, der neben ihr hockte, warf einen mißtrauischen Blick auf die Angaben des Bio-Monitors, dann betätigte er einen Schalter an der Seite der Atemmaske und nahm sie von ihrem Gesicht. Fhee ergriff das Nadelgerät und spritzte ihr ein Gegenmittel in die Vene, das die Betäubungsdroge blockieren würde.

»Sollen wir sie auf den Agrav legen?« fragte eine der Wachen.

Der andere Medic-Offizier sah erneut auf den Bio-Monitor und schüttelte den Kopf. »Ich glaube, sie wird gleich wieder bei Bewußtsein sein«, erklärte er. »Wir waren schnell genug, um bleibende Schäden zu verhindern.«

Scolmon sah erleichtert, wie ihre bleiche Haut wieder Farbe bekam. »Fest steht, daß das Unternehmen mit diesem letzten Versuch vorerst beendet ist«, sagte er. »Wir werden eine andere Methode ausprobieren müssen.«

Die Sicherheitsoffizierin nickte und wollte etwas sagen, blieb aber stumm, als sie sah, wie das Mädchen die Augen aufschlug. Ihr Blick war noch getrübt von den Medikamenten, aber sie schien sie erkennen zu können. Cethen beugte sich über sie, und sie lächelte schwach, als sie ihn sah.

»Es war der falsche Weg . . .«, flüsterte sie.

Er nickte wortlos und hockte sich neben sie nieder. »Ich habe dich bei unserem Gespräch nicht verstanden«, sagte er dann schlicht.

Sie versuchte, sich aufzurichten, und der Medic-Offizier stützte sie. »Ich hatte das Gerät nicht abgeschaltet«, murmelte sie und sah ihn an.

Der Xenologe nickte. »Erst als ich das Compbild erkannt hatte, begriff ich, welche Gefahren ich heraufbeschworen hatte durch meine Gedankenlosigkeit . . .«

Sie schüttelte den Kopf. »Sie waren schon immer da, aber sie sind erst jetzt befreit worden . . . und besiegt.« In ihren Augen glitzerte es feucht, und dann weinte sie mit weit aufgerissenen Augen. »Erst schien es meine Welt zu sein, aber immer fehlte etwas . . . und mit jedem Schritt wurde sie anders, fremder. Und dann begann sie sich zu verändern, verlor ihre Gestalt, als suchte sie eine andere Form und . . . und ich konnte mich nicht mehr erinnern . . .« Sie bewegte den Kopf und wandte ihm ihr tränennasses Gesicht zu. »Verstehst du? *Mein Gedächtnis versagte,* und die letzte Brücke, die ich schlagen konnte, zerbrach . . .«

»Es war der falsche Weg«, unterbrach er sie sanft.

Sie antwortete nicht, bis sie schließlich langsam nickte und sich eine Haarsträhne aus dem Gesicht strich. »Vielleicht bin ich jetzt frei«, flüsterte sie rauh, als sie sich aufrichtete. Sie schien unsicher zu stehen, und er legte den Arm um ihre Schulter. Zögernd lehnte sie sich an ihn.

»Vielleicht geht man fort, um zurückkehren zu können«, sagte sie dann mit fester werdender Stimme und sah ihm ins Gesicht. »Ich weiß es nicht.« Sie lachte, und es klang fast grimmig. »Aber man flüchtet nicht zurück, niemals, wenn man leben will.«

HARALD BRAEM

Der Riß durch die Wirklichkeit

Diese verdammten Moskitos! Lee Rossini schlug mit einer Hand um sich, gleichzeitig steuerte er mit der anderen das Luftkissenboot tiefer in den Schachtelhalmwald hinein. Geräuschlos und leicht wie eine Feder glitt er durch das Gewirr saftgrüner Äste. Er lag entspannt auf dem Bauch und genoß den Flug. Benson & Benson hatten das Boot speziell für ihn konstruiert und seinen Körpermaßen angepaßt. Wie erbärmlich mußte beispielsweise noch Michelangelo gelitten haben in der Sixtinischen Kapelle: Auf hartem Holzgerüst dicht unter der Gewölbedecke liegend, bis er es vor Schmerzen in Hals, Nacken und Rücken nicht mehr aushielt und wieder mal runter mußte, zehn Minuten die Gelenke schütteln. Nein, in dieser Hinsicht war Lee Rossini mehr als zufrieden. Das Boot war pneumatisch, wendig und ließ sich leicht in jede gewünschte Position lenken, die eingebaute Getränkebar sorgte für Genüsse zwischendurch. Lee Rossini grunzte.

Er grunzte jedesmal vor Behagen, wenn er an diese Stelle kam: der Waldrand und dahinter die Silberwiesen mit der Märchenburg am Horizont. Das war gelungen, phantastisch, einmalig. Er war stolz auf sein Werk.

Lee Rossini schaltete die Steuerung auf Stop, ließ das Luftkissenboot in sanfter Dünung treiben und wartete ab. Da kamen sie wieder: säbelförmige Schatten mit gierigen Schnäbeln und flakkernder Mordlust in den Augen, ein häßlicher Schwarm Weltraumvampire aus den düsteren Tälern jenseits der Silberwiesen. Er ließ sic dicht herankommen, dann erst betätigte er die Sprühpistole. Eine Nebelwand, fein wie Feenschleier, aber dennoch so deutlich gemasert wie die Milchstraße am nächtlichen Himmel, glitt vor die Vampire, ihr lautloses Flattern verstrickte sich darin, hüllte Schnäbel und Krallen ein, setzte ihrem Beuteflug ein jähes Ende.

Nur an einer Stelle war das Netz nicht dicht genug – ein gebogener Krallenarm brach durch, ritzte Lee Rossinis Kimono der Länge nach auf und hätte ihn vielleicht sogar ernsthaft verletzt, wenn er sich nicht durch eine schnelle Wendung des Bootes in Sicherheit gebracht hätte. Noch im Abdrehen bediente er die Pistole und sprühte eine Wolke über die Stelle, gerade dick genug, um Arm und Kralle des Monsters in die Nebelbank zu verschweißen.

Lee Rossinis Atem ging keuchend. Zufrieden blickte er zurück über die nebelverhangenen Silberwiesen. Die Perfektion wuchs von Tag zu Tag.

Jetzt konnte er sich eine Pause gönnen. Er ließ das Boot aus dem Schachtelhalmwald fallen und landete wenig später in seinem Atelier. Von hier aus wirkte das Bild noch magischer. Lee Rossini war entzückt. Er entnahm der Hausbar ein Gläschen Rosenlikör und prostete sich selber im Spiegel zu.

In diesem Moment summte die Haustür. Widerwillig schaltete er den Bildschirm ein. Es knisterte, Rasterzeilen schwirrten heran aus Nirgendwo, dann erschien Joseph Branskys fettes, schwammiges Gesicht. In der Vergrößerung sah er noch mehr einem Karpfen ähnlich als sonst: Die dicken Lippen blubberten unverständlich, wie unter Wasser.

Erst jetzt merkte Lee Rossini, daß der Ton ausgeschaltet war. Er drehte den Regler auf. »Schreckliche Zustände, die einen an den Rand des Wahnsinns treiben . . .«, hörte er seinen Besucher lamentieren.

»Komm erst mal rein!« rief er über die Gegensprechanlage und ließ die Haustür aufgleiten.

Wenig später stolperte Joseph Bransky über die Schwelle. Er wirkte verwirrt, war kalkweiß mit einem Stich Grün im Gesicht, lallte unverständliches Zeug und ließ sich stöhnend ins Zebrasofa fallen. Nach drei Gläsern Rosenlikör, vielen Seufzern und mindestens ebenso vielen Flüchen war er wieder in der Lage zu sprechen.

»Stell dir vor«, sagte er, »ich habe es erlebt!«

»Was?«

»Na, meinen Traum, du weißt schon, meinen schrecklichen Traum . . .«

Noch einmal passierte es, raste das Ding, das eigentlich ein Unding war, das riesige, alles verschlingende, alles in sich aufsaugende schwarze Loch auf ihn zu, diese fürchterliche Wand aus absolutem Nichts, leckte wie kaltes Feuer in seine Nervenbahnen hinein . . . er schrie auf, kam hoch, schnappte nach Luft, ein Fisch kurz vorm Ersticken, schweißnaß und mit diesem irren Blick, in dem noch jedes Verständnis fehlt. War es ein Traum?

Ja, ja, ein Traum war es nur, obgleich Herzschlag und Puls dicht an der Schmerzgrenze rasten ... Ein Traum bloß, Bransky, beruhige dich, ein Traum ...

»Aber vorhin, vorhin, das war echt, ich schwöre es dir! Also ich habe wie gewöhnlich die Mantra-Brille über – beim Fahren setz ich sie immer auf, das Nichtstun langweilt mich so – und bin auf Safari im sonnigen Süden: zahme Löwen, wiegende Palmen und fröhliche Kinder, die mit taubeneigroßen Diamanten Fußball spielen, na, du kennst das ja. Alles ist schön, ich höre das Steppengras singen, und plötzlich ... verschwindet die Sonne, ich fahre auf einen Tunnel zu ... ich meine: draußen war ein richtiger Tunnel – und der Tunnel stülpt sich in mein Inneres, springt regelrecht von außen über die Sensoren in meinen Kopf, wenn du verstehst, was ich meine ... und eine riesige schwarze Wand, so groß wie ein Haus, rast auf mich zu, und dann ist alles weg ... nein, ich kann nicht weiterreden, es ist zu schrecklich ...«

Lee Rossini hörte gelangweilt zu. Es war nicht das erste Mal, daß Joseph Bransky mit solchen Horrorstories zu ihm kam, um sich auszujammern.

Eine Zeitlang saßen sie sich schweigend gegenüber. Joseph Bransky trank seinen vierten Rosenlikör. Dann sagte Lee Rossini: »Wie findest du eigentlich mein neues Bild?«

Bransky warf einen flüchtigen Blick auf den Schachtelhalmwald, die Silberwiesen, die Nebelwand mit den erstarrten Vampirschemen dahinter. »Ganz gut«, sagte er, »die perfekte Illusion, man könnte glauben, alles sei echt. Doch nichts im Vergleich zu meinen ›Schwebenden Gärten von Babylon‹.«

»Aha«, sagte Lee Rossini verstimmt, »und warum bist du eigentlich gekommen?«

»Schau mal«, sagte Joseph Bransky und verzog abscheulich sein Karpfenmaul, »wir haben zwar unterschiedliche Auffassungen von dem, was Kunst ist, aber in einem Punkt herrscht wenigstens Klarheit: Wir Illusionisten müssen zusammenhalten. Gerade heute, wo die Realisten immer frecher werden, besonders dieser arrogante Mark Gollum ...«

Er beobachtete seinen Gesprächspartner genau. Er registrierte, wie Lee Rossini bei der Nennung des Namens zusammenzuckte. Sofort faßte er nach. »Weißt du, wie er die Illusionisten neuerdings bezeichnet? ›Scharlatane‹, ja, ›Schmierfinken‹ seien wir, die ›nichts als falschen Zauber‹ betrieben ...«

»Unerhört!«

»Besonders auf dich hat er's abgesehen. Er sagte wörtlich: ›Der

Mist von Rossini gehört einfach weggewischt . . .‹ «

»Bodenlose Frechheit!«

»Nicht nur das – er wird sogar handgreiflich: Mir hat er auf der letzten Ausstellung in meine ›Verbotenen Berge des Wahnsinns‹ ein kleines Loch gebrannt . . .«

Lee Rossini feixte. »Na und? Ist das so schlimm? Mal's doch über.«

»Geht nicht, was ich auch versuche – es bleibt, es zieht richtig durch.«

»Ist doch ein guter Effekt: Wind im Gebirge, was willst du mehr?«

»Du hast die Tragweite der Sache noch immer nicht begriffen«, sagte Joseph Bransky und beugte sich mit Verschwörermiene vor. Seine Stimme erstarb zum Flüstern: »Mark Gollum haßt uns, dich besonders. Er hat eine Reihe von speziellen Experimenten öffentlich angekündigt, die uns entlarven und die gesamte Kunstszene erschüttern sollen . . .«

»Nimmst du das ernst?« fragte Lee Rossini und nippte nachdenklich an seinem Rosenlikör.

»Ja«, flüsterte Bransky, »ich weiß aus guter Quelle, daß er neuerdings mit Anti-Materie arbeitet . . . auch nennt er sich jetzt ›Der Vollender‹ und ›Der große Vernichter des Raums‹ . . . das sind doch deutliche Worte!«

»Pah!« schnaubte Lee Rossini verächtlich. »Phrasen, nichts als leere Phrasen!«

»Ich weiß nicht . . . wir haben uns ständig mit der Erzeugung von Illusionen beschäftigt, immer perfekter sind wir geworden, wer kann da noch klar unterscheiden zwischen Einbildung und Wirklichkeit . . .«

»Ich«, sagte Lee Rossini und stand auf. »Ich lasse mir nicht ins Handwerk pfuschen, nicht von diesem Kerl, ich werde dem Spuk ein für alle Mal ein Ende bereiten!«

»Was hast du vor?«

»Ich zeige ihn an. Bei der Obersten Imagination. Wegen Bedrohung und Vernichtung kultureller Heiligtümer.«

»Du weißt, was du da tust?« fragte Bransky listig. »Wenn du die Anzeige geschickt formulierst und begründest – ich helfe dir natürlich dabei –, ist der Mann verloren!«

»Genau«, sagte Lee Rossini und nickte grimmig. Entschlossen griff er zum Telefon. Gerade als er den Hörer in Form eines Schlangenkopfes hob und den Zahlencode wählen wollte, wisperte eine ferne Stimme in sein Ohr. Erstaunlicherweise war es die Stimme von Mark Gollum.

»Tu das nicht«, vernahm er deutlich, »ich würde an deiner Stelle lieber sofort das Haus verlassen. Dies ist eine letzte Warnung!«

Lee Rossini stocherte mit dem kleinen Finger in seiner Ohrmuschel herum. Er glaubte, sich verhört zu haben. Er hatte ja schon viele Illusionen erlebt und manche selbst erzeugt. Aber eine fremde Stimme im eigenen Ohr? Und dann die seines Todfeindes? Das ging zu weit.

Er versuchte zu wählen, aber die Leitung war blockiert. Er ließ den Schlangenkopf auf den Apparat zurückgleiten. In diesem Augenblick erschütterte eine Explosion das ganze Haus. Ein seltsam saugendes Geräusch wie ablaufendes Badewasser, tausendfach verstärkt, gurgelte heran.

Und dann kam der Riß. Ein Schacht aus sattem, schwarzem Nichts raste auf die beiden zu, quer durch das Haus.

Lee Rossini taumelte, Joseph Bransky schrie gellend auf, dann stürzten sie in den unendlichen Abgrund.

Der Riß lief noch ein Stückchen weiter, tief in die Nebelwand hinein, franste aus, kam dort zum Stillstand. Die Weltraumvampire kamen frei, schwebten suchend über der Schlucht. Eine perfekte Illusion. Oder war es diesmal Wirklichkeit?

Jörg von Liebenfels

Der Anti-Orpheus-Effekt

Wissen ist Macht!

Ein Jahrhundert lang hatten die Massenmedien diese Erkenntnis weltweit als Super-Slogan proklamiert. Im Rahmen der neuen System-Transformation wurde »Wissen ist Macht« zur Nonsens-Devise erklärt und öffentlich gebrandmarkt.

Wie es dazu kam?

Viel zu viele wollten mit einem Male über viel zu vieles Bescheid wissen. Es war wie eine Sucht über die Einwohner von Merumerú, der Stadt unweit des großen Salzsees, gekommen. Man sprach von Wissensdurstepidemie, gegen die kein geeigneter Impfstoff zur Verfügung stand. Also beschloß die Provinzregierung die Schließung der zentralen Datenbank und aller angeschlossenen Terminals, inklusive der Bildtelefon-Lexika. Lediglich die Lebenshilferechner im Armband- oder Uhrenformat blieben geduldet. Nur so konnte – laut Justizsenator – die Lustseuche der Wißbegierde, dieser postrevolutionäre Wissensdrang, bereits im Keim erfolgreich erstickt werden.

Dies geschah vor fünf Jahren. Man schrieb das zweite Dezennium des dritten Jahrtausends. Seither trieben die offiziellen Wisser ihr Wesen – und Unwesen. Weil jede genehmigungspflichtige Auskunft sie automatisch zu Mitwissern werden ließ. Die erwünschte Standardisierung des Bildungspotentials schien damit jedoch gewährleistet. Auf Wissensschmuggel standen schwere Strafen.

Dennoch galt Merumerú in der Bezirksregion als menschenfreundliche und friedliebende Stadt ...

Bis eines schönen Sommertages der Telekommunikator folgende Meldung an die überregionalen Informationsverteiler freigab: *Am Ende einer Großveranstaltung im New-Sehum von Merumerú, der Oasenstadt am großen Salzsee, wurden sämtliche Besucher von einer plötzlichen, totalen Taubheit befallen. Nach Rückfragen in der Wisserzentrale handelt es sich dabei um ein bis zur Stunde völlig unerklärliches Phänomen. Bei dem ausbrechenden Tumult soll ein prominentes Musikeridol von seinen Fans buchstäblich in Stücke gerissen worden sein. Weitere Meldungen . . .*

Ein betäubendes Kollern, Zilpen, Pfeifen und Singen von Vogelstimmen schwirrte durcheinander. Orpheus stand lauschend inmitten der ellipsenförmig angeordneten Käfige, deren Gitterwerk in bizarren Formen schwelgte. Sein männlich markantes Gesicht mit den dunkelblonden Locken wirkte entspannt.

Der Vogelschwarm repräsentierte ein Vermögen. Kaum auszudenken, daß es eine Zeit gab, wo stinkende Automobile als Statussymbole galten. Für die Vögel als Vermögenswert interessierte sich Orpheus allerdings erst in zweiter Linie. Er betrachtete seine gefiederten Freunde vorzugsweise als seine Musen. Anstelle der neun klassischen Musen, deren Namen die Stürme des Vergessens längst verweht hatten, standen ihm fünf Dutzend zu Gebote. Und manchmal berührten ihre zarten Schnäbel sogar seine Lippen, wenn er sachte an eine der Volieren trat.

Ein zweimaliges Nachtigallenschlagen – der Türgong zu seinem Tonstudio – kündete einen Besucher an.

Orpheus ging beschwingt in den angrenzenden langgestreckten Raum, der mit Instrumenten, Geräten und exotisch anmutenden Apparaturen vollgepackt war.

»Willkommen, Hermes! Hereinspaziert in meine Werkstatt für experimentelle Musik.«

Die beiden Männer reichten sich die Hände. Der Größe nach hätte man sie auf den ersten Blick für Brüder halten können. Beide maßen über 1,85 Meter. Doch neben Hermes – weißblond, überschlank und in korrektes Grau gekleidet – wirkte Orpheus in seinem tabakbraunen Freizeitoverall kompakter und vitaler.

Die Vogelstimmen von nebenan konzertierten unbeschwert.

»Ein ganzer Schwarm? Du bist reich!« Hermes lächelte. Aber seine hellblauen Augen blickten wachsam und kühl.

Orpheus machte eine bagatellisierende Geste. Zu der offenen Tür gewandt, sagte er streng: »Ihr haltet jetzt den Schnabel! Verstanden?«

Tatsächlich verstummten die Vogelstimmen, bis auf die knarrenden Laute eines vorlauten Dompfaffen. Eine schalldichte Gleittüre löschte sie wie eine Wischblende aus. Einige Sekunden lang herrschte Stille.

Dann begann Hermes zu rezitieren: »Und während Orpheus in die Saiten der Kithara griff, wanderten die Felsen und die Bäume auf ihn zu; die Vögel und die Tiere umlagerten ihn, sogar die Fische hörten zu.«

»Daß gewisse Fischarten für Musikreize besonders empfänglich sind, weiß man fast seit einem Jahrhundert.«

»Heute sind es vor allem die Backfische.«

»Deine Wortspiele sind auch nicht mehr die originellsten, Hermes.« Orpheus wies auf eines der variablen Sitzelemente und fuhr fort: »Doch lassen wir's gut sein. Was hältst du davon, den Entwurf meiner Rede für das morgige Meeting abzuhören?«

»Es wird mir ein Vergnügen sein!« Hermes setzte sich und schlug ein Bein über das andere.

Orpheus hantierte an einem Keyboard, von dem aus er sämtliche Tonmaschinen steuern konnte. »Ich rufe nur den nackten Text ab, ohne allen Akustikzauber«, erläuterte er.

Schalter klickten, dann hörte man über die quadrophonische Lautsprecheranlage seine Alltagsstimme: *»Freunde, Mitbürger, Fans!«*

»Shakespeare läßt grüßen«, murmelte Hermes.

Orpheus grinste.

»Hier, im Herzen von Merumerú«, tönte es weiter, *»im Zentrum des New-Sehums, das die altmodischen Rumpelkammern für Kitsch und Kunst abgelöst hat, hier, in unserem New-Sehum, das die architektonische Idee vom neuen Sehen, vom neuen Sicherkennen versinnbildlicht, will ich heute von der großen Selbstfindung durch Hören sprechen. Denn das Hören ist eine eigene Kunstform! Auch das Hören unterliegt eigenen medialen Gesetzen. Hörenwollen, Hörenlernen, Hörenkönnen, heißt die Formel, die ich euch verkünden will.«*

»Kleine Applauspause«, warf Hermes ein.

Orpheus hatte sie selbstverständlich einkalkuliert.

»Die Vergangenheit ist das Dilemma unserer Zukunft! Mit solchen Sätzen stopfen uns die Dilemmatiker die Ohren voll. Ich aber sage euch, ohne das Wissen der Vergangenheit wären unsere Labyrinthköpfe keine Wisser, sondern Hohlhäupter! Und ohne genaue Kenntnis von den Musikinstrumenten der Vergangenheit gäbe es kein ORPHYTRON! Und ohne Orphytron gäbe es keinen Orpheus. Weil ich selbst das neue Instrument bin. Weil mein Körper der Resonanzverstärker ist. Und weil mein eigener Herzschlag die Isometric-Batterien in meinem elastometallenen Orphiumanzug speist. Darum frage ich euch: Wollt ihr den totalen Sound?«

Hermes nickte.
»Den Nerven-Sound?«
Hermes nickte abermals.
»Den Ultra-Neuronen-Sound?«
Hermes klatschte leise in die Hände und sagte laut: »Applausorkan.«
Orpheus schaltete die Tonmaschine aus. »Und so weiter und so fort.«
»Ich fürchte, deine Fans werden ihren Hormonstau nicht abreagieren können.«
»Dann könnt ihr immer noch euere Pheromonen-Zerstäuber einsetzen. Die Entdeckung, daß man durch Tonreize die Ausschüttung von Hormonen mobilisieren kann – ähnlich wie durch verhaltensbeeinflussende Duftstoffe – ist uralt. Ich habe diese Erkenntnis lediglich gezielt in meine musikakustischen Arbeiten integriert. Das Ergebnis ist ein Sound, der sozusagen intravenös verabreicht, konsumiert und akzeptiert wird.«
»Mir klar«, stimmte Hermes zu. »Wie es ganz bestimmte Tonfrequenzen gibt, mit denen man, zum Beispiel, Ratten vertreiben kann, benützt du in deiner Musik spezielle Tonreize – nennen wir es den Orpheus-Effekt –, um Teenager anzulocken.«
»Die Sache hat nur einen Haken, Hermes. Diese Art Psycho-Kompositionen beginnt mich zu langweilen. Jeder Klang wird bekanntlich in Subtöne zerlegt. Diese Subtöne *direkt* auf Zonen des sensitiven wie auch des vegetativen Nervenzentrums einwirken zu lassen, ist mein nächstes Ziel.«
»Tut das nicht jede empfundene Musik?«
»Im Gefühlsbereich, schön und gut. Ich aber will darüber hinaus, ich will mehr!« Orpheus rammte beide Hände in die Hosentaschen und blieb provozierend vor Hermes stehen.
»Du willst akustische Frequenzen erzeugen, die sich in kalkulierbare Gehirnströme verwandeln lassen?«
Über Orpheus' Gesichtszüge flog ein wilder Traum. »Das Geheimnis dabei scheint mir die innere, die unhörbare Dissonanz zu sein, die sich zwischen den Schallschienen der Oktaven dynamisiert ... bis sie zu einer Schall-Lanze wird.«
»Eine Schall-Lanze, mit der du direkt ins Willenszentrum deiner Hörer stoßen kannst.«
»Ich will keine Musik zum Konsumieren, ich will eine Musik, mit der man etwas Großes bewirkt. Die totale Musik!« Seine Rechte fuhr aus der Hosentasche. Eine temperamentvolle Geste

unterstrich sein Bekenntnis.

Hermes unterdrückte meisterlich jede Emotionsregung. »Erschreckend und gefährlich«, stellte er sachlich fest.

Orpheus lachte. »Zukunftsmusik!«

»Mathematische Musik?« Hermes erhob sich lässig.

»Mathemagische Musik, wenn man so will. Nicht das Auge, das sonnenhaft ist, das labyrinthische Ohr ist unser magisches Organ. Die Menschen haben es nur vergessen!«

»Hat nicht der Orpheus-Effekt in deiner Musik deine Fans längst zu Süchtigen gemacht?«

»Ein kleiner Mißerfolg – und alles ist vorbei! Darin gleichen wir Künstler den Sportheroen in der Arena.« Orpheus machte eine Pause. Dann sagte er fast scheu: »Ich suche einen Freund.«

Hermes hob erstaunt die Augenbrauen. »Ich kenne eine Masse Leute, die dir ihre Freundschaft mit Freuden aufdrängen möchte.«

»Ich brauche einen Verbündeten.«

Hermes hielt dem saugenden Blick seines Gegenübers stand. »Drei unserer besten Kontaktbeamten stehen jederzeit zu deiner Verfügung. Das ist ein besonderes Privileg!«

»Ich brauche einen Freund, einen einzigen und einzigartigen – dich, Hermes.«

»Du überraschst mich.«

»Ist das deine ganze Antwort?«

»Nein. Es ist . . . eine große Freude für mich. Und eine –«

»Bitte keine großen Worte, Hermes! Vertrauen gegen Vertrauen?« Orpheus hielt ihm die Hand hin.

Und Hermes schlug ein. »Vertrauen gegen Vertrauen. Was soll –«, er verbesserte sich, »was kann ich für dich tun?«

Orpheus schob seinen Besucher auf eines der Arbeitspulte zu und stützte sich darauf. »Ich brauche für meine Arbeit dringend Zugang zu historischen Fakten. Aber ohne Einschaltung der Labyrinthkohlköpfe, also ohne Kontakt mit dem mir zugeteilten Wisser.«

»Aber die historische Datenbank ist streng regierungsintern.«

»Nichtwissen schützt vor Torheit, wie?«

»Die Sache ist ernster als du denkst, Orpheus. Aber ich will versuchen, eine Ausnahmegenehmigung durchzusetzen. Welches historische Material interessiert dich?«

»Vor allem kymatische Phänomene.«

»Kymatik – das ist die Wissenschaft über die Wirkung von Wellen auf Materie. Weißt du, auf was du dich da einläßt?«

»Augenblick, ich schalte den Schallabsorber ein. Dann bleibt unser Gespräch garantiert unter vier Ohren. Kein Simulator der Welt könnte es rekonstruieren. Besagte kymatische Phänomene . . .«

Ein leiser Flirrlaut sprang auf und fraß alle folgenden Sätze, wie Feuer Papier frißt.

Merumerú zählte zu den umweltfreundlichsten Städten der Provinzregion; eine Oasenstadt, sauber und antilärmbewußt. Lautlose Laufbänder kreuzten die City. Magnetschienen-Cabs verbanden vom Zentrum aus sternförmig alle Außenbezirke. Die Arbeiter, die einst an den Fließbändern standen, glitten jetzt auf Fließbändern an ihre Arbeitsplätze.

Heute hieß das Ziel vieler Jugendlicher NEW-SEHUM, weil Orpheus dort seinen großen Auftritt gab. Orpheus, der Barde, der Liedermacher, der Sänger, der Entertainer, der Heilbringer; Instrument und Botschafter in einer Person, Orpheus und Orphytron.

Die Lärmkulisse im großen Kuppelsaal des New-Sehums ähnelte dem Stimmengebrodel eines überfüllten Sportstadions. Immer neue Farbeffekte zauberte die Laser-Lichtorgel in den Raum. Phantastisch geformte Holographieprojektionen pulsierten wie riesige, bunte Plasmaquallen durch die Zuschauer hindurch, und ließ diese immer wieder wohlig oder gruselig erschauern.

Apodiktisch, in perfektem Rundumschall, ertönte das Orpheusmotiv. Die Masse verstummte wie auf ein geheimes Kommando. Langsam senkte sich aus fünfzehn Meter Höhe die gläserne Liftkanzel mit dem Idol herab. In seinem elastometallenen Anzug aus Orphium – dem einzigen Metall, das aus sich opalisierend leuchtete – erschien der Sänger seinem Publikum wie ein Wesen aus einer anderen Dimension: Übermensch, und doch einer der ihren!

Ein hundertstimmiges »Ooor« dröhnte durch die Halle. Sogleich peitschten ekstatische Klänge auf, die Klänge des Orphytrons . . . wild, süß, süchtigmachend, erweckend und betäubend zugleich.

Von der zweiten Galerie aus beobachteten der Chefwisser und der leitende Akustiker das Schauspiel, das sich ihnen im Kuppelsaal bot. Aus ihren bequemen Drehsesseln genossen sie durch die entspiegelten Panzerglasscheiben einen hervorragenden Überblick.

Der Akustiker hatte die Mithöranlage auf leise gestellt. Das sanfte Rauschen der Klimadusche mischte sich mit den Außenklängen zu einer Art Sphärenmusik.

Der Chefwisser nippte an einem Glas Alghisky, einem doppelt gebrannten Algenschnaps. »Daß dieser Song-Prophet über echtes Charisma verfügt, ist nicht zu leugnen«, erklärte er mit einem Anflug von Mißmut.

»Er hat seine Fans fest im Griff. Und er weiß, wofür sich die Jugend heute begeistert«, stimmte der leitende Akustiker zu.

»Von ihm erwartet sie die Beantwortung aller Fragen, zu denen wir Wisser nur mit den Schultern zucken können.«

»Irrationale Fragen! Außerdem sprechen sie seinem Orphytron übernatürliche Kräfte zu. Im Volksmund heißt das neue Metall nur Venuseisen.«

»Die erotische Komponente ist unüberhörbar.« Der Chefwisser ließ die Eiswürfel in seinem Glas rotieren, wobei sie klirrten. »Der Aberglaube ist die Poesie des Lebens, sagte der erste Labyrinthkopf des achtzehnten Jahrhunderts.«

»Wer?«

»Ein gewisser Goethe.«

»Unbekannte Größe!« Der Akustiker hätte sich gerne eine Zigarre angesteckt, aber im gesamten Bereich des New-Sehums herrschte strenges Rauchverbot. »Akustische Fetische mit Mythologie garniert, das ist Zuckerbrot fürs Volk.«

»Und wo bleibt die Peitsche?«

Der Chefwisser strich sich mit der freien Hand über seinen imposanten Kahlschädel. »Die Peitsche, das sind wir!« Er lachte gluckernd; Laute wie aus einem verstopften Abflußrohr.

Die Show vor den Fensterscheiben lief wie ein perfekter Stummfilm ab.

Hermes stand eine eigene Kabine im New-Sehum zur Verfügung, eine Luxuskabine. Er fungierte schließlich als Götterbote, als Seelengeleiter zwischen Himmel und Erde, sprich als Verbindungsmann zwischen Obrigkeit und gemeinem Volk. Sein Rang entsprach dem eines Staatssekretärs.

Auf griechischen Vasenbildern traf man ihn oft in Gesellschaft von Nymphen und Satyrn. Und der bocksfüßige Pan galt als sein Sohn. Als Gott des glücklichen Fundes wurden ihm allerlei Erfindungen zugeschrieben: unter anderem das Feuerreiben und die Syrinx, die Hirtenflöte. Im Zuge der Entrümpelung der klassischen Museen hatte Hermes eine beachtliche Privatsammlung der schönsten Hermes-Vasen zusammengetragen. Nicht umsonst galt auch die Schlauheit als ein wesentlicher Charakterzug des mythologischen Vorbilds. Im New-Sehum fehlte jedes historische Anschauungsmaterial, galt es doch das neue Sehen zu propagieren, das an Stelle der alten Sehgewohnheiten nur noch Symbolzeichen präsentierte: International verständliche Piktogramme als weltverbindendes Kulturgut. Zeichen für Notausgang, Magnetschienen-Cabs, für Toiletten, Polizei, Staatstempel, Kommunikations- und Kopulationszentren und so weiter und so fort. Gehauen in mächtige Marmorblöcke, gegossen in meterhohe Kunststoffgebilde, geschmiedet in nichtrostendem Stahl.

Ein Reporter, ein bekannter Videolist, der von einem »Triumph des Analphabetentums« sprach, mußte seine Formulierungskünste mit einem halben Jahr Berufsverbot bezahlen.

Obwohl Hermes sich allein in seiner Kabine befand, kontrollierte er mit einer Routinegeste den untadeligen Sitz seiner graphisch exakten Kurzhaarfrisur.

Erfinder der Syrinx, der Hirtenflöte! Dieser Gedanke führte ihn zu dem Musiker-Idol zurück.

Die schwarzen Augen halb geschlossen, den Lockenkopf zurückgeworfen, mit schweißnassem Gesicht, zog Orpheus vor seiner Gemeinde seine perfekte Orphytron-Show ab.

Hörenwollen, Hörenlernen, Hörenkönnen! Die neue Formel hatte eingeschlagen.

Wir müßten ihn in unseren Staatsmythos eingliedern, dann bekäme man auch die Neu-Individualisten besser in den Griff, überlegte Hermes. Ich muß ihn dazu bringen . . . uns eine neue Hymne zu komponieren, eine Hymne ohne Vorbild, eine Hyper-Hymne, nein, eine Hypno-Hymne, schmiedete er seine Gedankenkette weiter. Die erste hypnotisch aktive Staatshymne! Damit ließen sich ähnliche Zwangseffekte wie bei der indirekten Werbung ausüben. Was sich dort als Kaufreiz auswirkte, müßte sich mit Hilfe einer solchen Hypno-Hymne als gezielte Bewußtseinsbildung aktivieren lassen. Mittels musikalischer Taktfolge könnte man die Bürger in politischen Gleichtakt zwingen.

Hermes rieb sich zufrieden die Hände. Dann drehte er den Tonregler auf laut.

Die ekstatische Orphytronmusik brach jäh ab.

Ein Schrei aus hunderten von Kehlen brandete auf: »Orpheus ist unsere Stimme!«

Die Mädchen und Jungen bildeten Chorgruppen. Die erste rief emphatisch: »Orpheus ist unser Licht!«

Die nächste: »Orpheus ist unser Äther!«

Und weiter ging es: »Orpheus ist unser Tau!«

»Orpheus ist unser Atem!«

»Orpheus ist unsere Hoffnung!«

»Orpheus ist unsere Sehnsucht!«

»Orpheus ist unsere Liebe!«

Bis sich alle Stimmen zu dem jubelnden Bekenntnis vereinigten: »Orpheus ist unser Dionysos!«

Der hysterische Unterton in der Begeisterung der Fans weckte in Hermes körperliches Unbehagen.

Orpheus wischte sich mit einem weißen Seidentuch den Schweiß vom Gesicht und warf es aus der Glaskanzel. Hundert emporgereckte Hände versuchten den seltsamen Vogel zu erhaschen, der durch die heiße Luft taumelte, noch einmal Auftrieb erhielt und endgültig absackte. Sekunden später existierten nur noch kleine Fetzen von ihm. Ein Quadratzentimeter Stoff, ja schon wenige Fasern aus dem Schweißtuch des Orpheus, galten als begehrter Talisman. Das Idol breitete beide Arme aus, stumm und zwingend, bis Ruhe eintrat...

»Ich danke euch! Ich danke euch aus vollem Herzen. Hört zu! Hört mir bitte zu! Ich möchte heute vor allem zu euch reden, mit euch sprechen!«

Ein Laut der Enttäuschung brandete auf wie bei einer vergebenen Torchance im Fußballstadion.

Doch Orpheus ließ sich davon nicht beirren. Ein ausgeklügeltes System von Mikrophonen und Lautsprecherbatterien konnte auch noch den leisesten seiner Atemzüge bis in die entferntesten Kuppelnischen übertragen.

»Freunde, Mitbürger, Fans!« rief er lockend und beschwörend. »Es ist wichtig, weil es eine Entscheidung von euch verlangt, eine Entscheidung, die uns noch fester, noch intensiver zusammenschweißen kann. Ich fordere euch auf, ein Signal zu setzen!«

Verwirrtes Schweigen.

»Ich wette, daß jeder und jede von euch einen elektronischen Taschenratgeber bei sich trägt, ganz gleich ob in Armband-, Anhänger- oder Uhrenform! Habe ich recht?«

»Jaaa!« rief ein Chor von Mädchenstimmen. Der Kontakt war geknüpft.

»Wißt ihr, warum wir uns an diese verdammten Minicomputer klammern wie Säuglinge an ihre Flasche?« Orpheus schaute von seiner Glaskanzel aus in die weite Runde. »Weil wir alle genormte Sklaven des elektronischen Lebenseinmaleins geworden sind!« donnerte er los. »Maschinen sollen arbeiten, Menschen denken, lautet der alte Wahlspruch der IBM. Los! Fangen wir an zu denken! Schmeißen wir unsere Tastenlenker einfach weg! Zertretet, zertrampelt die Gehäuse! Unsere Existenzdaten sind zentral gespeichert; vom Intelligenzquotienten bis zum voraussichtlichen Todestag. Doch die Macht des Wissens ist uns untersagt. Ich sage euch, daß der Informationsbrei, mit dem uns die sogenannten Wisser abspeisen, noch armseliger ist als die Programmsprache unserer Lebenshilferechner. Schaffen wir sie endlich ab. Der Erfassungsschutz hat genauso versagt wie einst der Verfassungsschutz!«

Die Masse schien den Atem anzuhalten.

Hermes drückte in seiner Kabine die rote Alarmtaste, die sämtliche Sicherheitskräfte in Bereitschaft versetzte.

Nichts von alledem hatte der Freund in seinem Redeentwurf verlauten lassen. Sah so das gemeinsame Vertrauen aus, das von beiden mit Handschlag besiegelt worden war?

Der leitende Akustiker griff nach dem Zentralhebel, mit dem er die gesamte Tonübertragung im New-Sehum unterbrechen konnte. Und der Chefwisser schnappte nach Luft, weil er versehentlich die Eisstücke in seinem Alghisky verschluckt hatte.

»Ich will euch nicht aufhetzen, die Computermoloche zu stürmen. Sollen sie doch in ihren Betonbunkern die Sklavenarbeit für unsere Versorgung und Verwaltung, für den Interstellarverkehr und die sanktionierten Wissenschaftler leisten!« Orpheus steigerte sich zu rhetorischer Hochform. »Ich rufe euch nur zu: Befreit euch von der Standarddiktatur der Tastengnome! Wenn ihr rechnen wollt, dann benutzt euere Finger. Die praktische Anwendung der Binär-Arithmetik ist leichter als ihr denkt. Unser Gehirn und unsere zehn Finger vermögen jeden Taschenrechner zu ersetzen. Ich sage euch das, weil meine Musik auch MATHE-MAGIE ist!« Der Redner warf beide Arme in die Höhe wie ein Boxchampion nach dem Sieg.

Ein hundertstimmiges »Ooor« belohnte seinen Mut. So offen hatte Orpheus nicht einmal in seinen Liedern zu ihnen gesungen.

Nicht mehr in Einzelgruppen, sondern zu einem einzigen großen Chor vereint, begannen die Fans zu skandieren:

»Or-pheus ist un-se-re Hoff-nung!
Orpheus ist unsere Sehnsucht!
Orpheus ist unsere Liebe!
Orpheus ist unser Dionysos! Ooor ... Oooor ... Ooor!«

»Dieses Ooor-Geschrei schädigt noch meine Spezialohren!« schimpfte der leitende Akustiker und drehte den Tonregler auf Null.

»Mein Bedarf ist ebenfalls gedeckt«, ergänzte der Chefwisser. »Das ist keine musikalische Veranstaltung, das ist ein höchst fragwürdiges Erweckungsmeeting.«

»Die Fans lieben Orpheus, weil er ihre Wunschvorstellungen befriedigt.«

»Ja, ja, nichts liebt der Mensch heftiger als die idealisierte Utopie von sich selbst!« Der Chefwisser erblickte seinen riesigen Kahlschädel als deformiertes Ei in seinem geleerten Glas gespiegelt und fügte schnell hinzu: »Mag sie auch noch so sehr von der Wirklichkeit abweichen.«

»Das ist unser Lebensdilemma!« verkündete ein Herr mit grauen Schläfen und melancholischem Schnurrbart, der lautlos eingetreten war.

»Wo haben Sie denn so lange gesteckt, Kollege Dilemmatiker?« fragte der Akustiker anstelle einer Begrüßung.

»Und wie können Sie, als Akustiker, so etwas anhören, ohne aus sämtlichen Membranen zu fahren? Dieser Wahnsinnige benutzt seine Ton-Prostitution –«

»Komposition«, verbesserte ihn der Wisser.

»– um gegen unsere harmlosen Taschenratgeber und Lebenshilferechner zu wettern. Der Kerl schädigt ja unsere gesunde Volkswirtschaft!« erregte sich der Neuankömmling weiter, der einen grünen Trachtenanzug mit Silberknöpfen trug; in Merumerú eine exotische Gewandung, die den Status des offiziellen Hofnarren symbolisierte. Dilemmatiker lautete die korrekte Amtsbezeichnung. Man hätte ihn aber auch Kreativmeckerer, Oberraunzer oder Nörgelprofi nennen können. Ein qualifizierter Beamtenimport, made in Austria.

»Meiner Meinung nach fördert der Mann die Geschäfte sogar«, konterte der Wisser überlegen.

Der Dilemmatiker verlangte Beweise.

»Ganz einfach! Lassen Sie die Leutchen von Merumerú doch getrost ihre Lebenshilferechner wegschmeißen, vernichten und zertrampeln. Unmittelbar danach wird eine solche Tat von vielen als Akt der Selbstbefreiung empfunden werden. Aber schon wenige Tage später wird der eine oder andere ganz automatisch nach seinem Mini-Computer greifen –«

»Das Dilemma der Gewohnheit«, warf der Mann im Trachtenanzug ein.

Der Chefwisser lächelte zustimmend. »Und wieder einige Tage später wird der eine oder andere feststellen, daß die Binär-Arithmetik doch etwas mehr Konzentration verlangt als der Umgang mit der gewohnten Sensorentastatur.«

»Kapiert, kapiert!« rief der Dilemmatiker. »Und dann wird er sich mehr oder minder heimlich ins nächste Geschäft begeben, sich einen *neuen* Lebenshilferechner zu kaufen. Innerhalb eines Monats werden fast alle Betroffenen so handeln. Und der Umsatz wird blühen und gedeihen.«

»Manipulieren, aber richtig! An diesem Leitsystem hat sich seit Jahrtausenden nichts geändert«, stimmte der Chefwisser zu.

»Wollen Sie damit andeuten, daß Orpheus an diesem Handel beteiligt sein könnte«, ließ sich der Akustiker vernehmen, der die Unterhaltung automatisch akustisch gespeichert hatte.

»Von mir wurde dieser Verdacht jedenfalls nicht laut geäußert«, erwiderte der Dilemmatiker mit boshaft blitzenden Augen. »Aber ich werde dieses Dilemma schnellstens als Gerücht in Umlauf bringen. Hörenwollen, Hörenlernen, Hörenkönnen! So lautet doch das Motto des großen Erweckers!«

Ein Dreiklang ertönte. Über den Panzerglasfenstern leuchtete das Symbolzeichen für ENTWARNUNG auf.

Die zugleitende Türe verschluckte das aufgeregte Durcheinanderschwirren der Vogelstimmen. Orpheus wandte sich aggressiv dem Besucher zu. »Wenn du eine Strafpredigt auf Lager hast, spare sie dir, verehrter Freund. Ich mußte improvisieren, die Masse blieb zu träge. Ich sah mich gezwungen, sie neu zu motivieren!«

Hermes lächelte vage. »Eine Kulturrevolution können wir uns im Augenblick nicht leisten.« Er zog aus der linken Innentasche seines grauen Anzugs einen Umschlag aus zerreißfestem Papier mit eingestanztem Regierungswappen. »Hier hast du zehn Beispiele betreffs Kymatik. Ich hoffe, daß du etwas damit anfangen kannst.«

Orpheus entdeckte an Hermes' Revers den goldenen, achtfach

verschlungenen Heroldsstab. »Du kommst heute in öffentlicher Mission?«

»Informationsschmuggel wird hart bestraft. Das weißt du doch!«

Orpheus nickte und griff sich den Umschlag. »Vielen Dank!«

»Wenn es dich nicht stört, würde ich gerne dabeisein, wenn du –«

»Großartige Idee!« Orpheus löste das Spezialsiegel und schob die zehn Mikrofilmträger gestaffelt in den Projektor. Der erste Text leuchtete in Klarsichtautomatik auf dem Leseschirm auf:

JERICHO, älteste Stadt der Welt, 5000 Jahre älter als die Pyramiden. Bei JOSUA, der um tausendfünfhundert vor Christus die Israeliten nach Palästina führte, heißt es folgendermaßen: ›Am siebenten Tag aber sollt ihr siebenmal um die Stadt herumziehen, und die Priester sollen in die Posaunen stoßen. Und wenn man das Widderhorn bläst und ihr den Schall der Posaunen hört, so soll das ganze Volk ein lautes Feldgeschrei erheben; dann wird die Stadtmauer in sich zusammenstürzen. Als nun das Volk den Schall der Posaunen hörte und laut das Feldgeschrei erhob, stürzten die Mauern in sich zusammen.‹

Keiner der beiden Männer sagte etwas. Nach zehn Sekunden rückte automatisch Textauszug Nummer zwei nach:

HUANG-TI, der gelbe Kaiser, befahl seinen Truppen, in alle Hörner zu blasen, um das Gebrüll des großen Drachen nachzuahmen. Der fürchterliche, Zauberkräfte auslösende Lärm schlug Huang-Tis Feinde augenblicklich in die Flucht.

»Der Zauberkräfte auslösende Lärm ... Real könnte man das als eine Art Schallexplosion werten«, murmelte Orpheus.

Text Nummer drei erschien:

Und sie erzeugten Klänge wie von Bergen, die zusammenstürzen, wie wütend auffahrende Winde und knisternde Flammen; Klänge wie vom zornig aufschäumenden Meer. Darein aber mischte sich das Schreien der Schenkelknochentrompeten, das Kreischen der Flöten, das Dröhnen der Trommeln, das Rasseln der Schädeltamburine, das Röhren der Widderhörner und der Schall unzähliger anderer Instrumente des stierstimmigen Wirbelentfachers ... bis alle Weltsysteme zu vibrieren, zu beben und zu zittern begannen, auf daß unter diesem Schall und Widerhall sich alles und alle –

»Hier bricht die alte Geheimschrift ab«, bedauerte Hermes.

Orpheus schaltete das Lesegerät aus. »Wir haben es immer wieder mit Klängen, Frequenzen und Schwingungen zu tun. Und mit der Wirkung von Wellen auf Materie. Schallwellen als Elementarwaffe! Die Bemeisterung des Feuers und die Kunst der Musik, heißt es, brachten dem Menschen die Herrschaft über den Menschen.«

»Vor etwa zweihundert Jahren, 1827, wurde das Aluminium entdeckt. Damals kostete ein Kilo davon noch viertausend Mark. Dennoch fand man im Kuang-Su, in Ostchina, im Grab eines Generals der Tsin-Zeit, aus dem Jahre 300 nach Christus, bereits Gegenstände aus einer Aluminium-Kupfer-Legierung.«

Orpheus zeigte sich von Hermes' Wissen überrascht. Er lächelte. »Magie und Metall! Das ist die alchimistische Formel, an der sich die Geister schon seit Jahrtausenden berauschen. M. U. M.!«

»M. U. M.? – Aber das sind die Initialen von Merumerú!« staunte Hermes.

»Ganz recht«, nickte Orpheus und ermahnte den Freund zur Vorsicht. »Sonst platzen unseren Labyrinthköpfen vor Neid noch die Schädeldecken!«

»Ich habe mir ein spezifisches Programm von Wissensmolekülen transferieren lassen. Schließlich arbeitete ich früher bei der Bank«, erläuterte Hermes nicht ohne Stolz.

»Wissensmoleküle der Sektion Geldgeschäfte?«

Hermes schüttelte den Kopf. »Nein! Ich meinte die GHB, die Gedächtnis-Hypothekenbank! Als Angestellter lernt man zunächst im Summierungsverfahren per Peptide-Transfer. Als Selbständiger kann man Wissensgebiete nach eigener Wahl beantragen. Das war vor sechs Jahren, vor der Sperrklausel. Eine ziemlich kostspielige Angelegenheit.«

»Bank bleibt eben Bank!« Orpheus klopfte dem Staatssekretär auf die Schulter. »Aber weshalb hast du dich nicht als Wisser qualifiziert?«

»Weil ich mein eigener Herr bleiben wollte.«

»Hermes, der Götterbote!« Orpheus machte einen übertriebenen Kotau.

»Sagen wir lieber, ich vermittle zwischen Theorie und Praxis«, korrigierte der Freund bescheiden.

»Dann bleiben wir bei der Praxis!« schlug Orpheus vor. »Ich möchte dir ein Experiment vorführen.«

»Gehen wir!«

Die Tritte der beiden Männer hallten gedämpft.

Hermes zog die Schultern hoch, als ob er fröstelte, obwohl die Raumtemperatur 20 Grad Celsius betrug. »Erinnert mich irgendwie an einen Schießstand.«

»Das ist es auch. Allerdings ein Wellenmehrbereichs-Schießstand«, erklärte Orpheus und schlüpfte mit Hose und Hemd in einen maisgelben Overall aus atmungsaktiver Knitterplastik. »Wir haben vorhin von Schenkelknochentrompeten und Schädeltamburinen gehört. Daß es sich dabei um Menschenknochen handelte, steht für mich außer Zweifel. Leider finden sich heute keine Handwerker mehr, die mir solche Instrumente zu Versuchszwekken nachbauen können. Es gibt nämlich eine Theorie, die besagt, daß bestimmte Stoffe aus derselben Materie sich im Wechselspiel von spezifischen Frequenzen und adäquaten Resonanzen auflösen lassen.« Die Ankleidezeremonie war beendet.

»Demnach müßte es möglich sein, mittels einer Schenkelknochentrompete so spezifische Frequenzen auszusenden«, folgerte Hermes, »daß ein zweiter Schenkelknochen im Zielpunkt des Resonanzfeldes zu Staub zerfällt.«

»Exakt«, bestätigte Orpheus und machte sich an einem kompliziert aussehenden Schaltpult zu schaffen.

»Ich bin erleichtert, daß infolge der Einäscherungspflicht in Merumerú die Materialbeschaffung auf unüberwindliche Schwierigkeiten stoßen würde.«

»Darum bin ich auch längst auf andere Materialien ausgewichen«, entgegnete der Liedermacher und wies auf eine opalisierende, menschenkopfgroße Kugel mit sehschlitzartigen Öffnungen, die auf einem Schwenkarm saß. »Meine elektronischen Schallerzeuger sind derart perfektioniert, daß man mit ihrer Hilfe fast jeden gewünschten Effekt simulieren kann. Einen dieser Effekte – nennen wir ihn den Anti-Orpheus-Effekt – werde ich dir jetzt vorführen.« Er reichte Hermes einen Schafthandschuh. »Streife ihn bitte über. Es würde auch ohne diese Schutzmaßnahme funktionieren, aber ich möchte dich nicht erschrecken.«

Hermes zerrte den Folienhandschuh bis über den Ellenbogen hoch. Sehr wohl war ihm nicht in seiner Haut. Unwillkürlich warf er einen Blick zu den Zyklopenaugen an der Decke, die ihn alle zu fixieren schienen.

»Diese 107 harmlosen Orphiumscheiben dienen lediglich zur Schallbündelung und Regulierung«, beruhigte Orpheus den Staatssekretär, während er ihn vor einer Art Röntgenschirm postierte. »So, an diesem senkrecht fixierten Metallrahmen, in dem ein fünf Millimeter dickes acrylartiges Glas steckt, fehlt die linke Seitenleiste. Du streckst jetzt deinen behandschuhten Arm waagrecht aus und preßt ihn mit leichtem Druck gegen diese Scheibe.«

Hermes befolgte die Anweisung.

Orpheus trat an das Schaltpult zurück, richtete die opalisierende Orphiumkugel, über die bläuliche, grünliche und zuletzt violette Zackenwolken pulsierten, mit einer Zielvorrichtung exakt auf Hermes' Arm aus. Hebel klickten, die Normalbeleuchtung in dem schießstandartigen Kellerraum wechselte in Rotlichtbereiche.

Hermes hörte ein dunkles Summen an der untersten Hörschwelle, wie das tiefe C einer alten Kirchenorgel ... Oktaven, Kadenzen mischten sich dazu, ein unheimliches Flirren sprang auf, das seinen Puls beschleunigte – einen endlosen Moment lang kam er sich vor wie bei der rasenden Talfahrt vor der Schreckenswoge, dem Doppel-Looping in der Magic-Mountain-Thrillerbahn – dann fühlte er sich von einem Musikblitz getroffen und unterdrückte einen Aufschrei.

Der Raum erstrahlte wieder in angenehmer Helle. Hermes starrte auf seinen Arm, der durch die Scheibe hindurchgepreßt worden war, ohne daß diese irgendwelche Spuren, geschweige denn Sprünge oder eine Splitterdeformation aufwies.

»Das soll deine Musik bewirkt haben?« Hermes hielt den Arm mit dem Handschuh steif von sich, als trüge er eine Metallstütze.

»Die Ursache war eine Frequenz von begrenzt abstoßender Kraft, der ANTI-ORPHEUS-EFFEKT! Die Musik der Zukunft! Bis meine Zukunftsmusik als Waffe im Vernichtungswettbewerb der modernen Kunst etabliert sein wird, mag es allerdings noch ein Weilchen dauern.« Mit einem seltsamen Lächeln befreite Orpheus seinen Gast von dem Schutzhandschuh, den er achtlos auf einen der schmalen Seitentische warf. Ein Fingerschnipsen ließ eine kleine Hausbar mit zwei integrierten Hockern aus der Wand schwenken. »Voilà!«

Wenn Orpheus mit seiner ›Musik als Waffe‹ schon so erfolgreich experimentiert, überlegte Hermes, wozu dann noch die Bitte um Zugang zu historischen Fakten? Handelte es sich um ein Ablenkungsmanöver?

Als hätte Orpheus die Zweifel des Freundes erraten, grinste er aufmunternd. »Gewisse Töne sind lediglich Beigabe, klar! Der echte Illusionist zaubert dem bezauberten Publikum auch nur vor, daß er zaubert. Der Trick dazwischen ist die eigentliche Schwerarbeit.«

Unwillkürlich tastete Hermes nach dem goldenen Heroldsstab. Das Zeichen für seine offizielle Mission saß noch fest an seinem Revers.

In einer geräumigeren Bar, im New-Sehum, saßen der Chefwisser mit dem leitenden Akustiker und dem Dilemmatiker zusammen. Nach Dienstschluß genehmigten sie sich eine Flasche »Eskimo«: echtes Quellwasser mit mineralisiertem Eisbergeis.

Eine Denksport-Delegation aus Merumerú hatte bei der »Intellegiade« die Silbermedaille gewonnen. Ein guter Grund zum Feiern.

Der Dilemmatiker brachte ein dreifaches »Hoch« auf die postmortale Gripsvererbung aus. Das Transfusionsverfahren von Wissensmolekülen hatte den spezialisierten Repliktypus ermöglicht. Wissens-Spender, Wissens-Empfänger, Wissens-Bewahrer und Wissens-Überlieferer lautete der logische Kreislauf. Damit war es gelungen, das Gesetz von der Erhaltung der Energie auch auf die biochemische Gehirnaktivität anzuwenden.

»Halten wir uns stets vor Augen, daß der Mensch in seiner Symbiose mit Zeit und Raum immer wertvoller wird!« gab der Chefwisser als Trinkspruch zum besten.

»Darum sorgen wir Dilemmatiker durch unser Infragestellen der grassierenden Schönfärberei für das emotionale Gleichgewicht. Eine geschickt lancierte Glosse erspart uns den Ärger mit den Untergrundkabaretts!« besserwisserte der Herr im Trachtenanzug süffisant.

»Ohne uns Akustiker würde das ganze Kommunikationssystem zusammenbrechen, mitsamt Ihrem Lästerbüro!«

»Die Eitelkeit ist der Affe des Stolzes, und Eigenlob stinkt! Ihnen steht die Wahl zwischen den beiden Übeln frei. Ein klassisches Dilemma!« Befriedigt über seine Formulierung strich sich der Spezialbeamte aus Österreich den gepflegten Schnurrbart.

Um keine Verstimmung aufkommen zu lassen, brachte der Wisser die Rede auf Orpheus. Die Frage, ob er wirklich an einer Fabrik für Lebenshilferechner beteiligt war, konnte im Moment nicht geklärt werden.

»Ist auch egal«, brummte der Wisser. »Reich ist der Mann schon jetzt! Jedenfalls hat er seine Vögel im trockenen.«

»Unsereiner muß sich mühsam eins abpiepsen, während dieser

Orpheus aus dem vollen zwitschern kann«, nörgelte der Dilemmatiker und setzte neidvoll hinzu: »Er soll ja – höre und staune! – über ein Dutzend Singvögel besitzen!«

»Sie Spaßvogel!« rief der Akustiker mit der angespannten Miene eines Mannes, der in zwei Kopfhörer lauscht, auch wenn er diese gar nicht übergestülpt trug. »Ich habe von einem ganzen Schwarm gehört. Alles Singvögel erster Qualität. Ein Supervermögen!«

»Und ich zahle schon jahrelang in meinen Aves-Sparvertrag ein, um mir später einmal ein hübsches Vogelhäuschen mit einer Spottdrossel leisten zu können!«

»Kollege Dilemmatiker«, der Wisser beugte sich zu seinem Gegenüber und senkte die Stimme: »An der Börse sollen Ohrenschmauskanarien-Aktien der neue Geheimtip sein.«

»Ich habe kürzlich Feldlerchen-Schatzbriefe gekauft! Die haben in letzter Zeit mächtig angezogen. Sie liegen derzeit höher als Goldammer!« Der Akustiker schenkte sich noch einen »Eskimo« ein, feuchtete sich seine Kehle an und erzählte weiter: »Im Singvogel-Toto hat es letzte Woche als Hauptgewinn einen Priestervogel gegeben. Auf der akustischen Tippmarke hatte ich vier Richtige! Das Lied dieses Vogels ist nämlich eine aus fünf Tönen bestehende Strophe, welcher immer ein einzelner Ton vorausgeht. Aber zwischendurch läßt dieser Flöter ein eigentümliches Geläut hören, das wie ein Räuspern klingt. Ein Vogel, der sich räuspert, das hat mich irritiert!«

»Das Akustikdilemma eines Akustikers!« stichelte der Profinörgler und improvisierte eine Textfassung nach der Orphytron-Kennmelodie: »Ein Vogel wird gesucht, der nicht kratzt und nicht beißt, der Glasscherben frißt und Diamanten schei ....«

»Sst!« machte der Chefwisser. Gedämpft setzte er hinzu: »Dieser Orpheus ist auch so ein Priestervogel.«

»Die blödsinnige Mode, sich Symbolnamen aus dem Sagenbereich zuzulegen, geht mir allmählich auf die Nerven! Das typische Dilemma, immer mehr scheinen zu wollen, als man ist.« Der Österreicher zupfte heftig an seinem Schnurrbart.

»Aber die Antike-Nostalgie ist der Renner der Saison!«

»Doch die Datenbank verweigert alle Auskünfte über Hellenismus! Wo ist eigentlich Eurydike abgeblieben, Kollege Wisser?«

Der Chefwisser legte seine gewölbte Stirne in dekorative Falten. »Da müssen Sie schon Hermes fragen, Kollege Akustiker.«

»Ich bezweifle allerdings, ob Ihnen die Graue Eminenz Auskunft erteilen wird«, näselte der Dilemmatiker. »Aber nicht umsonst heißt es: Eine richtige Antwort ist wie ein lieblicher Kuß*!«

Zur gleichen Zeit intonierte und variierte Orpheus in seinem Tonstudio sein Leitmotiv. Er spielte auf einem seiner Orphytron-Trainer. Dazu brauchte er nicht den elastometallenen Resonanzanzug anzulegen.

Der Liedermacher liebte diese einsamen Stunden, auch wenn sie ihn – wie heute – melancholisch stimmten. Nach einer Weile legte er das Trainingsinstrument plötzlich weg. Ihm war nach einem Gespräch mit Eurydike zumute; mit Eurydike, die in einem Raumschiff, das durch den Kosmos jagte, die Spaßmacherin spielen mußte.

Orpheus schaltete das VOCATRON ein. Dieses Gerät für die Digitalisierung von Klangwellen, das einen Gitarrenton in eine menschliche Stimme verwandeln konnte, hatte er mit einem speziellen Signalprogramm sequenziert. Flink fuhren seine Hände über die Tastatur. Die Steueroszillatoren begannen grün pulsierende Muster zu zeichnen. Der Leuchtpfeil im Anzeigefenster pendelte in den Bereich für minimale Schallrückkoppelung. Dadurch würden alle simulierten Stimmen wie aus weiter Ferne klingen, ohne daß sie an Lebendigkeit oder Silbenschärfe einbüßten ...

»Eurydike, ich denke an dich ...«

Denke an dich, echote es.

»Ich will mit dir reden ...«

Will mit dir reden.

»Lockt dich das große Abenteuer immer noch ...?«

Immer noch?

Und seine Eurydike antwortete: *»Zuerst bist du trunken vom Glanz der Sternenwelt, durch die du rast ... bis dich das ewige Gefunkel fast blind macht.«*

»Sternenblind?«

»Oder schneeblind. Der Schmerz in den Augen ist der gleiche. Nur ohne poetische Verschleierung.«

»Und deine wilden Spiele ...?«

Eurydike lachte kalt: *»Wilde Spiele? – Wuchernde Langeweile! Die Langeweile und die Sterilität sind die gefährlichsten Weltraumkrankheiten. Keimfreier Atem, keimfreie Küsse, die nach an-*

*Goethe

tibakteriellem Papier schmecken . . . in einer Zeitdimension, die zu einem zähen Watte-Sumpf wird. Zuweilen trommelst du dir verzweifelt an den Kopf, nur um ein paar außerprogrammäßige Laute zu hören. Manchmal bringt dich die Sehnsucht nach einem schmutzigen Tümpel beinahe um. Ein faulender Laubhaufen wird in deiner Erinnerung zum Inbegriff der Kindheit. Irgendwann würgt dich das Grauen vor dem ewigen Leben. Weil du dir in dem Raumschiff wie ein ZOMBIE vorkommst, wie ein zu ewiger Sklavenarbeit verdammter Untoter. Nur das Denken an dich hat mich vor dem Verrücktwerden bewahrt. Jetzt bin ich zurückgekommen. Orpheus. Ich lebe. *Wir leben! Warum pfeifst du nicht auf die antike Fabel? Du weißt, ich habe immer große Stücke von dir gehalten.«*

Orpheus runzelte die Stirn: »Große Stücke von mir gehalten? Das hört sich an, als ob mich die Mänaden schon zerrissen hätten . . . und du meine verstümmelten Gliedmaßen einsammelst.«

»Du bist verrückt!«

»Weißt du, wo Orpheus' Kopf aufbewahrt wurde? – In Lesbos! Der Überlieferung nach konnte sein Mund die Wahrheit voraussagen. Auch MEINE Prophezeiungen werden eintreffen: Und während die Entfesselten an ihm zerrten und ihm die Glieder verrenkten, sprang eine gläserne Stimme aus seinem Kopf –«

»Hör' auf, ich bitte dich, hör' auf! Ich –«

Der Nachtigallentürgong schlug zweimal an. Auf dem Kontrollmonitor erschien in Großaufnahme Hermes.

»Tür auf und hereinspaziert!«

Die Gleittüre gehorchte dem akustischen Befehl.

»Ende der Vorstellung«, sagte Orpheus und schaltete das Vocatron ab. Der Besuch kam ihm ungelegen, aber er versuchte es sich nicht anmerken zu lassen.

»Gibst du eine Vorstellung als Alleinunterhalter? Störe ich?« fragte Hermes und setzte ein verbindliches Lächeln auf.

»Es handelte sich um eine Vorstellung in meinem Gehirn. Und um die dazugehörige Simulation auf dem Vocatron. Ich liebe dieses Spielzeug. Man beschickt die Spracheingänge mit Sprachsignalen und transponiert sie in die Stimmlage der Person, der man die Gedanken in den Mund legen will. Eine Art Dialog-Schach mit sich selbst.«

Die beiden Männer gaben sich nicht die Hand. Orpheus stand zur Begrüßung nicht einmal auf.

»Darf ich fragen, welche Stimme du simuliert hast?«

Eine Pause entstand . . .

»Ich dachte, wir seien Freunde, Orpheus.«

»Auch Virgil war mein Freund!«

»Der legendäre Weltraumkapitän?«

Orpheus lachte bitter. »Erst kommt der Mensch, dann die Legende. Dazwischen steht das Allzumenschliche!«

»Warum so selbstquälerisch?«

Orpheus lud seinen Besucher mit einer Handbewegung zum Sitzen ein. »Ich habe über Eurydike nachgedacht. Über das Geheimnis namens Eurydike.«

Hermes setzte sich auf einen hochbeinigen Hocker und kreuzte die Arme vor der Brust. »Daß deine Frau nicht wie ihre antike Namensschwester an einem Schlangenbiß gestorben und im Hades gelandet ist, weiß ich. Obgleich wir uns damals noch nicht kannten.«

Orpheus starrte schweigend vor sich hin.

»Deine Frau soll vor drei Jahren verunglückt sein, hörte ich.« Hermes sprach behutsam.

»Der Verunglückte war eigentlich ich!«

»Du hast sie sehr geliebt?«

»Sehr.«

»Und sie?«

»Hat mich schamlos betrogen!«

»Betrogen?«

Orpheus schaute dem Freund offen ins Gesicht. »Sie ist nicht Eurydike! Diesen Namen erhielt sie erst von meinem Supervisor, als man sie für tot erklärte. Orpheus und Eurydike, das klingt wie ein Werbeslogan für ewige Liebe, Sehnsucht und Treue. Das wollte man sich bei meiner Vermarktung nicht entgehen lassen!«

»Und?« fragte Hermes, weil ihm nichts anderes einfiel.

»Nichts weiter! Außer meiner Eifersucht! Meinem gekränkten Stolz und meinem Haß. Ein hassender Orpheus macht sich nicht gut, wie?«

»Und deine Frau?«

»Hat sich damals mit Haut und Haar in Virgil, den prominenten Raumschiffkapitän, vergafft. Er hat dafür gesorgt, daß sie als Animateuse, als Unterhalterin, anheuern konnte. Und ab ging es in Richtung Venus.«

»Und jetzt?«

»Das weißt du doch sehr genau.«

Hermes stimmte zu: »Ja, die Landung von MONOCEROS 17

steht unmittelbar bevor. Und Eurydike ist an Bord.« Er machte eine Pause. Fast beiläufig erwähnte er sodann, daß er die Rückkehr der Animateuse nach Merumerú natürlich verhindern könne.

Orpheus hob seine dichten Augenbrauen. »Warum? Weil Eurydike der Ordnung halber in den Hades gehört?«

»Nein, mein Freund, weil deine Fans es dir nicht verzeihen werden «

»Was?« unterbrach Orpheus ihn. »Daß ich betrogen wurde wie ein ganz gewöhnlicher –?«

Nun ließ Hermes ihn nicht zu Ende reden. »Sie werden dir nicht verzeihen, daß du sie angelogen hast! Du bist ihr Atem, ihr Guru, ihre Hoffnung.«

Orpheus sprang auf. »Ich bin zu dieser Lüge gezwungen worden!«

Hermes stand ebenfalls auf. »Dann werde ich dich zwingen weiterzulügen!«

Sekundenlang musterten sie einander wie vor einem Zweikampf. Dann drehte Orpheus dem Staatssekretär den Rücken zu und schüttelte den Kopf. »Mich zwingen ...?« wiederholte er. »Zwingen? Lächerlich!«

Er öffnete die Gleittüre zu dem Raum mit den Vogelbauern. Ein aufgeregt freudiges Gezwitscher begrüßte ihn. Aber er sah durch die hüpfenden, flügelschlagenden, herumschwirrenden bunten Federbälle hindurch ...

Eine andere Szene drängte sich unerbittlich vor sein geistiges Auge ... das dunkle Boot, dunkel von Blut, das auf dem bleifarbenen Salzsee trieb ... und darin der Körper eines Mannes ohne Kopf – sein Vater.

Orpheus erinnerte sich lebhaft an die Nacht, in der ihn sein Vater zu sich rief, um ihm ein nußgroßes Stück Plastiksprengstoff zu zeigen. Es hing mit einer wesentlichen Entdeckung in der Schallbereichstechnik zusammen. Die genauen Zusammenhänge blieben Orpheus damals verborgen ... Bis eine Wasserpatrouille inmitten des Salzsees das beschädigte, blutbespritzte Boot mit dem Mann mit dem abgerissenen Kopf aufbrachte. Sein Vater mußte die Nuß in den Mund genommen und gezündet haben. Offensichtlich wollte er damit verhindern, daß seine Gedankenmoleküle absorbiert und auf andere Wissenschaftler übertragen werden konnten. Alles Suchen nach schriftlichen Aufzeichnungen und Formeln blieb vergebens. Der Forscher hatte sie vor seinem Freitod vernichtet. In der offiziellen Version sprach man damals von einem Depressionsstau infolge Überarbeitung.

Orpheus erzählte Hermes die Geschichte mit knappen Sätzen, und schloß: »Ich verstand zu wenig von der Materie. Ich war zu jung. Mich interessierte schon damals hauptsächlich der Instrumentenbau.«

»Doch heute besitzt du das gleiche Instrument wie damals dein Vater.« Es sollte eine Frage sein, klang aber wie eine Feststellung.

»Ich weiß es nicht. Zumindest trage ich keinen Sprengstoff mit mir herum.«

»Dein neues Orphytron ist Sprengstoff genug!«

»Darum schweigen wir lieber von Zwang und Zwingen.«

Hermes zog es vor, das Thema zu wechseln. »Und was soll mit Eurydike geschehen?«

»Geschehen? Nichts soll ihr geschehen!«

Hermes straffte seine überschlanke Gestalt. »Namens der Regierung von Merumerú bin ich ermächtigt, dir den offiziellen Auftrag zur Komposition einer neuen Staatshymne zu unterbreiten.«

Orpheus verharrte in ungläubigem Staunen.

»Es ist der ehrenvollste Auftrag, den der Senat für Kunst und Wissenschaft zu vergeben hat – und der lukrativste!« setzte Hermes liebenswürdig hinzu.

»Aber ich bin kein Lohnschreiber!« Orpheus vergrub seine Hände in den Taschen seiner kunstledernen Arbeitsmontur und lehnte sich gegen die Studiowand.

»Deine Fans haben in einer Tele-Blitz-Umfrage die Aussicht auf eine orphyische Hymne begeistert begrüßt.«

»Ich lehne ab!«

Hermes trat dicht an Orpheus heran. »Du kannst alle und alles provozieren, nur nicht die Wut deiner Fans.« Er faltete beschwörend die Hände. »Die Jugend ist empfindlich gegen Enttäuschungen geworden; empfindlich und verletzlich. Und Verletzte neigen dazu, andere zu verletzen.«

Orpheus schlug sich auf den Bauch. »Solange sie meine Musik im Zwerchfell spüren, sind sie nach meinem Orphytron süchtiger als nach jeder Droge.« Er griff nach dem nächstliegenden Instrument und entlockte ihm eine aufreizende Tonfolge.

Hermes ging in Richtung Ausgang.

»Wenn ich es nicht will, öffnet sich für dich hier nicht einmal die Tür!« lachte der Liedermacher hinter ihm her.

Hermes drehte sich gefaßt um. Sein schmales Gesicht mit den

extrem hellblauen Augen unter der steilen Stirne glich einem kolorierten Standbild. »Wenn du auf dem Hochseil balancieren willst, kann ich dir nicht mehr beistehen, mein armer Freund.«

Nur wenige durften ihn einen Freund nennen. »Armer Freund« aber klang demütigend. Orpheus kochte innerlich vor Wut. Nach außen wahrte er die Beherrschung. Seine Ablehnung des staatlichen Kompositionsauftrags wurde in den Medien bewußt hochgespielt. Die persönliche Stellungnahme, um die er bat, untersagte man ihm ohne Nennung von Gründen.

Etwas ging um in Merumerú! Die Labyrinthköpfe steckten ihre Schädel zusammen und legten ihre Wisserstirnen in aberwitzige Hieroglyphenfalten, die Dilemmatiker meckerten und keckerten in Hochkonjunktur, und die Akustiker wisperten und flüsterten und hantierten an ihren Interplanetar-Akustiks und Milchstraßen-Antennen herum, als gelte es einen Wettbewerb zu gewinnen.

Es ging etwas um in Merumerú . . .

Auch nach Feierabend blieb man beim Thema. In der Ecke, an ihrem Stammtisch – auch wenn er nicht als solcher gekennzeichnet war – saßen wieder der Chefwisser mit dem Akustiker und dem Dilemmatiker beisammen. An diesem Abend sprachen sie alle drei dem Alghisky zu.

»Vom Kunsterzieher über den Kunstverzieher zum Kunstentzieher«, meckerte der Mann im Trachtenanzug. »Man sollte die freie Musik als Massentonikum grundsätzlich verbieten und nur noch Zweckmusik für Staatsrituale dulden. Aber daraus müßte wiederum ein Verbotsdilemma folgen.«

»Und verbotene Früchte schmecken bekanntlich am süßesten!« Der Chefwisser spülte seine Erkenntnis mit einem doppelten Schluck Alkohol hinunter, leckte sich die Lippen und sagte: »Ein Idol läßt sich nicht von einem Tag zum anderen stürzen. Noch dazu ein Jugendidol, das wir seinerzeit selbst aufgebaut haben, um von gewissen erziehungspolitischen Schwierigkeiten abzulenken.«

»Die ersten Kratzer hat sein Image bereits abbekommen. Wenn ich allerdings an die Aktivgruppen seiner Fans denke«, warf der Akustiker ein, »die ihn mit Haut und Haaren verehren –«

»Die ihren Orpheus gleichsam zum Fressen gern haben, meinen Sie . . .« Der Dilemmatiker zupfte animiert an seinem Schnurrbart. »Damit bringen Sie mich auf eine Idee! Wenn man diesen

Aspekt der animalischen Vergötterung, diese animalische Zuneigung gezielt aktivieren könnte ... wie war das doch gleich mit dem antiken Orpheus?«

»Er wurde von den Erinnyen zerrissen!« Der Chefwisser grinste.

»Welch zweischneidiges Dilemma! Um unsterblich zu werden, mußte er sich tranchieren lassen.«

»Na, durch eine glückliche Romanze hat sich noch kein Paar dauerhaft der Nachwelt empfohlen, Kollege Dilemmatiker.«

»Das ist das Dilemma der ewigen Liebe! Die Lust entwertet sich durch die Dauer. Leider nicht von mir, aber trotzdem gut«, nuschelte der Beamtenimport aus dem fernen Austria.

»Bleiben wir bei den Erinnyen! Wo ließen sich diese kleinen Biester denn heutzutage auftreiben? Mit einem Direktimport aus dem Hades hapert es sicherlich.«

»Aber wer sagt denn etwas von exportieren, Kollege Wisser? Umfunktionieren heißt die Patentlösung. Das Zitat von den Weibern, die zu Hyänen werden, ist Ihnen doch sicher noch geläufig, oder?«

Der Akustiker und der Wisser nickten gleichzeitig.

»Verstehe«, ließ sich letzterer vernehmen, »um-funk-tio-nieren! Und siehe da ... aus seinen Fans erwuchsen die Erinnyen.«

Der Mann im Trachtenanzug machte eine Geste wie nach einem gelungenen Zauberkunststück. »Eumeniden«, lächelte er, »Mänaden, Furien – den Namen können wir uns aussuchen.«

»Aber wie steht es mit Eurydike?« gab der Akustiker zu bedenken.

»Nach Eurydike kräht kein Hahn. Das ist ja ihr Dilemma!«

»Und die Hennen, will sagen, die weiblichen Fans, schon gar nicht!« setzte der Wisser noch eins drauf.

Der Akustiker gab sich noch nicht geschlagen. »Es sei denn, man brächte Orpheus auf die Idee, sein geliebtes Weib zurückzuholen.«

»Aus der Unterwelt?« fragte der Wisser anzüglich.

»Aus der Welt, in die sie ein- und untergetaucht ist!« Der Akustiker knetete aufreizend an seinen Flügelohren herum, weil er endlich in der Runde Oberwasser hatte. »Es schwirren da Gerüchte herum, meine Herren, Gerüchte!«

»Na, dann spitzen Sie schön Ihre Lauscherchen. Denn ein Gerücht bleibt immer das Dilemma zwischen Klatsch und Wahrheit. Prosit!«

Zum zweiten Mal innerhalb einer Woche mußte Hermes als Herold einer Regierungsbotschaft fungieren: Der Stadt-Senat von Merumerú forderte Orpheus - infolge des öffentlichen Interesses - auf, seine erste Begegnung mit Eurydike öffentlich im Kuppelsaal des New-Sehums zu vollziehen.

»Was erwartet man sich von dieser Show mit Publikum? Ein Familiendrama zum Nulltarif? Ein Trauerspiel zur Hebung der Volksmoral, oder ein Komödienspektakel? - Oh, ich habe das Mysterienspiel vergessen! Erinnerst du dich noch an das Kürzel für Merumerú?«

Orpheus und Hermes verhandelten über Bildtelefon.

»M. U. M. - Magie und Metall«, antwortete Hermes auf dem Sichtschirm. »Aber ich verstehe den Zusammenhang nicht.«

»So ein kleines Mysterienspiel im New-Sehum ist gar keine schlechte Idee!«

»Wenn es der Wahrheitsstabilisierung dient.«

»Jede Wahrheit hat die Enttäuschung im Schlepptau, Hermes, vergiß das nicht!«

»Enttäuschung?« Der Diplomat runzelte die blonden Brauen.

»Solange die Wahrheit mit Rätseln maskiert bleibt, ist sie tausendmal verlockender als die nackte Wahrheit.«

»Das mag zutreffen. Dennoch halte ich –«, er verbesserte sich, »halten wir die Begegnung von Orpheus und Eurydike im Dritten Jahrtausend für sehr informativ.«

»Das Volk will Brot und Spiele!« entgegnete Orpheus. »Für das Brot bin nicht ich zuständig. Aber wie wäre es, wenn ich meine Singvögel ins New-Sehum mitbrächte?«

»Die Reklamewirkung wäre enorm!« Hermes konnte seine Überraschung nicht verbergen. »Den ganzen Schwarm mit allen Käfigen?«

Orpheus setzte ein unschuldiges Lächeln auf. »Sie sind schließlich mein ganzes Vermögen!« Daß die fahrbaren Untersätze der Vogelbauer ein Erbe aus der väterlichen Versuchswerkstatt waren, sein Lieblingserbe, verschwieg er wohlweislich.

MONOCEROS 17, ein Raumschiff der mittleren Einhornklasse, war nach sechsjähriger Mission planmäßig aus dem All zurückgekehrt und sicher gelandet. Mit den Passagieren und der Besatzung betrat auch Eurydike ihren Mutterstern. In den ersten zehn Tagen galt es das obligatorische Rückgewöhnungsprogramm zu absolvieren, das vom Erdschweretraining bis zur emotionalen Stabilitätsmessung reichte. Erst danach konnten sich die Sternenweltenbummler wieder als freie Erdenbürger integrieren.

Da Orpheus nie ein offizielles Scheidungsbegehren gestellt hatte, galt Eurydike immer noch als seine Ehepartnerin. Zumindest laut Dokument. Denn in den Augen der Fans hätte keine Frau der Welt neben dem Musik-Guru bestehen können. Orpheus durfte – wenn überhaupt – nur mit dem Orphytron, seinem Instrument, verheiratet sein; ein musikologischer Hermaphrodit sozusagen.

Aus diesem Grunde wollte Hermes keine Familienzusammenführung, sondern eine Show, eine Spielshow, einen mythologisch-nostalgischen Schauprozeß inszenieren. Das erforderte diplomatisches Geschick, Herzlosigkeit und eine Prise Zynismus.

Eurydike – per Senatseinladung nach Merumerú beordert und im Regierungshotel einquartiert – wurde jede Kontaktnahme mit Orpheus unmöglich gemacht. Auch von der Öffentlichkeit blieb sie streng abgeschirmt. Da sie die Geheimnistuerei nicht durchschaute – nähere Informationen aber unterblieben –, beschlich sie allmählich Nervosität und Angst ...

Endlich rückte der große Tag der Wiederbegegnung heran. Eurydike trug zu diesem Anlaß einen klassisch geschnittenen Peplos aus elfenbeinfarbener Seide; ein gegürtetes Gewand mit blusenartigem Überwurf, das bis an die Knöchel reichte und seitlich geschlitzt war. (Hermes hatte es nach einer antiken Reliefvorlage arbeiten lassen.) Es schmeichelte ihrer schlanken Figur und unterstrich gleichzeitig ihre Weiblichkeit. Eurydikes ovales ebenmäßiges Gesicht mit den ausdrucksvollen dunkelbraunen Augen entsprach dem gängigen Schönheitsideal. Nur ihre Frisur verriet Eigenwilligkeit. Das kastanienbraune Haar, das ihr fast bis zur Taille reichte, war zu einem komplizierten Ährenmuster geflochten.

Die letzte Nummer des Vorprogramms im New-Sehum bestritten sechs internationale Fliehkraftakrobaten. In einer lichtdurchlässigen Metallglasblase durchrasten sie auf ihren düsengetriebenen Skateboards in den waghalsigsten Figurenkombinationen den ›Wendekreis des Wahnsinns‹. Dennoch erhielten sie nur kurzen Beifall für ihren Todesmut.

In getrennten Aufzügen fuhren Orpheus und Eurydike zur Basisstation des GLÄSERNEN REGENBOGENS hoch. So hieß eine in sämtlichen Spektralfarben schillernde Brücke, die sprungbrettartig in die Hauptkuppel ragte, und – von jedem Blickwinkel aus – ins Nichts zu münden schien.

Dreimal dröhnte in perfektem Rundumschall die Kennmelodie des Orphytrons auf. Sogleich trat erwartungsvolle Stille ein. Die Blicke der Masse richteten sich aufwärts, wo Scheinwerfer wie die fünf Riesenfinger eines göttlichen Wesens aus dem Zenit nach dem architektonischen Regenbogen griffen . . .

Jählings ins Licht getaucht, bewegte sich das Paar mit verbundenen Augen, von Hermes geleitet, wie über einen magischen Steg.

In der Brückenmitte blieb Eurydike stehen. Die aufgestaute Spannung der letzten Tage brach in einem einzigen Schrei aus ihr hervor: »Orpheus!«

Orpheus hielt an.

»Erkennst du meine Stimme?«

»Was willst du?« fragte Orpheus, ohne sich umzusehen, zurück.

»Ich bin deine Frau.«

»Du warst sechs Jahre unterwegs. Mir kommen sie wie hundert Jahre vor.«

Das Paar hörte keinerlei Reaktionen von den Zuschauern. Routiniert hatte der Chefakustiker einen Filterplafond zwischen das Publikum und die Hauptdarsteller gefächert. Die Unbefangenheit des Dialoges sollte gewahrt bleiben.

»In einer Weltraumreise erstarrt alles sehr bald in Routine.«

»Und deine wilden Spiele?« Orpheus griff mit beiden Händen nach den dünnen Geländerstreben.

»Ich verstehe dich nicht«, sagte die Frauenstimme hinter ihm.

Hermes hatte Orpheus eingeschärft, sich unter keinen Umständen nach Eurydike umzudrehen, wolle er sie nicht ernstlich gefährden. So verlangte es die altüberlieferte Spielregel.

»Ich meine das Unterhaltungsprogramm, das du an Bord von MONOCEROS 17 aufgezogen hast. Du arbeitetest doch als Animateuse, als Spielemacherin.«

Eurydike trat auf Armeslänge hinter Orpheus. Er hörte nicht den Schritt ihrer Sandalen, er spürte ihre körperliche Nähe.

»Unterhaltungsprogramm? Dort oben erkennt jeder sehr schnell, daß jedes Amüsement, jede Ablenkung, Belustigung und Zerstreuung zu einer aussichtslosen Beschäftigungstherapie wird. Die Langeweile triumphiert als Siegerin.«

Eurydike, du hast immer noch dieselbe Stimme, in die ich mich damals verliebt habe; eine ungewöhnliche, betörende Stimme für ein junges Mädchen, ging es Orpheus durch den Kopf. Mit ihr konnte sie Alltagssprache in Musik verwandeln. Jetzt bist du eine Frau von sechsundzwanzig, meine Frau! Welch absurder Begriff in dieser Situation, in der wir beide nach jahrelanger Trennung mit verbundenen Augen hintereinander auf einer Art künstlichem Olymp wandeln müssen, um uns die Wahrheit - nein, nicht ins Gesicht, sondern blind in das Dunkel unserer blauen Augenbinden zu sagen. In eine künstliche Dunkelheit, die von außen grell ins Licht gezerrt wird; in gieriges Rampenlicht.

»Die Langeweile und die Sterilität sind die gefährlichsten Weltraumkrankheiten! Keimfreier Atem, keimfreie Küsse, die nach antibakteriellem Papier schmecken ... in einer Zeitdimension, die zu einem zähen Wattesumpf wird. Zuweilen trommelst du dir verzweifelt an den Kopf, nur um ein paar außerprogrammäßige Laute zu hören. Manchmal bringt dich die Sehnsucht nach einem schmutzigen Tümpel beinahe um. Ein faulender Laubhaufen wird in deiner Erinnerung zum Inbegriff der Kindheit.«

Orpheus lauschte betroffen. Benebelte ihn die heiße Luft? Überfielen ihn Phantasien? Nein! Eurydikes Sätze drangen klar und unmißverständlich an seine Ohren ...

»Irgendwann würgt dich das Grauen vor dem ewigen Leben. Weil du dir in dem Raumschiff wie ein Zombie vorkommst, wie ein zu Sklavenarbeit verdammter Untoter. Nur das Denken an dich hat mich vor dem Verrücktwerden bewahrt. Jetzt bin ich zurückgekommen -«

»Warum pfeifst du nicht auf die antike Fabel? Du weißt, ich habe immer große Stücke von dir gehalten!« unterbrach Orpheus sie erregt.

»Wie bitte?«

»Na los, sag es schon! Weiter im Text!«

»In was für einem Text?«

Orpheus hätte sich am liebsten die Augenbinde abgerissen, um Eurydike damit ins Gesicht zu schlagen. »Deine Sätze sind die gleichen Sätze, die ich in meinen Gedankengesprächen mit dir auf dem Vocatron simuliert habe. Hat Hermes sie dir eingepaukt?«

Hermes, der sich bewußt einige Schritte abseits hielt, schüttelte energisch den Kopf. Eine Sekunde lang vergaß er, daß der Liedermacher ihn nicht sehen konnte. »Absurder Vorwurf!« protestierte er mit Nachdruck.

Orpheus fühlte Eurydikes Hand über seinen Rücken tasten ... bis sie auf seiner rechten Schulter liegenblieb.

»Gedankengespräche mit mir?« fragte sie. »Du hast dich in Gedanken mit mir unterhalten?«

»Ja.« Es klang abweisend.

»Und ich habe jetzt die gleichen Sätze gesagt?«

»Ja.«

»Aber Orpheus, ist das nicht ein Beweis für unsere...«, sie machte eine tiefe Atempause, bevor sie weitersprach, »für meine Liebe? Die gleiche Sprache sprechen, heißt das nicht Einklang, Zuneigung, Liebe?«

Orpheus senkte trotzig den Kopf. »Du machst es dir etwas zu leicht! Hast du Virgil, deinen Kosmosritter ohne Furcht und Tadel, bereits vergessen, um dessentwegen du mich verlassen hast?«

Eurydikes Hand strich zärtlich über Orpheus' Schulter. »Ach, weißt du«, antwortete sie, »Männer, die sich die Angst abtrainieren können, wirken schon nach kurzer Zeit wie Comic-Helden.«

Orpheus unterdrückte mühsam den Impuls, sich zu ihr umzudrehen. »Eurydike!... Eurydike.« Er wiederholte ihren Namen wie eine Beschwörungsformel.

»Wie das klingt! Ich habe mir dieses Pseudonym nicht zugelegt, Orpheus. Ihr habt es mir während meiner Abwesenheit aufgezwungen. Ich möchte doch nur wie eine ganz normale Frau leben dürfen.« Ihre Rechte griff verzweifelt nach seinem Oberarm. »Hier in Merumerú... mit dir, Orpheus. Endlich wieder auf unserer guten Mutter Erde.« Sie machte eine Pause. Dann setzte sie fordernd hinzu: »Wenn du meiner Stimme nicht glaubst, sieh mich doch an!«

»Das Gesetz von Merumerú verbietet, daß ihr euch hier anseht!« warnte Hermes mit unmißverständlicher Schärfe.

Doch Eurydike ließ sich nicht einschüchtern. »Ich habe hundert neue Gesetze kennengelernt!« rief sie. »Wie hast du dich bloß verändert, Orpheus. Früher warst *du* dein eigenes Gesetz. Deine Stimme habe ich erkannt. Jetzt will ich *sehen*, wie du geworden bist!«

Automatisch wandte er sich ihr zu. »Tu's nicht! Laß die Binde vor deinen Augen!«

Aber Eurydike gehorchte in dieser wahnwitzigen Minute ihres jungen Lebens nur sich selbst. Mit beherzter Entschlossenheit zerrte sie an ihrer Augenbinde, bis sie sie über den Kopf streifen konnte.

Der Chefakustiker in der Tonzentrale blendete den akustischen Plafondfilter zügig aus. Der Aufschrei der Fans traf Orpheus und Eurydike wie eine Brandungswoge.

Das grelle Licht stach schmerzhaft in ihre Augen, aber Eurydike blickte ihren Mann unverwandt an. »Wie lange habe ich diesen Augenblick herbeigewünscht. Ich liebe dich, Orpheus, auch wenn du dich mir gegenüber blind stellst.« Sie berührte flüchtig die dunkle Binde vor seinen Augen. »Ich stehe vor dir und schaue dich an. Warum schweigst du? Glaubst du mir immer noch nicht? Dann schwöre ich es dir bei Gott – ich liebe dich.«

Der Chefakustiker hatte alle Mühe, die leisen Worte ohne Rückkopplungseffekt für die Masse verständlich zu machen.

Einige der Fans brachen in hysterisches Gekicher aus. »Bei Gott! Sie schwört bei Gott! – Sie wohnt hinterm Mond! – Nein, sie kommt von der Venus! – Von MONOCEROS 17!« kreischte es schrill durcheinander.

»Wir schwören bei Merumerú!« gellte eine Stimme hoch. »Sie kennt nicht einmal unsere Schwurformel!«

»Weil sie nicht mehr zu uns gehört!« schrie eine zweite.

»Erklärt sie zur unerwünschten Person!« brüllte ein Junge.

Der Vorschlag fand Anklang.

»Zur un-er-wünsch-ten Per-son!« begann ein gemischter Chor zu skandieren. »Zur un-er-wünsch-ten Per-son! Zur un-er-wünsch-ten Person!«

Eurydike beugte sich über das Geländer der Regenbogenbrücke. Schwindel erfaßte sie. Ihre Finger krampften sich um den Handlauf, der unter ihrem Griff zu schmelzen schien. Voller Angst richtete sie sich wieder auf.

Lautlos schwenkte eines der Richtmikrophone in der Kuppel auf sie.

»Ich habe euch doch nichts getan, niemandem von euch!« stöhnte sie. »Nur Orpheus. Und der schweigt.«

»Hoffentlich bleibt der Bursche hart«, murmelte der leitende Akustiker in der Tonzentrale.

»Die Sentimentalität ist das Dilemma der Romantiker!« geistreichelte der Dilemmatiker.

Der Wisser grinste. »Eine köstlichere Rache konnte sich Orpheus gar nicht ausmalen! Um seinen Erfolg zu festigen, braucht er nur brav still zu halten – und seine Frau zu opfern.«

»Vor so viel duldendem Edelmut flattern mir gleich die Ohren!« maulte der Akustiker und verstärkte die Nachhallautomatik des Tonmodulators.

Im Kuppelsaal mahnte die Orphytron-Kennmelodie abermals

zur Ruhe und Aufmerksamkeit.

Ein roter Laserstrahl warf Hermes gleichsam den blutroten Mantel des Lordrichters um die Schultern. Er wartete gelassen ab, bis vollkommene Ruhe eintrat.

»In dem öffentlichen Anhörungsverfahren Merumerú gegen Eurydike ergeht folgender Schiedsspruch: Da Eurydike durch das Abreißen ihrer Augenbinde gegen die heilige Spielregel verstoßen hat, wird sie an Bord von MONOCEROS 18 erneut in den Weltraum zurückkehren.«

Das Urteil wurde von den Fans mit Jubelgebrüll begrüßt.

Die Verurteilte glich einer Elfenbeinstatue in Menschengröße. Ihr Antlitz schimmerte bleich bis in die Lippen. Ihr Mund begann zu zucken. Das Entsetzen lähmte ihre Stimmbänder. »Nein«, stieß sie endlich hervor, »nein, ich will nicht . . . ich will nicht.« Wie eine weiße Stichflamme fuhren ihre Arme empor. Aus den Lautsprechern gellte ihr Verzweiflungsschrei: »Ich will nicht zurück in den Hades!«

»In den Hades? – In den Hades? – Den Hades!« zischte es unter ihr wie eine brennende Zündschnur durch die Zuschauer.

Hermes hob gebieterisch die Rechte. »In den Weltraum!«

Eurydike raffte all ihren Mut zusammen und trat an die Brüstung. Diesmal gelang es ihr, das aufsteigende Schwindelgefühl niederzukämpfen.

»Das Anhörungsverfahren ist beendet«, drängte Hermes, »beendet!«

»Weshalb habt ihr Angst vor der Wahrheit?« Eurydike wandte sich an die Menschenmenge. »Wollt ihr alle mit verbundenen Augen herumstolpern, weil Orpheus es euch jetzt so vormacht?«

Rufe wurden laut: »Das Geheimnis! Wir wollen das Geheimnis hören!«

Eurydike zwang sich, trotz des Gefühlansturms in ihrem Inneren, zu einer klaren Diktion: »Dann paßt gut auf, ihr Glücklichen, die ihr auch in Zukunft festen Boden unter eueren Füßen haben werdet.« Sie wandte sich an Orpheus. »Vor allem du, gib acht! Die Wahrheit lautet: Der Weltraum ist die Unterwelt!«

Mit einem energischen Griff riß sich das Sängeridol die Augenbinde ab.

Hermes zuckte erschrocken zusammen, obgleich dies sonst nicht seine Art war.

Die Masse gaffte stumm, wie von einer Riesenhand aufs Maul geschlagen.

Der Liedermacher kniff die geblendeten Augen zusammen. »Eurydike!« Eine Weile bestand er nur aus Staunen.

»Orpheus«, flüsterte seine Jugendliebe und baute mit diesem einzigen Wort den versunkenen Traum einer gemeinsamen Welt auf.

»Wiederhole, was du gesagt hast, Eurydike.« Es klang nicht fordernd, sondern bittend.

»Es ist die Wahrheit, Orpheus, die wahnsinnige Wahrheit: Der Hades ist der Weltraum!«

»Dieser Privatinterpretation versagen wir mit Nachdruck jede offizielle Zustimmung!« dementierte Hermes schneidend. Unerbittlich fügte er hinzu: »Wie schon an Bord von MONOCEROS 17 wird Eurydike während der mehrjährigen Weltraumexkursion von MONOCEROS 18 erneut als Chefanimateuse arbeiten.«

Eurydike taumelte gegen Orpheus' Brust. »Das ist mein Todesurteil, Geliebter.« Es hörte sich an wie der Schrei eines ermatteten Vogels.

Hermes warf sich in eine theatralische Pose. »Welch Undank! Das ist ein Gnadenakt!«

Mit einer Kraft, die man der zarten, weißen Gestalt nie zugetraut hätte, stieß sie Orpheus von sich. »Ihr wollt, daß ich mich als Zombie-Clown zu Tode langweile!« Sie drängte sich an den beiden Männern vorbei. »Zu Tode langweile . . . zu Tode langweile!« Während sie diesen Satz wie ihr eigenes Echo mehrmals wiederholte, schritt sie aufrecht und unbeirrt dem Ende der Regenbogenbrücke entgegen, die wie ein gewölbtes Sprungbrett in den Abgrund, ins Nichts führte.

Je nach Blickwinkel drängten die Zuschauer dahin und dorthin. Doch bevor die Verurteilte sich zu Tode schmettern konnte, war sie verschwunden, aufgelöst in Nichts. Entmaterialisiert. Beifall brandete auf.

Der blutrote Lichtmantel um Hermes' Schultern erlosch. Weiße Scheinwerfer zeigten ihn wieder im untadeligen Grau des Staatssekretärs. Nur der verschlungene Heroldsstab an seinem Revers blitzte golden.

Obwohl Orpheus wußte, daß es sich bei Eurydikes spurlosem Verschwinden nur um einen perfekt inszenierten Spiegeltrick handelte, verharrte er in Betroffenheit. Eurydike hatte es ernst gemeint. Sie war bereit gewesen, sich in die Tiefe zu stürzen.

Hermes klatschte dezent in die Hände.

Verborgene Düsen sprühten feine Duftstoffwolken über das

Publikum; eine stimulierende, verhaltenssteuernde Pheromonen-Komposition.

Die Show mußte weitergehen.

Eine Pause zum richtigen Zeitpunkt fördert die Stimmung und steigert die Erwartung. Also gab man dem Publikum erst einmal Gelegenheit, durch die äußere Rundpassage mit ihren Ladenketten und Schnellrestaurants zu flanieren.

»Hades oder Weltraum – was gehen uns Städter diese überspannten Planetenbummler an?« sprach ein älterer Besucher vielen Umstehenden aus dem Herzen, die aus verschiedenfarbigen Tuben Süßes oder Pikantes naschten.

Den im Kuppelsaal Verbliebenen wurde ein architektonisches Schauspiel geboten ...

Mobile Stellwände bewegten sich zu einschmeichelnden Sphärenklängen, Plattformen hoben und verschoben sich zu neuen Perspektivlandschaften. Gekrümmte Schalungselemente mantelten sich um einen arenaartig ansteigenden Sichtraum, den zwei herabschwebende Halbkuppeln begrenzten. Trotz einer Scheitelhöhe von sieben, beziehungsweise zwölf Metern wirkten die gegenüberliegenden Muscheln in Material und Konstruktion wie schwebend, fast durchsichtig.

Die Orphytron-Kennmelodie rief die Besucher in die neue Arena, die sich schnell bis auf den letzten Platz füllte. Schließlich stand der Höhepunkt des Programms bevor; Orpheus' Auftreten mit seinem Vogelschwarm. Nun würde sich offen zeigen, was hinter all dem Gemunkel über die Zahl der gefiederten Prestigeobjekte steckte.

Zunächst trat das Sänger-Idol jedoch solo vor das Publikum. Auf einer gläsernen Spirale stehend, tauchte er aus der Unterbühne empor. Umflackert von den raffinierten Farbeffekten einer Laserlichtorgel, präsentierte er sich in seinem opalisierenden Dreß aus »Venuseisen«, in den das Griffbrett mit der elektronischen Wirbelschnecke eingeklinkt war. Deutlich zeichneten sich an seinem athletischen Körper über dem Zwerchfell und unter den Schlüsselbeinen die Muster der Schallrosen ab. Was sich sonst noch an elektro- und psychoakustischen Finessen, Sensoren und Frequenzverstärkern in dem Instrumentalanzug verbarg, zählte zu den am besten gehüteten Geheimnissen Merumerús.

Gesenkten Hauptes, mit gespielter Demut, ließ Orpheus den ersten Applaussturm über sich ergehen. Dann erst hob er zeitlupenartig sein Gesicht. Aus seinen Zügen sprach entschlossener Ernst, nichts Verbindliches. Seine Finger, auffallend langgliederige Finger für einen athletischen Mann, griffen in die Saiten des Orphytrons ...

Der Aufbruch in die atomare Klangwelt – wie ein Kritiker schwärmte – begann mit einem Evergreen. Bereits die beiden folgenden Nummern waren Neukompositionen, die die völlige Einheit zwischen Künstler und Instrument, zwischen Orpheus und Orphytron unter Beweis stellten.

Sogar der abgebrühte, leitende Akustiker spitzte seine Superohren und nickte anerkennend mit dem Kopf.

Orpheus hatte eine Technik entwickelt, Töne zu beschleunigen und ihnen damit eine so durchdringende Intensität zu geben, daß selbst lyrische Motive die Nerven der Zuhörer wie ein Schlagzeugsolo peitschten. Mit sich selbst als Resonanzkörper gelang es ihm, die mathematischen Wellenformpunkte besonders wirksamer Passagen derart zu multiplizieren, daß sie sondengleich die akustischen Lustzentren der Zuhörergehirne stimulierten.

Das Schlagwort von der mathemagischen Musik – hier wurde es Ereignis.

Ohne die perfekte Beherrschung der Binärarithmetik hätte der Liedermacher – nach Schließung der Datenbanken – keine der komplizierten musikologischen Rechenoperationen für seine Kompositionen zu Ende führen können. Unter diesem Aspekt kam sein Aufruf zur Vernichtung der Lebenshilferechner einer revolutionären Aktion gleich, die Strafe verdiente. Ein Zurück zur MACHT DES WISSENS für alle durfte es nicht geben, um keinen Preis. Daß der Sänger durch das Abreißen der Augenbinde – genau wie Eurydike – gegen die heilige Spielregel verstoßen hatte, daran dachte im Augenblick kein Mensch – außer Hermes. Per Telefunk holte er vom Justizsenator persönliche Weisungsbefugnisse ein. Der Auftrag lautete eindeutig: Die Provinzregierung von Merumerú besteht auf einer eigenständigen Hypno-Hymne. Und der Komponist hat Orpheus zu heißen.

Im Kuppelsaal huldigten die Sprechchöre der Fans ihrem Guru:

»Orpheus ist unsere Stimme!«

»Orpheus ist unsere Hoffnung!«

»Orpheus ist unsere Sehnsucht!«

»Orpheus ist unser Dionysos! – Dio-ny-sos – Dio-ny-sos!«

Der Künstler breitete dankbar die Arme aus. Das gewohnte

Strahlen in seinem Antlitz bei derartigen Ovationen blieb heute aus.

Während die Siebenmeter-Kuppel aus dem Hintergrund in Richtung Rampe vorfuhr, um den Bühnenausschnitt zu verkleinern, staffelten sich seitlich mobile Stellwände, um jedwede Zugluft abzuhalten. Die Beleuchtungstechniker ließen das grelle Scheinwerferlicht in das goldene Leuchten eines paradiesischen Sommermorgens überblenden. Unter Orphytronklängen von nie zuvor gehörter Verhaltenheit und Zartheit kündigte Orpheus den Auftritt seiner gefiederten Musen an.

Ein Segment des Podiumbodens glitt zurück. Aus der Unterbühne - wo sie in der Zwischenzeit von einem Ornithologen betreut und von schwerbewaffneten Sicherheitsbeamten bewacht worden waren -, tauchte endlich die Plattform mit den Vogelbauern auf. Ein Raunen ging durch das Publikum. In sieben Käfigen - jeder mit einem ebenso phantastischen wie funktionellen Gitterüberbau - zählte man sechzig Vögel. (Im Zwanzigsten Jahrhundert hätte ein Showman mit der Präsentation von dreißig privaten Luxusautomobilen ein vergleichbares Aufsehen erzielt.) Die sieben Käfige, wie eine Armada historischer Fregatten gestaffelt, segelten auf Gleitschienen langsam auf das Publikum zu.

Mit dem Hinweis auf die Lärmempfindlichkeit seiner Lieblinge erstickte Orpheus den aufkeimenden Applaus. Sämtliche seiner Musen mit Namen vorzustellen, scherzte er, würde zu Zeitproblemen führen. Doch wolle er versuchen, eine musikalische Zwiesprache mit ihnen zu halten.

Einige Vögel schienen aus einer Art Erstarrung aufzuwachen. Unruhig begannen sie umherzuflattern. Andere hüpften aufgeregt von einer Sitzstange zur nächsten oder schnäbelten sich ihr buntes Federkleid zurecht. Sobald Orpheus ein paar leise, beschwörende Worte an sie richtete, beruhigten sie sich wieder. Den einen oder anderen Käfig noch ein wenig zurechtrückend, richtete er alle sieben wie auf ein imaginäres Ziel aus. Erst dann lockte und animierte er mit sanften Orphytronklängen seine gefiederten Freunde zu einem Zwitscher-, Triller- und Zilpkonzert, daß es eine wahre Freude war. Nicht zu vergessen die Soloeinlagen einiger fröhlicher Koller- und Pfeifkünstler. Indem Orpheus die melodische Naturmusik aufgriff und immer neu variierte, inspirierte er auch die Singvögel zu immer neuen Darbietungen. Die Schwermut, die der Künstler bei alledem ausstrahlte, nahm sein Publikum nicht zur Kenntnis. Gierig genoß es die heitere Einlage. Wie immer und überall sah das Volk in erster Linie das, was es sehen wollte.

Die Tiere zeigten alsbald Ermüdungserscheinungen. Ihre Einsatzdauer blieb beschränkt. Zugaben wurden nicht gewährt. Das sahen sogar die Fans ein. Ihrer Sensationslust war Tribut gezollt worden. Das war die Hauptsache.

Zur allgemeinen Überraschung verschwand die Vogelarmada nicht in der Versenkung. Sie blieb wohlgeordnet auf der Bühne stehen. Hilfskräfte entrollten die in die Käfigböden eingebauten goldglänzenden Schallschutzdecken und stülpten sie über die Bauer. Ihre bizarren Formen glichen nun mythischen Zauberfelsen, megalithischen Pyritblöcken, in deren Halbkreis sich Orpheus wie der Hohepriester eines geheimnisvollen Kultes ausnahm.

Die Stimmung war vorzüglich, die Masse aufnahmebereit und knetbar wie Wachs. Nun galt es für Hermes, die Gunst der Stunde weisungsgemäß zu nützen.

Wie sonst nur bei offiziellen Anlässen üblich, erscholl überraschend die Staatshymne. Die Zuschauer zeigten sich davon ebenso befremdet wie Orpheus. Nur zögernd erhoben sie sich von ihren Plätzen. Wollte ein Politiker das Wort ergreifen . . ., oder stand eine öffentliche Ehrung bevor?

Hermes, der ›Götterbote‹, hatte seinen Auftritt sorgfältig inszeniert. Von grellen Spots verfolgt, senkte sich der Außenlift am linken Stützpfeiler von der Basisstation der Regenbogenbrücke langsam herab. In halber Höhe, zwischen beiden Halbkuppeln, stoppte die gläserne Kanzel. Eine kleine Wendung nach links, und Hermes konnte auf Orpheus herabsehen; eine Wendung nach rechts, und er überschaute die Masse, die gespannt zu ihm hochblickte. Fürwahr, eine ideale Position für einen Ankläger.

Ohne Einleitung bediente sich Hermes geschickt der Anredeformel des Liedermachers: »Mitbürger, Freunde, Fans! Ihr alle habt hier und heute das Urteil gegen Erydike vernommen – und akzeptiert.« Er blickte bedeutsam in die Runde, und vermied beim Weiterreden den Freund anzusehen. »Da aber auch Orpheus – durch das Abreißen seiner Augenbinde – gegen die Satzung jener Anhörung verstoßen hat, ergeht folgender Schiedsspruch.«

Die Menge hielt verblüfft den Atem an. Ein Schiedsspruch gegen das Sänger-Idol?

»In meiner Eigenschaft als offizieller Senatssprecher fordere ich Orpheus hiermit auf, seine erste Weigerung zurückzunehmen

– und unserer Oasenstadt endlich eine eigene Hymne zu schreiben, die Hymne von Merumerú!« Er warf ekstatisch die Arme in die Höhe, obwohl er kühl und klug den Ausdruck Hypno-Hymne vermieden hatte.

Die Spannung des Publikums löste sich in zustimmendes Jubelgeschrei auf.

Orpheus stand wie versteinert auf dem Podium.

Mit ausladender Geste gebot der Staatssekretär Schweigen. Direkt an den Betroffenen gewandt, setzte er beschwörend hinzu: »Wir alle hier im Kuppelsaal und draußen in den Straßen, an den Arbeitsplätzen und in den Häusern von Merumerú, wir alle *bitten* Orpheus um diese Hymne. Ja, wir bitten ihn!« Nach einer kurzen Wirkungspause hob er die Stimme: »Und wir fordern von Orpheus diese Hymne!«

Der Funke sprang über, wie Hermes es kalkuliert hatte. Schon nach wenigen Sekunden tobte ein gewaltiger Sprechchor los: »Wir fordern von Orpheus die Hymne! Wir fordern von Orpheus die Hymne!« Immer wieder. Immer wilder.

Hieß das Spiegelbild der Freundschaft Verrat? Oder versuchte Hermes ihn mit dieser kompromittierenden Aktion vor Schlimmerem zu bewahren? Orpheus wog das eine gegen das andere ab. Etwas ging um in Merumerú, ohne Zweifel. Etwas war wider ihn im Gange. Ob sie wußten, daß er inzwischen die Wahrheit über die Oasenstadt durchschaut hatte?

Das New-Sehum, das gepriesene Zentrum des neuen Sehens, verfolgte nur einen Sinn und Zweck: die Sicht auf die alten, gewachsenen Werte zu verstellen. Und das Jonglieren mit Mythenformen, ohne den Glaubenshintergrund an die alten Götter, glitt zur bloßen Farce ab. Der Götze von Merumerú hieß Beschränkung, Einengung im Geiste. Denn auch die Wisser wußten, daß sie im Grunde nichts wußten. Weil der Zugang zur MACHT DURCH WISSEN, nach Schließung der Datenbank und all ihrer Terminals, nur noch der Politmafia vorbehalten blieb, die die neue Welt regierte.

Orpheus zeigte ein trotziges Lächeln. Er hatte diese Entwicklung vorausgeahnt – und seine Vorsorge dagegen getroffen. Die sieben Vogelbauer standen einsatzbereit auf der Bühne. Das Volk sollte sein Spektakel haben, wenn es ihn zwingen wollte, wenn –

Das Lächeln des Sängers war Hermes nicht entgangen. Er atmete erleichtert auf. Sein Regietrick schien zu gelingen, der große Coup zu klappen. Nur so vermochte er Orpheus vor der drohenden Staatsmißgunst zu retten.

Erst nach mehreren Versuchen gelang es dem Staatssekretär, die Sprechchöre zum Schweigen zu bringen und sich erneut Gehör zu verschaffen.

»Unsere Mitbürger hier im Saal haben den Schiedsspruch einstimmig akzeptiert.« Hermes' Stimme bekam einen heiseren Klang vor verhaltener Erregung. »Ich frage dich jetzt, Orpheus, Freund und Vorbild, nimmst du den Schiedsspruch an?«

»Nein«, antwortete der Sänger, als handle es sich um die Ablehnung einer Bagatelle.

Das Publikum glaubte an einen Hörfehler.

Orpheus belehrte es einen Besseren: »Ich sage NEIN, weil ich will, daß ihr frei bleibt!«

Lähmende Stille. Der sprichwörtliche Engel flog durch den Raum.

Mit sich überschlagender Stimme kreischte plötzlich ein Teenager: »Wir pfeifen auf die Freiheit!«

Ein gellendes Pfeifkonzert signalisierte Zustimmung.

Orpheus hob die rechte Hand. Die kleine, undramatische Geste schaffte Ruhe im Saal. Hermes erschien es wie Zauberei.

»Ich habe euch aufgerufen«, begann der Liedermacher und trat an die Rampe, »euch von der Sklaverei der elektronischen Taschenratgeber zu befreien. Heute rufe ich euch auf, euch von allen Mode-Sounds zu befreien. Auch von meinem eigenen! Mein Herzschlag wird nicht länger die Muskelbatterien in meinem Energieanzug steuern. Und mein Körper wird euch nicht länger als lebendiger Resonanzverstärker dienen.« In den Halbkreis seiner in Zaubersteine verwandelten Vogelbauer zurücktretend, endete er: »Mit diesen letzten Schlägen auf mein altes Orphytron soll der alte Orpheus-Sound auf ewig verklingen.«

Gewaltig dröhnte das Orpheusmotiv von der Bühne, streckte seine psycho-akustischen Polypenarme nach dem Publikum aus . . . und endete jäh, wie abgeschnitten.

Energisch klinkte Orpheus das Griffbrett mit der Wirbelschnecke aus den Anschlußbuchsen. Nutzlos baumelte es von seiner linken Hüfte. Das Öffnen seines Anzugs hörte sich wie reißende Seide an. Die unbehaarte Brust glänzte von Schweiß. Nur die Schallrose über seinem Zwerchfell schimmerte dunkel.

»Wollt ihr hören, wie euer geliebtes Orphytron jetzt klingt?« Ohne eine Reaktion abzuwarten, entlockte er dem Sensorenmanual an seinem Gürtel die Klänge einer Urväter-Zither.

»So wie ihr Eurydike verbannt und verdammt habt, verbanne ich von dieser Stunde an meine orphische Musik!« rief der Liedermacher in die Arena.

Ein Laut des Unmuts, wie das Murren eines riesigen Raubtiers, drang zu Hermes hoch. Ein alarmierender Laut, der wenig Gutes verhieß.

»Ihr seid jetzt wütend, weil ihr euer altes Orphytron nicht wiedererkennt! Das opalisierende Metall macht den Orpheus-Effekt nicht aus. Vielleicht war der Nerven-Sound, der Ultra-Neuronen-Sound, der totale Sound, nach dem ihr so süchtig seid, bloß ein Phantomklang, eine Suggestion?« Orpheus peitschte die letzten Worte rhetorisch hoch, wie auch alle folgenden Sätze: »Dafür will ich euch heute die Schranken zu einem neuen Paradies aufstoßen: die Wiedergeburt der Hellhörigkeit in die Tontaubheit des akustischen Alltags. Die Formel dazu lautet: Hörenwollen, Hörenlernen, Hörenkönnen!«

Noch beherrschte der Entertainer das Publikum. Doch das Wechselspiel von Verblüffung und Gegenreaktion gewann an Tempo. Ein Fieber ergriff die Masse, ein Fieber, das stetig anstieg.

Was braucht es neue Paradiese, wenn man sich doch in den alten so schön eingenistet hatte? Hörenwollen . . .? Gut und schön! Doch wozu Hörenlernen, um hören zu können?! Sie waren ja nicht taub.

Ein großes Mädchen in auffallendem Androiden-Look sprang auf. Zu hochhackigen Stiefeletten, Strümpflingen und Flatterrock trug sie eine sogenannte Körpermaske; also einen Kunststoffpanzer, der naturgetreu ihren Oberkörper nachmodellierte, von den Brüsten über den Bauchnabel bis zum Venushügel, alles in metallschimmernden Rottönen. Schultern und Arme blieben nackt. Ihr kurzes, blauschwarzes Haar wirkte wie ein angeklebtes Fell. Sie übernahm die Rolle der ekstatischen Vorbeterin:

»Orpheus darf uns nicht enttäuschen!«

»Nicht enttäuschen!« echote hysterisch ein Mädchenchor.

»Orpheus darf uns nicht verraten!«

»Nicht verraten!« Männliche Teenager verstärkten die Parole.

»Orpheus darf uns nicht verlassen!«

»Nicht verlassen!« winselte es nunmehr aus sämtlichen Kehlen.

»Doch Orpheus kümmerte sich nicht darum. Ohne Hast ging er

von Vogelbauer zu Vogelbauer, schlug die Schallschutzdecken zurück und ließ sie von der Rückrollautomatik säuberlich aufwinden. Daß er dabei an jedem der sieben Käfige einen Schalter kippte, fiel im Augenblick nicht weiter auf.

»Der Mann hat einen Vogel, seine Fans derart zu reizen!« Der Chefwisser schüttelte bedenklich seinen mächtigen Kahlkopf.

»Ein typisches Hybrisdilemma«, kommentierte der Dilemmatiker. »Mit seinen Vögeln glaubt Orpheus den Vogel abzuschießen. Aber was nun?«

Die beiden saßen hinter den Panzerglasscheiben eines der Kontrollräume mit dem leitenden Akustiker zusammen, der nur ein kurzes Schnaufen von sich gab. Zwei Duplex-Oszillatoren pulsierten in abweichenden Grünkurven. Auch eine erneute Feinabstimmung führte nicht zu den normalen Mustern.

»Antwortet selbst! Was für eine edlere Hymne gäbe es für Merumerú als die reinen Naturstimmen meiner Singvögel?« tönte Orpheus' Stimme provozierend und verlockend zugleich aus den Raumtonlautsprechern. Er ließ seine Frage wirken, dann fuhr er fort: »Da ihr es seid, die eine neue Hymne wünschen, schenke ich euch meine Vögel!« Er blickte in das Halbrund der Arena. »Ja, ich schenke sie euch!«

Stummer Unglaube malte sich auf den Gesichtern. Sogar dem Dilemmatiker verschlug es die Sprache.

»Aber in den Käfigen zwitschert ein Vermögen«, stotterte der Wisser. »So einen gefiederten Edelstein würde ich mir nur zu gerne einfangen! Den Kopf wird's doch nicht kosten?« Er wandte sich an den Dilemmatiker, der seine Sprache wiederfand: »Den Kopf nicht, aber ein fliegendes Kapital! Sollten uns andere Kollegen zuvorkommen, wäre das ein gewaltiges Blamagedilemma!«

Beide rannten zugleich los . . . und hielten an der Hydrauliktüre zugleich an. Den Worten die Tat folgen zu lassen, fehlte ihnen der Mut. Schließlich hatten sie per Beamteneid ihr Wohlverhalten beschwören müssen. Diesmal verzichtete der Dilemmatiker auf sein Lästermandat, was ihn so hart ankam, daß er die Farbe eines gesottenen Helgoländer Zuchthummers annahm.

Der Akustiker schaute durch die Panoramascheibe in den Kuppelsaal. Durch die ersten Publikumsreihen lief eine sonderbare Bewegung. Der aktivste der Sprechchöre – die weibliche Fanelite sozusagen – schien sich unter Anführung des Mädchens mit dem auffallenden Körperpanzer zum Sturm auf das Podium zu formieren. Das Anschwellen eines unheimlich tiefen Tones, der in unregelmäßigen Abständen in schrillen Kadenzen explodierte, lähmte die Mädchen schlagartig und versetzte die Zuschauer in eine Art Kurztrance.

Gefolgt von dem Dilemmatiker, trat der Wisser wieder ans Fenster heran. Dies wäre der richtige Zeitpunkt, um den Schutzgraben vor der Rampe absenken zu lassen; einen vier Meter tiefen und ebenso breiten Schacht, wie vor den Freigehegen wilder Zootiere, der sich in Minutenschnelle mit Ätzlauge fluten ließ. Bei politischen Kundgebungen im New-Sehum zählte der Steilwandwassergraben zur Sicherheitsroutine. Doch Hermes gab keinen Befehl dafür. Da er sich die Regie dieses Meetings ausdrücklich ausbedungen hatte, wagte niemand, sich mit guten Ratschlägen unbeliebt zu machen. Auch der Wisser, der es wissen mußte, nicht. Nervös ruckte er mehrmals mit dem Kopf. Ohne auf Anhieb den Grund zu durchschauen, irritierte ihn noch etwas.

Das Podium war nun leer. Orpheus trat hinter die Vogelbauer, um deren Türen zu öffnen. Warum, überlegte der Wisser, befanden sich die Türen an der Rückseite der Käfig-Armada?

ARMADA . . .! So hieß das Lösungswort. Weil die Armada nach vorne ein freies Schußfeld haben mußte. Das aber bedeutete – Hermes' aufgeregte Stimme kappte die Schlußfolgerung.

»Sofort magnetostriktive Akustoblocker im Kuppelsaal einschalten!«

»Aber damit ändern wir die Viskosität der Luftmoleküle«, gab der Akustiker zu bedenken.

»Faseln Sie nicht, schalten Sie auf mittlere Kraft!«

»Dann werden die Leute im Kuppelsaal bald nach Luft schnappen wie auf dem Meru-Gipfel**!« wagte der Wisser einzuwerfen.

»Wir werden gleich alle nach Luft schnappen!« schrie Hermes durch den Regielautsprecher. »Jetzt weiß ich, was Orpheus mit dem Anti-Orpheus-Effekt gemeint hat!«

»Anti-Orpheus-Effekt? Nie gehö-«

Der Staatssekretär ließ den Akustiker nicht ausreden. »Mit seiner neuen Musik als Waffe! Eine Musik, die man nicht konsumiert, Musik, mit der man etwas Großes bewirkt!« Hermes schien mit seiner Fassung am Ende zu sein.

Welch ungewohntes Dilemma, dachte der Dilemmatiker bei sich, hielt aber ausnahmsweise den Mund.

---

*Afrikanischer Schichtvulkan, westlich des Kilimandscharo, 4630 m hoch.

»Mir geht ein Blitzlicht auf! Die Käfige und ihre ausgefallenen Formen!« rief der Wisser.

»Obwohl die Bauer ganz leicht aussehen, hörte ich die Federn der Elektrokarren unter ihrem Gewicht ächzen«, erinnerte sich der Akustiker sachkundig.

»Niederfrequente Schallwellengeneratoren gibt es noch nicht in Leichtbauweise!« ergänzte der Kahlkopf.

»Musik als Waffe, dann handelt es sich ja um ein Musikdilemma!« Hinter der Panzerglasscheibe konnte der Dilemmatiker getrost eine kecke Lippe riskieren.

»Soweit sich mit Erdbebenwellen Musik machen läßt«, konterte der Wisser.

»Erdbebenwellen?«

»Das Problem dabei ist, Kollege Dilemmatiker, die Amplitude der Infraschallgeneratoren so aufeinander abzustimmen, daß ihr niederfrequenter Schallwellenbereich gezielt eingesetzt werden kann. Aber Orpheus scheint mir große Sorgfalt darauf verwendet zu haben, die Vogelbauer in ganz bestimmten Winkeln zueinander aufzustellen.«

»Eine getarnte Tonmaschine mit zusätzlichen Kadenzpfeifen!« Der Akustiker schnalzte mit der Zunge. Als Tontechniker bewunderte er den Einfall, auch wenn er verhängnisvolle Folgen haben würde. Gebannt schaute er auf die Konsole mit den Anzeigemonitoren und Oszillographen. Sowohl das grün, als auch das rot fluoreszierende Display spielte verrückt. Der Radiolokator, das Hüllkurvensampling, die Signaldetektoren, die Wellenformpulszähler lieferten nur noch wirre Werte.

Der Anti-Orpheus-Effekt, die abstoßenden und zerstörerischen Kräfte der unhörbaren Inframusik, entzogen sich allen konventionellen Meßbereichen.

Es gab die Möglichkeit, das ganze Rundpodium einige Meter hochzufahren, daß es wie eine uneinnehmbare Säulenfestung emporragte. Die beiden Halbkuppeln hätten sich dann auf gleicher Scheitelhöhe befunden. Doch ohne Computer vermochte Hermes die Reflexionskräfte der künstlichen Erdbebenwellen ebensowenig vorauszuberechnen wie die Wisser. Auch das Absenken der tönenden Käfige auf die Unterbühne blieb deshalb riskant. Nur zu lebhaft hatte der Staatssekretär das Experiment vor Augen, bei dem sein Arm, ohne Spuren zu hinterlassen, durch die fünf Millimeter dicke Scheibe gepreßt worden war.

Was hatte Orpheus vor? Was wollte er mit seiner Demonstration beweisen? Macht, Unabhängigkeit, Stolz? Oder Wahnsinn? Wollte er sich zu einem Herostrat** der modernen Musik machen? Der Bannspruch gegen Eurydike konnte nicht Schuld haben. Orpheus hatte von Anfang an die Vogelbauer in das New-Sehum bringen wollen. Ja, er hatte dies sogar zur Bedingung für die öffentliche Begegnung gemacht, ohne daß die ›Armada‹ dabei in Erscheinung getreten war. Kämpfte er gegen die Privilegierten, die WISSEN ALS MACHT mißbrauchten, indem er ihnen ihre Hilflosigkeit vor seinem Spezialwissen vor Augen führte?

Alle diese Erwägungen jagten Hermes in Sekundenschnelle durch den Kopf.

Verschreckt hockten die meisten Vögel auf ihren Sitzstangen. Nur fünf von sechzig reizte ein Ausflug in die neue Freiheit. Doch schon nach wenigen mühsam geflatterten Runden ließen sie sich auf das nächstliegende Käfigdach nieder.

Die magnetostriktiven Akustikblocker zeitigten ihre Wirkung. Die Gipfelluft war dünn und ungewohnt. Auch für die kleinen Vögelchen. Zu lange hatten sie schon in ihrer Käfigwelt gelebt. Ihr Freiheitsinstinkt war dabei verkümmert – wie der Freiheitsinstinkt der Fans. Beide wollten mit gewohnter Kost gefüttert werden.

Der Pheromonen-Experte ließ in der Hauptkuppel erneut die Duftdüsen sprühen. Diesmal verordnete er ein Alpha-Androstenol-Gemisch, das leicht nach Sandelholz roch und insbesondere die weiblichen Besucher stimulieren sollte.

Der Kunstingenieur, der für seine Eitelkeit bekannt war, nützte die Situation für eine Extraeinlage. Durch perfekt ausgesteuerte Archiv-Holo-Konfigurationen des Liedermachers ließ er Orpheus zugleich in siebenfacher Ausführung hinter den Käfigen vor-, beziehungsweise durch die Vogelbauer hindurchtreten und ins Publikum marschieren. Die Visualisierung gelang so greifbar und plastisch, daß viele der Teenager unwillkürlich die Hände ausstreckten, um wenigstens eines ihrer multiplizierten Idole zu berühren, oder von ihm einen Händedruck zu ergattern ... bis sie enttäuscht feststellten, daß sie einem Holovisionstrick, einem Projektionskunststück aufgesessen waren.

Der Dramaturg der dritten Dimension – wie sich der Anima-

---

*Um durch eine Schreckenstat in die Geschichte einzugehen, setzte der Epheser Herostrates (Herostrat) 356 v. Chr. den Tempel der Artemis in Brand.

tionsästhet gerne selbst nannte – erwies sich als schlechter Psychologe. Der echte Orpheus hatte sich seinen inbrünstigen Anbeterinnen und Anbetern mitsamt seinem Orphytron entzogen. Da bot der schöne Schein von sieben Sängerimitationen wenig Trost. Im Gegenteil. Er reizte die Fans zu Wut und Zorn. Sie fühlten sich genarrt und provoziert. Die Wirkung der Alpha-Androstenol-Sprühdusche machte die weiblichen Fans aggressiv. Die Ereignisse begannen sich zu überstürzen.

Die Lichtmaschinen fingen an, in orgiastischen Farbimpulsen zu zucken. Gerade als sich die Teenager mit dem Mut der Enttäuschten zum Sturm auf das Podium und die Vogelbauer anschickten, zersprang hinter ihnen mit gräßlichem Laut die zwölf Meter hohe Halbkuppel. Mit seltsamem Knallteppich knisterten tausend Sprünge durch die Riesenmuschel. Jeden Augenblick drohten ihre Segmente herabzustürzen. Gleichzeitig begann der Boden der Arena zu schwanken wie die Planken eines Schiffes.

Das Publikum versuchte, sich in die Seitenräume in Sicherheit zu bringen. Einige der Fliehenden stolperten und wurden rücksichtslos niedergetrampelt. Andere schmiegten sich an die großen Stützpfeiler und kreischten hysterisch um Hilfe. Ein Tosen erfüllte die Luft, wie von einer gigantischen Springflut.

Die Liftkanzel hatte sich gesenkt. Hermes stand nun mit Orpheus auf einer Ebene. Schräg, durch den Zwischenraum zweier Vogelbauer hindurch, blickten sie einander stumm an. In den Augen des Staatssekretärs stand keinerlei Vorwurf. Alles, was der Liedermacher darin zu lesen glaubte, war eine manische Neugier, und die Bitte um eine gültige Antwort.

Mit oberflächlichen Erklärungen oder psychologischen Deutungsversuchen würde sich nie eine Lösung finden lassen. Ich kann es dir nicht sagen, alter Freund, dachte Orpheus und nickte dem stummen Frager zu, du mußt dir selbst Klarheit verschaffen. Eurydike würde immer wieder in den Hades verbannt werden, weil sich das Zeitalter des Fortschritts längst rückläufig bewegt . . . Von dem Begriff WISSEN IST MACHT zum propagierten Massen-Nichtwissen. Von den orphischen Mysterien zurück zu den Mysterien des Bacchus. Von Orpheus, dem Sänger, Seher und Erfinder – der wilde Tiere, Pflanzen, sogar Steine bezauberte –, zum anderen, zum dualistischen Orpheus, der die positiven Kräfte seiner Musik in eine Kunsttechnik negativer Abstoßung transponiert; begierig, die heidnische Weissagung herauszufordern: Fans in Furien, Mädchen in Mänaden, Enttäuschte in

Erinnyen zu verwandeln.

In diesem Moment der Gedankenverknüpfung, einem Moment der Unachtsamkeit, überfielen und packten die Teenager, die sich außerhalb der Stellwände von rückwärts an das Podium herangeschlichen hatten, den Sänger und stießen ihn mit irrem Gekreische zu Boden. Wie Wahnsinnige fetzten sie ihm Streifen um Streifen des Orphiumanzugs vom Leib, zerkratzten seine Haut, krallten sich blutgierig und lüstern in sein Fleisch . . .

Und während die Entfesselten an ihm zerrten und ihm die Glieder verrenkten, kippte unter dem Ansturm nachdrängender Fans eines der mobilen Wandelemente aus seiner Führungsschiene, stürzte um und trennte Orpheus, der rücklings und ohne Gegenwehr am Boden lag, fallbeilgleich den Kopf vom Rumpf. Der hochschießende Blutstrahl malte den zunächststehenden Mänaden rote, dampfende Körperpanzer auf Leiber und Kleider. Einige begannen sich in Schreikrämpfen zu wälzen. Panik brach aus.

Hermes betätigte schleunigst die Nothilfeautomatik. Die Liftkanzel verwandelte sich in Sekundenschnelle in einen explosionsfesten Rettungszylinder mit eingebautem Überlebenssystem, mit Druckausgleich, Klimakoffer, Fluchtraketenantrieb, Triplexfallschirm, Schwimmanschetten usw. Mit einem Gefühl der Entbürdung begann der Mann in Grau mit dem offiziellen Zeichen des Herolds auf der Brust, die Ablehnungsbegründung für einen Transfer von Gedächtnismolekülen aus des Sängers Kopf zu formulieren: Jede postmortale Übertragung auf Wisser und somit Mitwisser muß als dringliches Sicherheitsrisiko eingestuft werden. Das eigene Interesse an dem Phänomen ORPHEUS wurde in einem Tresorfach seines Unterbewußtseins ad acta gelegt.

Durch den Kuppelsaal des New-Sehums echote eine trockene Detonationsspirale, die allen Vögeln die Lungen zerriß. Eine wahnsinnige Stille folgte darauf. Eine totale Stille, so schrecklich wie eine totale Sonnenfinsternis.

Die Wisser und die Dilemmatiker rangen ratlos nach Atem, während die Akustiker – verzweifelt und vergeblich – in ihrem eigenen Blut nach verebbenden Tonspuren fahndeten. Denn sie alle waren mit rätselhafter Taubheit geschlagen.

Stumm, mit aufgerissenen Mündern tanzten die Fans ein irres Erinnyenballett. Süchtig nach der letzten Formel des weissagenden Orpheus, aus dessen blutbesudeltem Kopf eine gläserne Stimme sprang: Hörenwollen, Hörenlernen, Hörenkönnen!

Heidelore Kluge

Wiedersehen mit Elena

»Ich habe Elena getötet!«

Meine Erleichterung äußerte sich in einem fast hysterischen Lachen. »Ich habe sie getötet!«

Ich konnte es einfach nicht unterdrücken. Ich lachte und lachte, bis mir die Tränen kamen. Dabei betrachtete ich immer wieder das kleine, vergilbte Buch, das mir soeben beim Aufräumen in die Hände gefallen war. Es enthielt die Lösung eines Rätsels, das in den letzten Wochen wie ein Alpdruck auf mir gelastet hatte.

Begonnen hatte alles mit dem Tag der Preisverleihung.

Ich muß gestehen, daß ich sehr aufgeregt war an jenem Tag. Immerhin war es der erste Literaturpreis, den ich erhielt, und ich mußte eine Rede halten, und auch die Journalisten wollten Antwort auf ihre Fragen. Ich bemühte mich, klug, charmant und geistsprühend zur gleichen Zeit zu wirken und dabei mein Lampenfieber zu verbergen und das Zittern meiner Knie und meiner Hände und meiner Stimme. Ich hatte seit Nächten nicht mehr richtig geschlafen vor Aufregung, hatte mir immer wieder meine Rede vorgesagt, hatte geändert und verworfen, hatte sogar vor lauter Verzweiflung geweint und war zeitweise fest entschlossen gewesen, Krankheit vorschützend der Preisverleihung fernzubleiben. Aber natürlich war ich dann doch gekommen, schon weil meine Eitelkeit sich gekitzelt fühlte, aber auch, weil meine Neugier – die weibliche wie auch die professionelle – schließlich siegte und ich wissen wollte, wie man sich fühlte, wenn man vor großem Publikum solchermaßen geehrt und ausgezeichnet wurde. Ich hatte Stunden vor dem Spiegel verbracht, hatte schließlich alle phantasievollen Kleiderkombinationen verschmäht und mich buchstäblich in letzter Minute für ein dezent-elegantes und todlangweiliges Schneiderkostüm entschieden.

Ja, ich war aufgeregt an jenem Tag und ganz auf meine Rolle als Preisträgerin konzentriert. Wie durch einen Nebel sah ich den Redner, der die Laudatio auf mich und meinen Roman »Die Leiden des Jobst de Vries« hielt, nahm ich den Beifall wahr, als man mir die Urkunde überreichte, hörte ich meine eigene Stimme, als ich dann selbst am Rednerpult stand. Aber nun ließ die Anspannung nach, alle Angst fiel von mir ab, ich sprach mich frei, ganz getragen von der Sympathie meiner Zuhörer. Im Anschluß an den offiziellen Teil gab es Glückwünsche, Blumen, eine Sektbar. Die Gesichter der meisten Menschen, die auf mich zutraten, um mir zu gratulieren und um freundliche, verbindliche Worte mit mir zu wechseln, waren mir fremd. Aber ich war inzwischen so gelöst, daß ich mein Lächeln ohne jede Anstrengung verschwendete.

»Ich bin Elena.«

»Elena?« Mein Lächeln verlor etwas von seiner Wärme, wurde eine Spur freudloser. »Elena?«

Sie war mittelgroß, schlank, fast dünn. Ein zeitloses Gesicht, das einer Dreißigjährigen ebenso gehören konnte wie einer Sechzigjährigen. Augen, deren haßerfüllter Ausdruck mich für einen Moment in Panik versetzte. Wer war Elena? Ich konnte mich nicht erinnern, ihr jemals begegnet zu sein, und doch kam sie mir bekannt, ja vertraut vor.

»Du kennst mich«, sagte sie, gleichsam als eine Antwort auf meine unausgesprochene Frage. »O ja, du kennst mich sehr gut! Aber du willst dich nicht erinnern. Niemand erinnert sich gern an seine Schuld.«

Ihre Stimme war voller Hohn. Welche Schuld meinte sie? Was konnte ich ihr angetan haben? Ich war wie gelähmt, starrte sie nur an, unfähig ein Wort zu sagen.

Hendrik – ja, wahrscheinlich hatte es mit Hendrik zu tun. Es wäre nicht das erstemal, daß eine Frau aus seiner Vergangenheit auftauchte. Das hatte mich bisher immer mehr belustigt als irritiert. Langsam löste sich meine Erstarrung.

»Es ist wegen Hendrik, ja?« fragte ich und versuchte dabei, Güte und Nachsicht in meine Stimme zu legen.

»Hendrik – ich kenne keinen Hendrik«, zischte sie und trat noch näher an mich heran. »Du warst es, du ganz alleine. Erinnere dich! Ich bin Elena. E-le-na. Du hättest mich retten können, du hättest mir helfen können – aber du hast mich geopfert.«

Ein dämonisches Feuer glomm in ihren Augen. Wahnsinnig, dachte ich, die Frau ist ja wahnsinnig. Aber ich wußte auch, daß sie recht hatte mit ihren Anschuldigungen. Ich *hatte* ihr Böses angetan, *hatte* sie geopfert, *hatte* Schuld auf mich geladen. Aber wo? Wann? Unter welchen Umständen? Ich spürte, wie meine Hände feucht wurden.

»Hören Sie ...« Ich mußte mich räuspern, ehe ich weitersprechen konnte. »Hören Sie, Elena. Sie mögen recht haben, aber ... ich kann mich nicht erinnern. Helfen Sie mir ...«

Sie lachte höhnisch auf. »Du dachtest, du könntest nach Belieben mit mir verfahren, weil du mich für dein Geschöpf hieltest. Das dachtest du doch, nicht wahr?«

Wieder lachte sie.

Ein eisiger Schauer lief über meinen Rücken, und ich hatte Mühe, ein Zähneklappern zu unterdrücken. Für einen Moment wurde mir schwarz vor Augen. Ich tastete nach einem Halt.

»Ist Ihnen nicht gut?«

Die Stimme von N., dem Vorsitzenden der Jury, klang besorgt.

Langsam schlug ich die Lider auf. »Elena?« flüsterte ich. »Wo ist sie?«

N. sah mich fragend an.

»Die Frau, die neben mir stand«, sagte ich, krampfhaft bemüht, ihn meine Erregung und Angst nicht merken zu lassen. Ich beschrieb Elena.

N. schüttelte den Kopf. »Nein, ich habe eine solche Frau nicht gesehen. Sind Sie sicher ...«

»Es geht schon wieder. Danke.«

Ich sprach später mit Hendrik über diese merkwürdige Begegnung. »Überreizte Nerven, nichts weiter«, meinte er und klopfte sanft meine Hand. »Du bist eben ein sensibler, leicht erregbarer Mensch. Die Aufregung über die Preisverleihung, das Lampenfieber vor deiner Rede – kein Wunder, daß du Halluzinationen hattest.«

»Aber sie kam mir *bekannt* vor. Und sie war so *wirklich.*«

Hendrik lächelte. »Ist das nicht immer so bei Ausgeburten unserer Phantasie? In unseren Träumen ist es ja nicht anders.«

Das leuchtete mir ein, und ich wünschte mir, daß Hendrik recht hätte. Aber noch Wochen später ertappte ich mich dabei, daß ich eine neue Begegnung mit Elena erwartete. Vielleicht sehnte ich ein solches Wiedersehen unbewußt sogar herbei – einfach um Klarheit zu haben. Und wieder und wieder fragte ich mich: Wer war Elena?

Aber die Zeit verging, ohne daß sie mir wieder begegnet wäre. Sicherlich hatte Hendrik recht: Elena war weiter nichts als eine Halluzination.

Und dann fiel mir beim Aufräumen jenes schmale Bändchen früher Erzählungen in die Hände. Es hatte seinerzeit nur eine geringe Auflage erlebt, war wenig verkauft und noch weniger gelesen worden. Ich blätterte ein wenig darin herum, sentimental und amüsiert zugleich - und wußte mit einem Schlage Bescheid.

Ich hatte Elena getötet!

Ich hatte sie in der Tat *geopfert* - nicht aus zwingender literarischer Notwendigkeit, sondern eines billigen dramaturgischen Effektes wegen. Ich verwendete häufiger solche Kunstgriffe, die fragwürdig sein mochten, mir aber immerhin den diesjährigen Literaturpreis eingebracht hatten. Zudem war Elena mein ureigenstes Geschöpf - eine literarische Fiktion.

Ich lachte, war erleichtert. Das war das Ende der Ungewißheit. Elena lebte nur in meiner Einbildung, und meine *Begegnung* mit ihr war nichts anderes als das Resultat einer momentanen Überreizung meiner angespannten Nerven gewesen. Ich lachte wieder. Dies war ein großartiger Stoff für eine neue Geschichte. Wenn nun alle meine solchermaßen mißglückten und schlecht weggekommenen Figuren mich heimsuchen würden - eine groteske Vorstellung! Ich spannte einen Bogen in die Schreibmaschine und tippte die Überschrift:

Wiedersehen mit Elena

Noch immer lachte ich in mich hinein. Draußen klingelte es.

Als ich öffnete, stand ein Mann vor der Tür. Ich war sicher, ihm noch niemals begegnet zu sein, und doch kam er mir bekannt vor, fast vertraut.

»Ich bin Jobst de Vries«, sagte er und seine Augen waren voll kalten Hasses. »Du kennst mich. Du kennst mich gut . . .«

Robert Steffen

Der intergalaktische Kulturaustausch

Hansen befand sich auf dem Rückflug. Er hörte sich die Aufnahmen der Tournee an. Wirklich nicht besonders gut. Kein Applaus. Die Ranqwer besaßen keine Hände zum Applaudieren. Keine Reaktion des Publikums. Nun, es war enttäuschend für einen Künstler der Erde. Ob man überhaupt seine Musik verstanden hatte? Er wagte es zu bezweifeln. Sicher hatte er Kritiken gehört. Auch hatte er Aufzeichnungen dieser Konzertbesprechungen auf Digvideo. Nicht mal schlechte. Schließlich geht Höflichkeit über alles. Eigentlich bräuchte er sich nicht zu beklagen. Er konnte der irdischen Kulturkommission seinen Erfolg beweisen. Aber diese Kritiken waren sicher nicht ernst, er glaubte es nicht. Er hatte noch nie so schlecht gespielt wie auf Ranqwa. Natürlich braucht ein Künstler ein Publikum, das seine Darbietung zu schätzen weiß. Er hatte sich in Konzerten verausgabt bis zur totalen Erschöpfung – auf der Erde. Ein gefeierter Künstler, der vom Kulturrat für diese Tournee vorgeschlagen wurde, weil er schließlich ein Aushängeschild der irdischen Musik war. Aber die Ranqwer schienen diese Art Musik nicht zu mögen. Alle saßen geduldig da und hörten zu. Wie aus reiner Höflichkeit. Er hatte ein Millionenpublikum, rechnete man die Übertragung seiner Konzerte hinzu. Empfänge. Hotelsuiten. Eigener Transporter. Eine perfekte Organisation. Nur etwas war unperfekt geblieben – seine Darbietung. Ob sie das gemerkt hatten? Einige mußten ja auch seine Bänder, Live-Mitschnitte von der Erde, gekannt haben. Und ein Meister kommt und spielt wie ein Anfänger. An Entschuldigungen fehlte es ihm nicht. Gewiß nicht. Heimweh. Ja, er hatte Heimweh nach der Erde. Schon nach dem ersten Konzert. Während des ersten Konzerts. Er spürte keinen Kontakt zum Publikum. Eine unüberbrückbare gähnende Leere. Und nach jedem Stück Totenstille. Nicht mal ein Toningenieur, der im Monitor okay sagt. Aufbau und Abbau der Instrumente bewältigte er allein innerhalb einer Stunde. Die großen Kosten. Der Kulturrat hatte keinen weiteren Posten lockergemacht, und er war allein geflogen. Seine Chance hatte er nützen wollen. Alle hatten ihn beneidet. Eine Tournee auf

Ranqwa im Rahmen des gegenseitigen Kulturabkommens.

Hansen schaltete das Band ab. Schüttelte den Kopf und legte eine Cassette mit Beethoven ein. Er liebte diese Musik, die so gegensätzlich zu seiner war. Aber da lagen ja auch Jahrhunderte dazwischen. Und doch nur eine Weiterführung mit elektronischen Instrumenten. Damals in Tokio hatte er Beethovens Dritte als Zugabe gespielt – mit berauschendem Erfolg. Vielleicht, ja vielleicht hätte man doch mit einem Symphonieorchester nach Ranqwa fliegen sollen. Womöglich nicht grad so zeitgemäß, aber im 20. hatte man trotz technischer Entwicklung Beethoven noch hoch geschätzt.

Aber die Kosten! Ein Orchester von fünfzig Leuten und mehr. Tonmeister. Betreuer. Nein, der Kulturrat hätte abgewinkt. Zu teuer. Zu umständlich. Außerdem kam auch nur ein einziger Künstler von Ranqwa zur Erde. Wie es dem wohl ergangen sein mag? Reinfall? Triumphaler Erfolg? Er hätte es gern gewußt und tippte die Daten ein. Er würde noch einige Stunden auf die Antwort warten müssen.

Überhaupt die Erde. Wie würde sie aussehen? Und wer zum Teufel sollte wohl nach so langer Zeit noch seine Musik hören? Er war doch sicher schon längst passé. Eine Seite in »Die Geschichte der Musik«, zwei, drei in »Die Entwicklung der modernen Musik«, möglicherweise hatte er auch irgendwann etwas produziert, was man noch ab und zu ins Programm nahm. Aber das war wohl alles. Marcia Funebre: Adagio assai.

Er kam in den Laderaum. Hier standen seine Synthesizer, Sequencer, Computer, Interface, Oszilloskopen, Powerverstärker, PA-Boxen mit den Ionenlautsprechern. Das war das Reich der Musik: mehrere Oszillatoren, Rauschgeneratoren, Filter, Effektgeräte. Die Klaviatur bestand nur aus Zahlen, unterschied sich in nichts von der des Bordcomputers. Das meiste nicht größer als ein Handköfferchen, das kaum einen Pyjama faßt.

Eigentlich hätte er schlafen müssen. Der Bordcomputer hatte ihn darauf hingewiesen, aber er war zu nervös, um sich hinlegen zu können. Er wollte keine Medikamente nehmen. Er war schon zu oft damit vollgestopft. Während der Tourneen verbrauchte er Unmengen an Energiekapseln. Ohne Rauschmittel gäbe es nur die Hälfte der menschlichen Kultur. Die andere Hälfte stammt von der Technik. Es gab eigentlich recht wenig zu tun, überlegte er. Genau betrachtet bin ich völlig überflüssig geworden. Warum schicken wir kein Video auf Tour?

Der tosende Applaus wie die Brandung am Meer hatte ihm gefehlt. Zum Teufel, ein Künstler braucht das! Das ist seine Anerkennung. Das ist seine Belohnung, die er sich verdient hat; keine Fernsehaugen, die in tiefen Sesseln ihn anstarren. Keine Totenstille nach Verklingen der letzten Schwingung. Keine Leute, die an dir vorbeihasten mit Zigaretten in den Mundwinkeln, dein Video unterm Arm, nach Haus, wo sie die Cassette reinschieben. Sie müssen zugegen sein. So ist das beim Menschen. Er braucht den Menschen. Er ist nichts ohne seinesgleichen. Homo politicus. Der Mensch als soziales Wesen. Das gemeinsame Mitfühlen, quasi das Mitmusizieren, das Hineinfühlen, das ist menschlich. Und damit ging er auf Tour in die hinterste Galaxie. Oder etwa nicht? War er mit dem besten Stück menschlicher Unpersönlichkeit zum Planeten Ranqwa gekommen und hatte er Begeisterung erwartet? Ja klar! Er hatte das erwartet. Er war ein Mensch, er fühlte als Mensch – und ließ die Maschinen für ihn sprechen.

Zusammengeraffter, energischer, inniger habe ich noch keinen Künstler gesehen, lautete ein Satz einer Rezension auf Ranqwa. Wen wollten sie täuschen? Als ob er nicht wüßte, daß das Goethe über Beethoven in einem Brief an seine Frau geschrieben hatte! Vor über 200 Jahren!

Es sollte schmeichelhaft klingen. Schließlich hatte man das Glück, den Maestro zu hören! Einfach herzzerreißend diese Aufnahme seiner Konzerte. Wahrscheinlich waren die Ranqwer ganz einfach taub. Sicher hörten sie, aber im Herzen schwang nichts mit.

Wie hatten sie ihn irritiert, als sie ihm ein Werk ihrer Musik vorgespielt hatten! Sie hatte ihm richtige Schmerzen verursacht. Auf jeden Fall hatte er ein paar Blaue mit Whisky runtergespült, um wieder in Ordnung zu kommen. Nein, er brauchte wirklich nicht auf die Antwort von der Erde zu warten. Er kannte sie schon. Es gab nur eine einzig mögliche: die Menschen mußten mit Schaudern aus den ranqwischen Konzerten geflohen sein, von Übelkeit überwältigt. Menschen konnten die Schmerzen, die diese Töne erzeugten, nicht ertragen. Das stand fest. Und er begann zu begreifen, warum. So wie Hunde bei Frequenzen, die das menschliche Ohr schon längst nicht mehr zu hören vermag, vor Schmerzen aufjaulen, so mußten die Menschen in den Konzerten des Künstlers von Ranqwa gestöhnt haben.

Und er begann zu verstehen, warum die Ranqwer bei seinen Konzerten totenstill geblieben waren. Sie fühlten nichts. Ja, seine

These war die einzig mögliche. Sie hatten rein gar nichts gefühlt. Denn die Musik, auf die diese Wesen reagierten, war anders. Sie war so verschieden von der irdischen, daß Menschen dabei Schmerzen empfanden. Die irdische hingegen war für Ranqwer vielleicht nur ein leichtes Säuseln des Windes. Unabhängig von der Lautstärke des Vortrags.

Intergalaktischer Kulturaustausch. Er grinste. Das irrationalste Abkommen der Weltgeschichte. Eine stolze politische Leistung, aber vom kulturellen Standpunkt aus gesehen eine Unmöglichkeit. Wer sah nun wen als Barbaren an? Ehe er den Grund des passiven Verhaltens der Ranqwer erkannt hatte, hatte er sie als solche gesehen. Und die Menschen mußten ja diese Musik von Ranqwa als eine Zumutung ansehen. Er schüttelte den Kopf, versuchte sich die Kritiken auf der Erde vorzustellen. Ein paar Leute werden's doch wohl überlebt haben, lachte er sarkastisch. Und meine ganze Reise, umsonst! Ich habe nur gesäuselt, gesummt, gezirpt. Meine Symphonien mußten verletzend banal geklungen haben. Geplätscher in einer Badewanne. Kehren eines Kasernenhofs. Spüllappen auf einer Herdplatte. Das wird wohl meine Musik gewesen sein. Meine Symphonien für Synthesizer, Sequencer und Rhythmusmaschinen.

Die Stummen

Totalitäre Staatssysteme neigen dazu, die Bevölkerung gegen Einfluß von außen abzuschirmen und Informationen nur gefiltert und nur in der eigenen Landessprache zuzulassen, dies um so mehr im Krieg.

Was geschieht, wenn in ferner Zukunft ein Krieg die beteiligten Völker so lange und so nachhaltig voneinander trennt, daß schließlich die gegenüberstehenden Soldaten über keine Sprache mehr verfügen, in der sie sich verständigen könnten?

Die Einen

Lot starrte ununterbrochen durch das Fernglas und suchte die gegenüberliegende Hügelkette ab. Es rührte sich nichts. Er sah nur die schwarzen Stümpfe verbrannter Bäume, die von grauer Asche häßlich verfärbte, tote Erde und erkaltetes, geschmolzenes Gestein.

»Nun?« fragte Gruppenleiter Mer.

»Es hat sich nichts bewegt. Überhaupt nichts. Seit einer Stunde nicht«, antwortete Lot, immer durch das elektronische Fernglas starrend.

Gruppenleiter Mer brummte vor sich hin. Er schob das braun getönte Schutzglas seines Helms hoch und blinzelte in das grelle Tageslicht. Er mußte die Augen zukneifen, aber dennoch bildete der weiße Himmel einen zu hellen Kontrast zu den dunklen Hügeln, als daß Mer dort etwas hätte erkennen können. Wie er aber den Blick in das kleine Tal zwischen den beiden Anhöhen senkte, war es ihm möglich, Einzelheiten auszumachen, die Grundmauern zerbombter Häuser, einsame, stehen gebliebene Wände, ja sogar verschiedene Gegenstände, die wohl einst als Möbelstücke gedient haben mochten. Das Licht schmerzte in Mers Augen, aber er liebte es, von Zeit zu Zeit das Schutzglas hochzuschieben und sein Gesicht der unbarmherzig eisigen Luft auszusetzen.

»Blöde Sache«, bemerkte Lot, den Blick nicht von der Silhouette der jenseitigen Hügel abwendend. Er würde auch die nächste Stunde so verbringen, auf dem Bauch liegend, hinter dem Gestell mit dem Fernglas. Ablösung erst nach zwei Stunden.

Mer grunzte Zustimmung.

Hinter den fernen Hügeln lauerte der Feind. Seine Stellung war so gut wie uneinnehmbar, es hätte eines ungeheuren Aufwandes bei gleichzeitig hohen Verlusten bedurft, um die Hügel, die völlig kahl waren und daher angreifenden Soldaten keinerlei Deckungsmöglichkeiten boten, zu erstürmen.

Aber genauso verhielt es sich mit der Position von Lots und Mers Truppe. Es war ein Patt. Seit einem Monat lagerten die Männer schon hinter der Anhöhe. Es war zermürbend, weder vorwärts noch rückwärts zu können, nur an diesen trostlosen, öden Fleck Geröll gefesselt zu sein. Und gelegentlich fielen Schüsse. Vor allem nachts kam es vor, daß anhaltender Granatendonner die Stille zerriß. Dann galt es, mit Laser-Feuer zu antworten und die gegenüberliegende Felsenkuppe zu zerschmelzen, um den eventuell angreifenden Truppen Einhalt zu gebieten.

In unregelmäßigen Abständen waren Wachposten aufgestellt, die eine Hälfte zur Sichtbeobachtung, die andere mit Kopfhörern auf den Ohren an den Horchgeräten, deren Fernmikrofone auf die feindlichen Linien gerichtet waren.

Aber über die Hügel drang kein Geräusch.

»Es ist nicht nur blöd, es ist nackter Wahnsinn«, murmelte Mer. »Niemand hat ein ernsthaftes Interesse, wegen dieses lausigen Stückchens Wüste eine große Schlacht anzuzetteln, wir nicht, und die Anderen auch nicht.«

»Aber es will auch keiner nachgeben, keiner will zurück«, entgegnete Soldat Lot. Er lachte plötzlich trocken. »Eigentlich sind wir völlig einer Meinung, die Anderen und wir.«

Gruppenleiter Mer nickte geistesabwesend. Er hatte nur halb zugehört. Das Thema war alt und schon hundertmal durchgekaut.

»Ein ›Waffenstillstand‹ wäre doch wohl naheliegend«, setzte Lot hinzu.

Wieder nickte Mer gleichgültig, ohne daran zu denken, daß Lot, der ständig durch das Fernglas starrte, das Nicken nicht bemerken konnte. ›Waffenstillstand‹ war ein uralter, historischer Begriff, schon seit Generationen außer Gebrauch, den man ihnen im kurzen Geschichtsunterricht auf der Rekrutenschule beigebracht hatte. ›Waffenstillstand‹ war Theorie.

Wie sollte man ihn in die Tat umsetzen, wenn nur noch hochspezialisierte Spione imstande waren, die Sprache des Feindes zu verstehen? Lot und Mer wußten nicht einmal, wie sie die Anderen hätten anreden sollen.

»Ich habe in der letzten Woche nachgedacht, Gruppenleiter«, begann Lot.

Mer seufzte. ›Nachdenkende‹ Soldaten, die während der Langeweile ihres Wachdienstes die Probleme des Universums lösten, kannte er zu Hunderten. Er würde auch dieses Mal zuhören müssen. Aber wehe diesem Lot, wenn er nicht aufhörte, ehe er Mer auf die Nerven zu gehen begann. Dann würde ihn der Gruppenleiter beim nächsten Drill schleifen, bis ihm die Eingeweide heraushingen.

»Ich habe mir die kaputte Stadt dort unten mit dem Glas etwas genauer angesehen«, berichtete Lot. Ihm war es im Grunde gleichgültig, ob Mer zuhörte oder nicht, dessen gelangweiltes Gesicht brauchte er ja nicht zu sehen. Wenigstens aber vertrieb die eigene murmelnde Stimme jene geisterhafte Stille aus den Ohren, die hier fast körperlich über dem Land lag.

»Ein Gebäude ist mir aufgefallen. Massiv und verhältnismäßig gut erhalten. Es muß früher größer als die anderen gewesen sein. Unmittelbar daneben steht ein Turm.«

»Wie aufregend.«

»Ich denke, ich kenne diesen Gebäude-Typ. Meine Mutter hat mir Bilder aus der Alten Zeit davon gezeigt, es hat irgend etwas mit einer mystischen Lehre zu tun. Ich vermute, in diesem Gebäude könnte sich etwas befinden, das uns nützt. Ich wäre bereit, ein Risiko einzugehen . . .«

Gruppenleiter Mer horchte auf.

Die Anderen

»Was, zum Teufel, hält er da in den Händen?« fragte Tol.

»Eine Waffe, Herr Leutnant. Eines ihrer Projektil-Gewehre«, antwortete Rem, der hinter dem Bildschirm saß und die elektronische Vergrößerung beobachtete.

»Aber so hält man es doch nicht, wenn man schießen will?« vergewisserte sich Tol.

»Nein, Herr Leutnant.«

Die beiden verfolgten jede Bewegung des feindlichen Soldaten, der auf dem Kamm der jenseitigen Anhöhe erschienen war. Leutnant Tol verzichtete auf optische Hilfsmittel, die waren Sache der Wachleute, sondern starrte nur durch das grün getönte Schutzglas seines Helms, das die natürlichen Farben zwar verfremdete, aber das Aschgrau der feindlichen Uniform und den dazugehörenden weißen Helm deutlich erkennen ließ.

Der feindliche Soldat hielt sein Gewehr an ausgestreckten Armen hoch über dem Kopf. Er marschierte einige Schritte hangabwärts, verharrte einen Moment und warf dann mit einem kräftigen Schubs sein Gewehr weg. Die Waffe polterte über das Gestein, rutschte ein Stück bergab und blieb dann unbeachtet liegen.

Ein Raunen ging durch die Reihen der Männer auf dieser Seite des Tals.

»Achtung, Posten 46!« ertönte die Stimme des Hauptmanns aus den Kopfhörern in Tols und Rems Helm. »Beobachten Sie diesen Mann weiterhin genauestens! Geben Sie ständig Bericht! – An alle anderen Posten: Sie beobachten weiterhin den Hügelkamm. Lassen Sie sich nicht ablenken! Achten Sie auf jede Kleinigkeit, melden Sie alles, was Ihnen verdächtig erscheint! Es könnte sich um ein raffiniertes Ablenkungsmanöver handeln. – Hauptmann Ras, Ende.«

Ein Knacken, dann Stille.

»Also bleibt es mal wieder an mir hängen«, murmelte Rem mißmutig.

»Sei doch froh«, erwiderte Tol. »Immerhin abwechslungsreicher, als nur auf diese idiotischen Hügel glotzen zu müssen. Irgendwie habe ich das Gefühl, daß das kein Ablenkungsmanöver ist.«

Rem antwortete nicht, sondern beobachtete unablässig auf seinem Bildschirm den feindlichen Soldaten, wie dieser vorsichtig ins Tal hinabkletterte.

In kurzen Abständen murmelte Soldat Rem seinen Kommentar in das Helmmikrofon.

Schließlich hatte der gegnerische Mann den Boden des Tales erreicht. Zielstrebig näherte er sich der Ruinenstadt und bahnte sich einen Weg durch die Trümmer. Zunächst schien er unsicher, oft blieb er stehen, sah sich um und wandte sich dann in eine neue Richtung, als suche er etwas Bestimmtes. Doch plötzlich trottete er geradeaus vorwärts zu jenem Gebäude, neben dem die Reste eines Turmes aufragten. Es war nicht so zerstört wie die übrigen. Der Soldat trat zwischen jene dicken Mauern, die sogar noch

Teile des ehemaligen Daches trugen.

Rem berichtete mit stoischer Gelassenheit, was er sah.

»Achtung, Posten 46. Ist jemand bei Ihnen?« fragte Hauptmann Ras über Funk.

»Jawohl, Leutnant Tol steht neben mir«, antwortete Rem.

»Achtung, Leutnant Tol. Gehen Sie in Schußposition. Wenn dieser Kerl etwas Verdächtiges unternimmt oder hier heraufkommt, dann legen Sie ihn um! – Hauptmann Ras, Ende.«

Verdammt, dieser Ras! fluchte Tol innerlich. Ausgerechnet jetzt, wo der Soldat hinter den schützenden Mauern verschwunden war!

Widerstrebend legte er sich auf den Bauch, robbte bis zum Rand des Hügels und brachte sein Lasergewehr in Anschlag. Er beobachtete, wie sich der seltsame, feindliche Soldat in der Ruine zu schaffen machte. Er arbeitete. Immer wieder tauchte er am Eingang auf und schmiß Betonbrocken oder Holztrümmer hinaus. Es dauerte eine ganze Weile, und leise tönten Geräusche von Stein, Holz und Metall bis hinauf.

Leutnant Tol nahm gelegentlich das grüne Schutzglas seines Helmes ab, um zu probieren, ob er auf diese Weise mehr erkennen konnte, aber das Licht des weißen Himmels war zu grell.

Dann kehrte wieder die unheimliche, völlig lautlose Stille ein, wie sie schon seit vielen Jahrzehnten über diesem eisigen Land herrschte. Aber diesmal schien die Luft zu knistern. Atemlos vor Spannung starrte Rem auf den Bildschirm, aber es rührte sich nichts. Tols Augen schmerzten vor Anstrengung bei dem Bemühen, das Lasergewehr auf das ihm winzig erscheinende Ziel gerichtet zu halten.

Plötzlich brach der Schall los. Die Stille wurde zerfetzt von mächtigen Klängen, die aus der alten Ruine herausbrachen. Töne drangen hervor und erfüllten das Tal mit gewaltigem Hall. Keiner der Soldaten konnte sich dem entziehen, denn die Laute drangen durch die Ohren bis in ihre Seele. Unruhe machte sich breit, verstört sahen sich die Männer an. Panik drohte.

»Alarmstufe Gelb! Ich wiederhole: Stufe Gelb!« schrie Ras' Stimme aufgeregt aus den Kopfhörern, gleich darauf gefolgt von dem mechanischen Leiern eines Computers: »Infraschallanteil: Null. – Ultraschallanteil: Null. – Schallstärke gesamt: Acht Komma Neun Mikrowatt pro Quadratmeter. – Fourieranalyse folgt. – Diagnose: Für Organismus Mensch ungefährlich.«

Es war ein Schaltknacks zu hören, und darauf wieder Hauptmann Ras: »Achtung, Granatwerfer! Bereitmachen und auf Ziel justieren. Feuer auf mein Kommando! – Achtung, Posten 46. Geben Sie die Koordinaten durch!«

»– zufolge ist der Suggestionsfaktor unklar«, mischte sich die Stimme des Chefpsychologen ein.

Leutnant Tols Hände verkrampften sich um das Gewehr. Schweißperlen traten auf seine Stirn. Schon die ersten merkwürdigen Töne aus dem Tal hatten etwas in ihm berührt, an einer vergessenen Tür geklopft. Die Erkenntnis durchzuckte ihn wie ein Blitz.

Er stellte seinen Helmsender auf höchste Intensität.

»Nicht schießen!« brüllte er ins Mikrofon. »Auf keinen Fall schießen! Ich weiß, was es ist! Das ist Musik!«

Lot

Lot spielt.

Er spielt nicht gut, aber er ist stolz.

Es ist unerwartet leicht gewesen, die Orgel zu reparieren. Besonders beim Windwerk, dem den Luftstrom erzeugenden Motor, ist Lot die Mechanikerausbildung der Armee zustatten gekommen. Jedoch sind einige der Tasten unbrauchbar geblieben, und die Hälfte der Register ist ausgefallen, doch das ist völlig unwichtig.

Lot hatte nicht damit gerechnet und ist überglücklich gewesen, als er in einem Nebenraum in einem verstaubten, ausgeblichenen Schrank Notenblätter fand. Die Schrift hat er zwar nicht lesen können, das kurze Wort mit den vier Buchstaben ist wohl der Name des Verfassers, doch mit den Notensymbolen kommt er leidlich zurecht.

Lot spielt.

Klänge, schon mehr als ein halbes Jahrtausend alt, verstümmelt und verstimmt, doch unverkennbar, sprudeln aus den dicken und dünnen, langen und kurzen Pfeifen und erfüllen die Luft. Die Klänge umtanzen Lot, dessen Hände und Füße über die Manual- und Pedalklaviaturen fliegen. Die Töne vereinigen sich zu einer Melodie, die Lot in einen dichten Mantel einhüllt und die sich dann körperlos in die Luft schwingt. Sie dehnt sich aus, erfüllt das Tal mächtig und löst sich wieder in lauter einzelne Töne auf, jeder von ihnen durchdringend und klar. Sie bringen Gewehrkugeln wie Seifenblasen zum Platzen, verflüchtigen die Strahlen der Laser wie Frühlingsnebel und lassen Granaten wie faule Äpfel vertrocknen.

Wenigstens für eine Weile.

Iny Klocke

Musik für Schmetterlinge

»Das da soll ein Musikinstrument sein?« Der Beamte hob den Lederbalg mit zwei Fingern hoch, gerade so als habe man ihm eine tote Schiffsratte präsentiert.

»Es handelt sich dabei um eine Cornamusa, eine Sackpfeife vom Planeten Cotia«, erklärte der Kapitän des ›Fetten Gockel‹ mit bemerkenswerter Ruhe.

Der Beauftragte der Einfuhrbehörde musterte das Objekt, dann den Kapitän. Schließlich blähte er die Nasenflügel und warf den Stein des Anstoßes mit einer knappen Bewegung über den Tisch. Das Instrument rutschte über die Tischplatte und fiel dem Schiffseigner mit einem quietschenden Laut in den Schoß. Der reichte es an einen kleinen, verwitterten, alten Mann weiter, der wie ein zittriger Schatten neben ihm stand.

»Zeige unserem Gast, was die Cornamusa zu bieten hat!«

Der Alte nickte stumm, blies den Balg mit ein paar tiefen Atemzügen auf und preßte ihn dann zusammen. Zuerst füllten die Grundtöne den Raum bis in den äußersten Winkel. Dann erwachte die Melodieflöte unter den knochigen Fingern. Das klang jedoch so bedrückend und melancholisch, daß selbst die anwesenden Besatzungsmitglieder ablehnend die Köpfe schüttelten. Einer trat hinter den Alten und zischte ihm etwas ins Ohr, laut genug, daß alle es mitbekamen.

»Wir sind hier nicht auf einer Beerdigung, Mug!«

Die magere Gestalt sank in sich zusammen, straffte sich aber sogleich wieder, und gleich darauf hallten mitreißende, ja herausfordernde Klänge durch die Schiffszentrale. Während sich die meisten Gesichter aufhellten, schob sich das Kinn des Beamten noch weiter nach vorne.

Der Kapitän blickte ihn nachdenklich an, drehte sich einen Augenblick später suchend um und starrte auf den Sessel des Piloten. Dort war zunächst nur eine schreiend bunte Kunstfelldecke und eine Flut langer, schwarzer Haare zu erkennen. Nach einer Weile erschien ein dunkles Gesicht über dem Rand der Decke, zwei schmale Schultern folgten und dann ein Paar Hände, die unruhig die Haare zurückstrichen. Schwarze Augen richteten sich auf den Beamten.

Als die Finger des Kapitäns auf der Tischplatte zu trommeln begannen, sah das Mädchen ihn an, deutete auf den Uniformierten und wies dann mit zusammengepreßten Fingern zu Boden. Im gleichen Moment krachte eine Faust auf den Tisch und brachte die Konsolen und Instrumentenborde ringsum zum Klirren.

»Schluß mit dem Gewinsel!« brüllte der Beamte mit hochrotem Kopf.

Die Melodie erstarb in einem schrillen Mißton. So brutal aus seinem Spiel gerissen, starrte Mug den feisten Menschen an, als habe sich eine Monstrosität von einem Urwaldplaneten in das Frachtschiff verirrt. Seinen hilflosen Protest fegte ihm der andere mit einer barschen Handbewegung von den Lippen.

»Schluß damit!« wiederholte er. »Packen Sie diesen kreischenden Lumpen schleunigst wieder weg, zahlen Sie ihre Lande- und Standgebühren und machen Sie, daß Sie nach drei Tagen Standardzeit wieder verschwunden sind. Haben Sie mich verstanden, Eigner Hahn? Melden Sie sich umgehend bei der Hafenbehörde. Dort wird man Ihnen die Rechnung für diese lächerliche Hausiererei schon aufmachen. Da ich heute aber ausnehmend guter Laune bin, will ich Ihnen sogar noch einen guten – und kostenlosen – Rat mit auf den Weg geben: Informieren Sie sich das nächste Mal, und bringen Sie vorschriftsmäßig ausgestattete Musikgeräte her, keine Kinderspielzeuge von Primitivwelten! Besonders keine Blasinstrumente für Eingeborene, die keine Lungen haben! Guten Tag, meine Herren!«

Mit betont energischen Bewegungen schob er sein Koppel zurecht, zog die Uniformmütze nach vorne und stampfte hinaus.

Mug legte das Instrument hin, vorsichtig, als sei es zerbrechlich, senkte den Kopf, um seine Tränen zu verbergen, und folgte dem Beamten. »Ich passe auf, daß er die Hauptschleuse richtig findet«, murmelte er verlegen, ehe ihn das Halbdunkel des Ganges verschluckte.

Kaum waren draußen die Schritte verklungen, löste sich der bleichhäutige, hagere Erste Offizier des ›Fetten Gockel‹ von der Mittelsäule, der gleiche, der den alten Mug so freundlich gemahnt hatte. Er trat an den Tisch und stützte sich mit zwölf Fingerspitzen auf das zerkratzte Blech.

»Na, das hast du ja wieder gut hinbekommen, Hahn!« sagte er zu dem Kapitän.

»Es war unsere letzte Chance, Noctim. Die einzige, die uns nach dem letzten Mißerfolg blieb.«

»Ach ja? Und warum? Warum nimmst du denn zuerst einen Haufen nutzlosen Krempels in Zahlung und bringst uns dann zu einem spucknapfgroßen Planeten, den kein anständiger Händler anfliegt? Seit wann richtest du dich nach Kneipengerüchten?«

»Das hier ist ein normaler Planet wie alle anderen Sauerstoffwelten auch. Außerdem wart ihr alle mit dem Flug hierher einverstanden!«

»Oh ja, da du es ja nicht für nötig gehalten hast, uns über die Zustände hier aufzuklären, konnten wir dir ja nur zustimmen. Wenn ich gewußt hätte, daß die menschliche Ansiedlung hier aus einem Reservat von ein paar Schritten Kantenlänge besteht und nur alle hundert Jahre mal ein Schiff hier landet, wäre ich nie mit diesem Flug einverstanden gewesen! Hier gibt es keine Fracht für uns, keine Passagiere und keinerlei Hoffnung, uns noch mal vor dem Ruin zu retten!«

»Wenn ich deinem Vorschlag gefolgt und nach Jaime geflogen wäre, säßen wir dort genauso fest«, erwiderte Hahn mit gleichbleibender Ruhe.

»Du vielleicht!« fauchte Noctim ihn an. »Aber für uns sähe es anders aus! Gesetzt den Fall, wir hätten selbst dort keinen Auftrag für diesen Kahn ergattern können, wäre dem Rest der Mannschaft wenigstens die Hoffnung auf eine andere Heuer geblieben. Na ja, deinem verschlafenen Findelkind da vielleicht nicht. Aber auf diesem lausigen Fleck sitzen wir alle fest!«

»Hack doch nicht immer auf Rhynn herum, Noc. Sie ist die beste Astrogatorin, die wir je hatten, und ohne sie säßen wir schon seit der letzten Landung fest. Was unser Pech betrifft: Wenn es zum Schlimmsten kommt, suche ich einen Käufer für das Schiff und zahle euch sowohl die ausstehende Heuer wie euren Anteil am Schiff aus. Damit kann jeder seine Passage zum nächsten Handelshafen bezahlen.«

»Wenn du hier einen Käufer für diese Schrottbüchse bekommst, Hahn, fresse ich freiwillig einen deiner Quietschbälge. Auf Jaime hätten wir unsere Heuer, unseren Anteil und Aussichten auf einen neuen Job. Wenn aber die Passage unser Geld frißt, sehe ich keinen Grund zur Begeisterung. Hahn, du warst einmal ein großartiger Sternenhändler. Aber du hättest dich schon vor zehn Jahren zur Ruhe setzen und deinen Platz einem Jüngeren räumen sollen. Du bist nichts weiter als . . .«

»Raus, Noctim!« sagte Hahn leise. »Geh mir aus den Augen, bis ich das Geld für deine Abmusterung habe! Ihr anderen dürft ebenfalls die Zentrale verlassen und euch um eure Pflichten kümmern!«

Noctim setzte zu einer weiteren Entgegnung an, fing aber Hahns Blick auf und schluckte seine Worte herunter. Dann ging er mit knallenden Schritten hinaus. Die anderen folgten ihm leise, mit hängenden Schultern und gesenkten Köpfen.

Das dunkelhäutige Mädchen streifte seine Decke ab, stand auf, schlüpfte in seine Schuhe und wollte sich entfernen. Aber Hahn winkte ab.

»Das galt nicht für dich. Ich wollte nur in Ruhe mit dir reden. Setz' dich wieder!«

Er hatte die Worte kaum ausgesprochen, da hockte sie schon wieder auf dem zurückgeklappten Sitz und hatte sich bis zur Nasenspitze eingewickelt.

»Nun, Rhynn, sieht die Sache wirklich völlig hoffnungslos aus?«

»Ja, Hahn, leider! Ich konnte den Mann klar und deutlich empfangen. Seine Emotionen hätten für zehn Menschen gereicht, nicht an Vielfalt, sondern an Stärke. Ich habe selten jemanden erlebt, dessen Gefühlswelt derartig . . . sagen wir, roh und primitiv anmutet. Er hat Unterwürfigkeit erwartet und sah in uns nur lästige Bittsteller, die ihn nicht angemessen hofierten . . . jedenfalls würde ich das so interpretieren. Die Cornamusa war für ihn Abfall und Mugs Spiel eine Beleidigung. Dazu kamen unbefriedigte Gier und Habsucht. Du hättest ihm sofort bares Geld hinlegen müssen, dann wäre das Instrument zum Handel freigegeben worden.«

»Um das herauszubekommen, muß man kein Emphat sein, Kleines. Das konnte man dem Menschen an der Nasenspitze ablesen. Hat er zuletzt die Wahrheit gesagt? Haben die Eingeborenen wirklich keine Lungen, oder wollte er mir nur zu verstehen geben, wir hätten keine Chancen mehr?«

»Ich konnte keine Lüge feststellen. Er hat die Cornamusa schon auf den ersten Blick als unbrauchbar eingestuft. Nur . . . eines verstehe ich jetzt nicht. Er hat trotzdem eine Bestechung erwartet!«

Hahn sah auf seine Astrogatorin herab, die mit gerunzelter Stirn dasaß und verwundert den Kopf schüttelte.

»Das hast du schon richtig erkannt«, beruhigte er sie. »Er hätte die Sackpfeifen für den Handel freigegeben und sich hinter unserem Rücken über uns amüsiert. So ist das nun einmal. Wenn man nicht aufpaßt, ist man Geld für die Handelserlaubnis, für Steuern und andere Gebühren los und steht wie ein Narr da. Ich hatte eigentlich nur noch die Hoffnung, wir könnten ihm Teilhaberschaft als Bestechung anbieten. Aber so ... Wir haben noch nicht einmal genug Geld, um für mehr als eine Woche Vorräte einkaufen zu können, geschweige denn, Standgebühren zu bezahlen. Es tut mir leid, Rhynn, aber der Zwangsaufenthalt auf deiner Heimatwelt und das hier haben mich jetzt endgültig ruiniert. Das einzige, was ich für dich noch tun kann, ist, dich einem anderen Kapitän zu empfehlen, damit du nicht endgültig hier strandest.«

»Heißt das, es gibt keine Hoffnung mehr?« fragte sie ernst, aber scheinbar ohne die Lage erfaßt zu haben.

»Ja, Rhynn. Das hier ist die Endstation des ›Fetten Gockel‹. Ich bin ein alter, lahmer, kranker Mann, der nun wohl nicht mehr lange zu leben hat. Ich hoffe nur, daß ich dir noch helfen kann, ehe die Schwerkraft des Planeten mich umbringt.«

Rhynn sah die unförmige Gestalt mit großen Augen an, so als hätte sie sie nicht viele Wochen lang vor Augen gehabt. Dann stand sie auf, warf die Decke achtlos beiseite und begann in der Zentrale hin- und herzugehen. Hahn sah ihr schweigend zu, wie sie mit den Fingerspitzen über die Steuerkonsole und die Bedienungsinstrumente der Monitore strich, wie sie zwischendurch die Fäuste ballte und die Lippen zusammenpreßte. Er rührte sich auch nicht, als sie sich mitten in der Bewegung auf dem Absatz herumdrehte, ihre Finger um die Mittelsäule legte und ihn starr anblickte.

»Erlaubst du mir, das Schiff heute zu verlassen? Ich muß eine Weile allein sein und nachdenken. Aber mit so vielen Leuten und ihren aufgewühlten Gefühlen kann ich das nicht. Noctims Wut macht mich noch krank, ich muß ihm einige Zeit ausweichen. Ich spüre ihn so deutlich, als stünde er neben mir, und das macht mir Kopfschmerzen!«

Hahn betrachtete seine angeschwollenen Hände, strich nachdenklich über die entzündeten Gelenke und seufzte tief. Es hörte sich wie ein unter Druck stehendes Ventil an.

»Gerne lasse ich dich nicht gehen, Rhynn. Du hast keinerlei Erfahrung mit fremden Welten und solltest noch nicht alleine herumlaufen. Ja, ja, schon gut. Ich gebe dir schon kein Kindermädchen mit, obwohl du bestimmt eines brauchtest. Gib auf dich acht und komm heil zurück. Sollte sich etwas ergeben und ich diesen Kahn doch noch einmal flottbekommen, dann brauche ich dich.

Noctim ist nicht einmal in der Lage, einen Handkarren zu lenken, geschweige denn ein Schiff. Mach dir nichts aus seiner Art – er leidet nur unter seiner eigenen Unfähigkeit.«

»Ich weiß es, Hahn. Ich weiß auch, wie dir zumute ist – ich bekomme es ja in jedem Augenblick mit. Keine Angst – ich komme wieder. Danke für die freien Stunden!« Rhynns Gesicht blieb ernst und verschlossen, ihre Bewegungen aber verrieten ihren inneren Aufruhr.

Hahn ließ sie nicht aus den Augen, bis sie mit klappernden Absätzen im Gang untertauchte. Er verstand recht gut, wie ihr zumute sein mußte, nach diesen Wochen, in denen sie auf engstem Raum mit fremden Menschen und ihren unkontrollierten Emotionen eingesperrt gewesen war. Vielleicht wäre es für das Mädchen sogar besser, sie bliebe auf irgendeinem netten Planeten zurück, in einem Winkel, der ihr die Chance des Alleinseins, des Ausweichens ließ.

Rhynns Absätze schnitten seine Betrachtungen ab. Sie blieb unter der Tür stehen und machte eine fragende Geste.

»Eines habe ich auch noch nicht verstanden. Warum sind die Eingeborenen dieser Welt eigentlich so sehr an menschlichen Musikinstrumenten interessiert? Für das, was sie zu bieten haben, könnten sie doch weitaus höhere Forderungen stellen, oder?«

Hahn hob die Schultern. »Prinzipiell hast du recht. Aber meines Wissens hat diese Frage noch niemand beantwortet.«

*

Nach der mit Öl, Staub und Metall erfüllten Atmosphäre des Schiffes kam Rhynn die Luft des Planeten wie ein Geschenk vor. Ein paar Augenblicke lang vergaß sie sogar ihre krankhafte Angst vor weiten, offenen Flächen. Sie legte den Kopf in den Nacken, schützte die Augen mit den Händen vor der Sonne und blickte in den Himmel. Leicht enttäuscht mußte sie feststellen, daß er sich nicht von dem Himmel ihrer Heimat Phryne unterschied. Ein wenig benommen griff sie nach einer Verstrebung des Aufzugs, der die Hauptschleuse außenbords mit der Hauptschleuse verband. Ein blaues Firmament, sagte sie sich, und weiße Wolkenfelder kennzeichneten wahrscheinlich jeden Sauerstoffplaneten.

Aber ihre hochgespannten Erwartungen lösten sich schon beim nächsten Blick in Wolkenschlösser auf. Die schmucklosen, eckigen Hallen, die den Raumhafen umgaben, und die glatten, düsteren Kuppeln dahinter boten genau den gleichen Anblick wie die Stadt auf Phryne, in der Rhynn geboren und aufgewachsen war. Sie schluckte schwer. Das konnte doch wohl nicht die Antwort auf ihr Fernweh, auf ihre Sehnsucht nach anderen Welten sein, das ihr Leben so lange bestimmt hatte. Oder doch?

Ihre Schultern sanken herab, und ihre Füße schienen am Boden kleben zu bleiben. Bis auf die Tatsache, daß dieser Raumhafen belebt und nicht seit Jahrhunderten dem Verfall preisgegeben worden war, konnte sie sich ganz wie zu Hause fühlen. Wenn sich diese Ähnlichkeit bis in das Innere der Kuppeln fortsetzte, würde sie sich mit geschlossenen Augen darin zurechtfinden können. Nun, das hatte vielleicht auch sein Gutes.

Sie schlenkerte ihren linken Arm, um das zusätzliche Gewicht daran deutlicher fühlen zu können. Das Armband war das einzige, was sie je in ihrem Leben besessen hatte. Es war ihr Hochzeitsgeschenk und zugleich das Zeichen ihres neuen Standes gewesen. Es war die letzte Verbindung zu ihrem Leben auf Phryne, und wenn sie doch noch einmal dorthin zurückkehren sollte, würde es ihre Identität beweisen und ihre Zugehörigkeit zu einer der herrschenden Sippen. Ohne das Schmuckstück und das daran hängende Siegel war sie nur ein beliebiges – oder mißliebiges – Proletariermädchen ohne Rechte. Aber das Ding war zugleich das einzige, was sie zu Geld machen konnte.

Während sie ihre Augen fest auf den Boden richtete und den aufgemalten Symbolen folgte, die den Weg zur Stadt markierten, ließ sie sich ihren Entschluß noch einmal durch den Kopf gehen. Im Schiff hatte es noch so einfach ausgesehen. Sie hatte einen Juwelier aufsuchen wollen, um ihm das Armband zum Kauf anzubieten. Wenn das Metall, aus dem das Armband bestand, auf dieser Welt wenigstens einen Bruchteil seines Wertes auf Phryne besaß, konnte sie sich mit dem Erlös endgültig in die Mannschaft einkaufen und Hahn damit das Geld für Vorräte und all diese Gebühren zur Verfügung stellen.

Auf der anderen Seite war sie dann niemand mehr, nur noch das Mitglied einer Handelsschiffsbesatzung, die schon lange nicht mehr zu den Erfolgreichen gehörte. Aber warum sollte sie sich nicht von der Vergangenheit trennen? Gute Erinnerungen verband sie sowieso nicht damit. Man hatte sie eingefangen wie ein wildes Tier, wegen ihrer paranormalen Fähigkeiten zur Heirat und zur Mutterschaft gezwungen. Hahn jedoch hatte ihr, wenn auch zunächst recht widerwillig, zur Flucht verholfen und ihr Gelegenheit gegeben, ihr in langen Studien erworbenes theoretisches Können praktisch anzuwenden und unter Beweis zu stellen. So war sie ihm doch verpflichtet. Außerdem wollte sie ja selbst ihre Zukunft nicht auf dem nächsten Planeten schon wieder enden lassen.

Ein erleichtertes Lachen stahl sich auf Rhynns Lippen. Wenn ihre verhaßte Familie ihr zu guter Letzt noch mit dem kostbaren Standessymbol weiterhalf, war das nur recht und billig. Sie erinnerte sich noch gut an das Gesicht der Familienältesten, die ihr damals das Armband umgelegt und ihren Arm hochgehoben hatte, um allen Hochzeitsgästen zu zeigen, daß dieses Mädchen in Ehren in die Sippe aufgenommen wurde. Ohne diese Zeremonie wären die Kinder aus dieser Verbindung niemals von den anderen Sippen anerkannt worden. Wie würde Thanaths Gesicht aussehen, wenn sie sie nun sehen könnte?

Rhynn war so in ihre Erinnerungen eingesponnen, daß sie nicht bemerkte, wie schnell sie die Kuppelstadt erreicht hatte. Erst die barsche Stimme des uniformierten Portiers, der ihre Kennmarke zu sehen verlangte, riß sie aus ihren Gedanken. Zuerst begriff sie nicht, wovon er sprach. Dann aber fiel ihr ein, daß Hahn ja für jedes Besatzungsmitglied eine Art Ausweismünze erhalten und verteilt hatte. Sie kramte das Plastikding hervor und hielt es dem schimpfenden Mann unter die Nase. Seine Gefühle für sie waren wenig schmeichelhaft, aber er drückte ihr ein mehrsprachig gedrucktes Pamphlet in die Hand und winkte sie durch die Sperre. Rhynn blätterte es im Weitergehen flüchtig durch. Es enthielt ein halbes Hundert Anordnungen und Verhaltensmaßregeln, von denen sie kaum eine begriff. So stopfte sie den Schrieb in ihre Gürteltasche und vergaß ihn.

Die Eingangshalle mit ihren in alle Richtungen abzweigenden Schienen und Fußgängerröhren war Rhynn auf den ersten Blick schon ebenso vertraut wie die tristen, grauen Wände und die trüben Leuchtstoffplatten an den Decken. Nur sah es hier womöglich noch schäbiger und ungepflegter aus als in der Kuppelstadt von Phryne. Rhynn schlug ohne zu zögern den Weg zur Südkuppel ein. Dort, im Verbindungsstück zwischen Zentrum und Südviertel lagen daheim die Geschäfte der Juweliere und der Kunsthändler. Sie hoffte, daß es hier nicht anders war. Fragen mochte sie niemanden, denn sie wollte jegliche Gegenfrage vermeiden.

Wie würde Hahn, wie würden die anderen reagieren, wenn sie mit einem knisternden Bündel dünner Metallstreifen zurückkehrte, jedes im Wert von hundert oder fünfhundert Geldeinheiten? Noctim würde gewiß fluchen, um seine Erleichterung zu verbergen. Bei den anderen konnte sie es nicht abschätzen. Das Schlimmste an so einem paranormalen Sinn war ja nur, daß man immer mit der Wahrheit konfrontiert wurde, auch wenn man etwas vorgespielt bekam. Aber vielleicht fanden sich alle ein wenig mehr damit ab, daß sie, Rhynn, ein vollwertiges Mitglied der Mannschaft war, daß sie eben dazugehörte.

Während sie durch die recht menschenleeren Straßen und Gänge wanderte, verstiegen sich ihre Gedanken zu immer rosigeren Zukunftsbildern. Sie sah Hahn als erfolgreichen Händler vor sich, den ›Fetten Gockel‹ generalüberholt, glänzend und einwandfrei funktionierend, und sah sich selbst als Mitglied einer berühmten Crew hofiert.

Als sie dann aber unter einer Handvoll Geschäften dasjenige auswählte, das ihren Vorstellungen von einem distinguierten Juwelier wenigstens in etwa nahekam, zerplatzten die Bilder und hinterließen einen schalen Geschmack. Die Auslagen in den Kästen draußen mochten für eine Städterin vielleicht beeindruckend sein, doch ihre Sippenälteste hatte bei einem gewöhnlichen Fest mehr Werte an einem Arm getragen als hier zusammenkamen. Beim Betreten des Ladens sagte sie sich aber, daß der Inhaber nicht unbedingt das Kostbarste vor die Tür hängen mochte.

Ein freundlicher, älterer Herr kam hinter einem Tisch hervor und begrüßte sie mit einer knappen Verbeugung. Er reichte Rhynn knapp bis zur Schulter und trug ein weites, mantelähnliches Gewand, das sie nach all den Uniformen als wohltuende Abwechslung empfand. Sonderbarerweise brachte er ihr nach einer kurzen Musterung so etwas wie väterliche Gefühle entgegen und schien sie für ein Kind reicher Eltern zu halten, das sich eine Vergnügungsreise zu einem exotischen Planeten ergattert hatte. Offensichtlich kam ihr Aussehen und Auftreten seinen Vorstellungen entgegen. Sie ließ sich einige Schmuckstücke vorlegen, um Zeit zu gewinnen und überlegen zu können, wie sie ihr Anliegen nun vortragen sollte.

»Eigentlich suche ich kein Rot- oder Weißmetall«, begann sie schließlich mit möglichst naivem Lächeln. »Haben Sie nichts in Demeton?«

Der Juwelier sah sie verständnislos, ja geradezu entgeistert an, und seine Emotionen spiegelten seine Ratlosigkeit. Rhynn kam sich vor, als habe sie von einem Staatsverbrechen gesprochen.

Vorsichtig redete sie weiter.

»Ist Ihnen der Name unbekannt? Es handelt sich dabei um ein farblos-klares bis bläulich schimmerndes Metall, dessen Lichtbrechungsfaktor an den von Diamant herankommt und dessen Schmelzpunkt knapp über dem von Eisen liegt. Vielleicht sagt Ihnen das mehr?«

Der Mann stieß die angehaltene Luft aus und nickte ein paar Mal nachdrücklich.

»Ja, mein Fräulein. Allerdings, das sagt mir viel. Die Bezeichnung Demeton ist zwar nicht mehr gebräuchlich, mir aber durchaus bekannt. Ich weiß nicht, wo Sie herkommen, wundere mich jedoch über Ihre Unwissenheit. Hier auf Vless und auch auf jeder anderen Welt, die mir vom Sehen oder Hörensagen bekannt ist, wird niemand hingegen aus diesem Material Schmuck herstellen!«

»Aber warum denn nicht?« rief Rhynn erstaunt aus. Ihr linkes Handgelenk schien in diesem Augenblick von einem feurigen Reif umgeben zu sein, und sie hätte am liebsten danach getastet. Aber ihre Vernunft sagte ihr, daß der Schmuck sicher unter der langärmeligen Bluse verborgen war. »Warum nicht?« wiederholte sie, da der Juwelier sie immer noch anstarrte. »Es ist doch das schönste Material dafür, das man sich vorstellen kann.«

»Sie müssen wahrhaftig von einem sehr abgelegenen Ort kommen, mein Fräulein. Seit Menschengedenken wird Demeton ausschließlich für Präzisionsinstrumente und Maschinen benutzt und darf nur unter behördlicher Aufsicht verwendet werden. Es ist zu rar und wird zu dringend gebraucht, als daß man es verschwenden dürfte. Außerdem ist sein Besitz Privatleuten strikt verboten. Wenn ich Ihnen einen guten Rat geben darf: Nehmen Sie das Wort nicht mehr in den Mund, solange Sie sich auf Vless aufhalten. Sonst hört es möglicherweise noch irgendein Behördenspitzel. Es könnte Ihnen passieren, daß man Ihr Schiff bis auf den letzten Abfallschacht auseinandernimmt, wenn man das Zeug bei Ihnen vermutet. Glauben Sie mir, eine Entschädigung würden Sie nicht sehen, falls man etwas bei Ihnen findet. Wahrscheinlicher ist, daß Sie in dem Fall Ihren Heimatplaneten für viele Jahre nicht wiedersehen würden!«

Der Mann meinte es genau so, wie er es sagte. Seine Worte und seine Gefühle paßten nahtlos zueinander. Rhynn dankte ihm für seinen Hinweis und behauptete, ihr sei jetzt das Interesse an Schmuck vergangen. Immer noch lächelnd und mit leichtem Schritt verließ sie das Geschäft. In ihr aber sah es so düster aus, daß sie beinahe zusammengezuckt und in Tränen ausgebrochen wäre, als der Juwelier sie zurückrief. Sie konnte sich gerade noch zusammenreißen und ihm mit leichter Verwunderung ins Gesicht sehen.

»Hören Sie auf einen alten Mann, und schiffen Sie sich schnell wieder ein«, sagte er. »Auf dieser Welt gibt es für Leute, die nicht zur Behörde gehören oder Händler mit gut gefüllten Börsen und einer bekannten Gesellschaft im Rücken sind, nur Ärger und Verdruß.«

Rhynn dankte ihm verwirrt und schlüpfte zur Tür hinaus. Der Juwelier mochte recht haben, aber ihr nützte sein Rat nichts. Froh war sie nur darüber, daß sie das Armband bisher niemandem gezeigt hatte. Die Ärmel ihrer Blusen verbargen es recht gut, und selbst Hahn hatte es noch nicht zu Gesicht bekommen. Wie es aussah, würde er auch so schnell nichts davon erfahren.

In ihrer Nervosität schlug sie den falschen Weg ein; oder vielmehr den richtigen, den Weg, der sie zu Hause zum Wohnblock ihrer Eltern gebracht hätte. Es fiel ihr erst auf, als sie von einem Augenblick zum nächsten in eine fremde Welt geriet.

*

Ihre Füße versanken bis zu den Knöcheln in weichen, federnden Bodenbelägen. Gleichzeitig wich das Grau der Wände bizarren, geometrischen Mustern in glühenden Farben. Plastisch aber wurde die Welt erst durch die unzähligen Leuchtkörper, die sich in allen nur denkbaren Formen und Farben über die Flächen verteilten und die Augen narrten. Sie verliehen glatten Wänden räumliche Dimensionen und zogen die Straßen und Gänge zu Flächen und Linien zusammen.

Rhynns Sinne wurden von den Eindrücken gefangengenommen, ihre Blicke gefesselt, und ihre Füße folgten ihren Augen, ohne daß sie es bemerkte. Ihre Gedanken lösten sich erst von den deprimierenden Betrachtungen ihres künftigen Geschicks, als eine von Wand zu Wand und von Decke zu Boden reichende Glasscheibe ihren Schritt hemmte. Sie wandte sich der Gegenwart zu und starrte auf einen Traum – oder Alptraum – aus Zweckgebundenheit und künstlerischer Gestaltung.

Sie preßte ihre Hände gegen die Scheibe und versuchte, das Gerät da vor sich zu verstehen. Das erste aber, das ihr klar wurde, war der Grund für das Selbstverständnis und die überhebliche

Haltung des Beamten der Einfuhrbehörde. Zwischen der Cornamusa und dem Instrument da hinter der Scheibe lagen Welten und Zeitalter. In den Villen und Landhäusern der herrschenden Sippen auf Phryne hatte es hie und da elektronische Orgeln gegeben, zumeist Erbstücke aus der Zeit vor der Isolation, die für die Begriffe ihrer Besitzer recht prunkvoll ausgestattet gewesen waren. Aber gegen das hier waren es nur primitive und unansehnliche Spielzeuge.

Es gab so viele Tasten und Schieber, Knöpfe, Schalter und Züge, daß ein Mensch alleine sie niemals hätte bedienen können. Dabei lagen die Bedienungselemente nicht einfach nebeneinander, sondern waren zu Spiralen, Mäandern und Kreisen angeordnet. Aber selbst das war den Erbauern wohl nicht genug gewesen, denn sie hatten weder mit Farbeffekten noch mit Einlegearbeiten aus verschiedenstem Material gegeizt. Rhynn hielt im Geist den kleinen, braunen Lederbalg mit den drei Holzpfeifen daneben. Das gab ein lächerliches Bild. Zum Weinen lächerlich.

Wenn das Ding da ebenso klang wie es aussah, dann mußte es unter den Händen eines Künstlers alle Höhen und Tiefen der Musik zum Leben erwecken können. Nur konnte Rhynn sich den Musiker nicht vorstellen, der das Instrument bedienen konnte. Sie schritt ein Stück an der Scheibe entlang, blickte tiefer in den Raum hinein und fand noch eine Reihe anderer Instrumente, kleinere zwar, aber teilweise noch phantastischer und grotesker geformte. Neben elektronischen Geräten standen auch einige Schlag- und Saiteninstrumente herum, komplexe Musikerzeuger, für die man mindestens zwei Hände und einige Finger mehr zum Spielen benötigte, als ein Mensch aufzuweisen hatte. Jedes der Geräte war in einer Art und Weise herausgeputzt worden, daß Rhynn sich fragte, ob sie eher auf optische als auf akustische Effekte zugeschnitten worden waren. So sehr sie aber suchte, sich auf die Zehenspitzen stellte und an der Scheibe entlanglief – sie fand keine Blasinstrumente.

Unwillkürlich kehrten ihre Gedanken zu der Cornamusa zurück und zu Mugs Spiel, das sich hartnäckig in einem Winkel ihrer Gedanken festgesetzt hatte und in der Stille ringsum von innen gegen ihre Trommelfelle zu hallen schien. Die für dieses unscheinbare Ding doch so ausdrucksstarken Melodien paßten zu ihrer Stimmung. Klagend und schwermütig, dann aber wieder mitreißend und herausfordernd, so füllten die Lieder ihren Kopf, bis sie alles andere verdrängten. Rhynn hätte stundenlang auf diesem Fleck verharren und der Musik nachhängen können. Aber etwas in ihr stemmte sich dagegen und machte ihr klar, daß das sie nicht weiterbrachte. Sie mußte sich zusammenreißen, zum Schiff zurückkehren und offen mit Hahn reden. Vielleicht fand er einen Weg, den Behörden das Armband anzubieten und dabei noch einen Gewinn herauszuschlagen ...

– Bitte, höre nicht einfach auf damit! – unterbrach jemand ihre Gedanken direkt in ihrem Kopf.

Sie riß den Kopf hoch und suchte nach der Kugel eines Direktkommunikators. Aber es gab weit und breit nichts, was auf eine solche Einrichtung hinwies. Auch die unangenehmen Begleiterscheinungen eines elektronischen Telepathen fehlten. Rhynn war sich jedoch sicher, die Worte nicht mit den Ohren vernommen zu haben. Da die Stimme schwieg, schloß sie die Augen und durchforschte ihre Umgebung nach den Emotionen und unbewußten Prozessen, die jedes hochorganisierte Lebewesen begleiteten. Einige Augenblicke lang empfing sie nur das in der Stadt unvermeidliche Hintergrundrauschen, das von ihren Bewohnern erzeugt wurde. Dann traf sie auf etwas, das sich wie ein Kristallgefüge ausnahm, etwas, bei dem es sich um den Geist eines sehr fremdartigen Lebewesens handeln mußte. Gefühle trafen sie wie ein gebündelter Strahl, Neugier und Erstaunen. Ihnen folgte ein wie gesprochene Worte formulierter Gedanke.

– Warum bist du verstummt? –

– Verstummt? – dachte Rhynn intensiv. – Ich verstehe dich nicht. Wer bist du? –

Sie empfing ein Symbol, das sie nicht zu deuten vermochte, wahrscheinlich eine Art Eigennamen, begleitet von Trauer, Sehnsucht und dem Gefühl von Versagen und unwiederbringlichem Verlust. Zum Teil war es ihr, als sehe sie in einen Spiegel, der ihre eigenen Emotionen verzerrt zurückwarf.

– Kann ich dir helfen? – fragte sie.

– Ja, das kannst du. Bitte wiederhole die Musik, an die du eine Weile gedacht hast. –

– Das Spiel der Cornamusa? Gerne, aber ... –

Da klang es schon auf, ohne daß sie sich Mühe geben mußte. Sie sah Mug förmlich vor sich stehen, sah, wie er sich in seinem Spiel verlor, seine Umgebung und die peinliche Situation vollkommen vergaß.

– Ich empfange dich so schlecht! – sendete das Wesen. – Bist du krank oder verletzt? –

– Nein, wie kommst du darauf? – fragte Rhynn im Takt einer anschwellenden Tonfolge.

– Oh, ich erkenne . . . du bist kein . . . – Es folgte wieder ein unverständliches Symbol. Dann kam das telepathische Äquivalent sprachloser Überraschung. Zugleich fiel Rhynn auf, wie nahe das Wesen schon sein mußte, und auch, daß sie immer noch mit geschlossenen Augen an der Fensterscheibe lehnte. Sie richtete sich auf, drehte sich um und blickte ihren Gesprächspartner an, der sich ihr mit steifen Schritten und vor den Kopf geschlagenen Händen näherte.

– Mensch, der sprechen kann? – fragte der Vlessier zutiefst verwundert.

Rhynn nickte. Dann dachte sie daran, daß dieses Wesen ja keine menschlichen Gesten kennen dürfte. – Ich nehme deine Worte wahr, aber ich bin kein Telepath, wenn du das meinst –, erwiderte sie und versuchte ihrerseits den ersten Schock zu überwinden. Sie war noch nie einem fremdrassigen Lebewesen begegnet und hatte sich auch die Wirkung einer solchen Begegnung auf ihre Nerven nicht vorstellen können. Am liebsten wäre sie davongelaufen und hätte es wahrscheinlich auch getan, wenn sie dem Geschöpf ohne Vorwarnung gegenübergestanden hätte. So aber lehnte sie sich an die kühle Scheibe, atmete tief durch und zwang sich, es anzusehen.

Es war groß, überragte sie um etwa zwei Armeslängen. Sein Körper glich einem stumpfen, abgerundeten Kegel, den man im oberen Drittel umgeknickt hatte. Der untere Teil ruhte auf drei stämmigen Beinpaaren. Es hatte Knie, aber keine ausgeprägten Füße, sondern stand auf runden Stempeln mit einer scharfen Hornkante. Sein Bauch hing tief herab, und Rhynn gewann den Eindruck, er sei krankhaft aufgeschwollen. Der Körper endete in einem flachen, breiten Schwanz, der aber nicht bis zum Boden reichte. Dort, wo bei den Tieren, die Rhynn kannte, über den Vorderbeinen der Hals begann, erhob sich ein beinahe menschlich anmutender Oberkörper mit Schultern und zwei langen Armen, die siebenfingrige Hände trugen. Der kräftige Hals bot für ein zweites Paar Arme Platz, kürzer und dünner und mit nur vier Fingern an den handtellerlosen Enden. Glich der Körper noch dem eines Säugetiers, so war der Kopf eindeutig insektoid. Schwere Zangenkiefer ersetzten den Mund, unverhältnismäßig große, pupillenlose Augen nahmen die obere Hälfte des Schädels ein. Nasenlöcher oder -schlitze fehlten, dafür hatte es Ohren mit segelähnlichen

Muscheln. Ohne Schattierung bedeckte es eine grünlichbraune, an Baumrinde erinnernde Haut.

Das Wesen ließ die Musterung ein paar Augenblicke über sich ergehen. Dann drehte es den Kopf demonstrativ weg.

– Wir sind nicht dazu da, Schönheit zu präsentieren, sondern sie zu schaffen, zu behüten und ans Licht zu lassen, wenn unsere Zeit gekommen ist –, teilte es ihr in klagendem und gleichzeitig anklagendemn Ton mit.

Rhynn begriff, daß sie vor einem Telepathen ihren Gedanken und Gefühlen nicht so freien Raum geben durfte, und wand sich innerlich vor Verlegenheit. Ihre unbedachte Reaktion war ihr sehr peinlich.

– Entschuldige bitte! Ich ... ich bin den Anblick von Fremden nicht gewohnt. Ich wollte dich nicht kränken oder schlecht von dir denken. Bitte, nimm es mir nicht übel! –

Der Vlessier (oder die Vlessierin? Rhynn empfing einen Eindruck von Schwangerschaft) bemühte sich, ihr freundliche und nachsichtige Gefühle zu senden.

– Ach, schon gut, ich bin keines positiven Gedankens wert, Mensch. Mit mir ist keine Ehre einzulegen, und niemand wird ein Wort über mich verlieren, wenn ich den Weg gegangen bin. Ich kam zu spät, um die Hülle des Geschicks noch zu wenden, und werde mit meiner Schande einsam dahingehen. Ach, Mensch, es ist schlimm, so dumm zu sein wie ich! – Das Wesen schlug die Hände abwechselnd vor den Kopf und vor die Brust und steigerte sich in eine sonderbare Erregung.

– Bitte! – unterbrach Rhynn den Strom seiner depriemierenden Emotionen und bitteren Selbstanklagen. – Ich möchte dir helfen, aber ich kann deinen Worten nicht folgen. Ich bin völlig fremd hier, und niemand hat mir etwas von euch erzählt. Was kann ich tun? –

– Ja, ja, zu fremd, Mensch, der sprechen kann! Helfen kannst du wenig, nur trösten, vielleicht. Die sonderbare, nie vernommene Musik in deinem Kopf ist mir wichtig. Wenn du die Güte hättest, deine Gedanken darauf zu konzentrieren und sie mir zu vermitteln! Spielt sie jemand aus deinem Volk? Ach, wenn ich sie doch ... –

Der Gedanke brach unvermittelt ab, so als habe das Wesen etwas zu verbergen. Rhynn empfing nur noch intensive Gefühle, Hunger, ja geradezu Gier nach der Musik, die unaufhörlich in ihrem Kopf kreiste. Sie verbannte alle überflüssigen Gedanken und ließ sich selbst von den Melodien mittragen.

Dann aber tauchte in ihr eine Idee auf, erst verschwommen und unbestimmt, dann so klar wie Demeton. Wenn das Wesen die Cornamusa auf Grund seiner biologischen Konstitution auch nicht spielen konnte, so mochte es möglicherweise Gefallen an einem Vortrag haben. Wenn Mug sich überreden ließ, ihm aufzuspielen, dann ... Unwillkürlich trat sie näher an das Wesen heran, nahm seine großen Hände in ihre und empfing so etwas wie einen nervösen Stoßseufzer. – Soll ich ... ? – dachte sie. Ausgerechnet in diesem Moment brüllte sie jemand von hinten an.

Rhynn fuhr zurück und suchte an der Glasscheibe Halt, um nicht vor Schreck das Gleichgewicht zu verlieren. Ärger und ein immenses Überheblichkeitsgefühl überschwemmten ihren Geist und trennten die ohnehin schwache Verbindung zu dem Eingeborenen. Jemand legte ihr die Hand auf die Schulter und drehte sie herum, redete dabei ununterbrochen auf sie ein, ohne daß sie ein Wort verstand. Sie starrte in das breite Gesicht mit den mahlenden Kiefern, das ebensogut in ihre Heimatstadt gepaßt hätte, und fragte sich, ob sich diese Bilder wohl überall glichen.

Der Uniformierte verstummte mit einem schnappenden Laut, sah Rhynn von Kopf bis Fuß an und erklärte ihr dann in der Hochsprache, gegen wie viele Paragraphen und Vorschriften sie verstoßen habe. Das halbe Hundert juristischer Fachausdrücke, die ihr an den Kopf flogen, sagte ihr nichts. Aber sie begriff, daß ihr der Spaziergang in dem Eingeborenenviertel und die ›Belästigung eines M'Hatlas‹, wie der Mann ihre Begegnung mit dem Vlessier nannte, sie und den Kapitän teuer zu stehen kommen sollte. Wäre die Situation nicht so ärgerlich gewesen, hätte sie ihm ins Gesicht gelacht.

Als er ihre Kennmarke verlangte, mußte sie einige Sekunden lang mit sich selbst kämpfen. Auf Phryne hätte sie ihm ihr Siegel unter die Nase halten und ihn zusammenstauchen können. Hier aber fühlte sie sich wieder als Stadtmädchen, das bei jeder Kleinigkeit auf die Wache geschleppt wurde und von den Eltern zähneknirschend wieder ausgelöst werden mußte. Nicht nur die Städte schienen sich zu gleichen, die Ratskreaturen dort und die Uniformierten hier schienen genauso austauschbar zu sein. War sie von Phryne geflohen, um auf anderen Welten in die gleichen Maschinerien zu geraten? Dann hätte sie auch daheim bleiben können. Da wäre sie zumindest so lange vor diesen Bütteln sicher gewesen, wie sie vor dem Sippenoberhaupt Männchen machte.

Mit zusammengekniffenen Lippen lieferte sie die Plastikmünze ab, ohne die sie nun die Stadt nicht mehr betreten durfte. Sie wehrte sich nicht, als er sie grob vor sich herschob. Was hätte sie auch tun können, dachte sie voller Ärger über sich selbst und ihr Talent, grundsätzlich alles falsch anzufangen. An den Vlessier, das M'Hatla, dachte sie erst wieder, als sie schon das den Menschen vorbehaltene Viertel der grauen Wände und trüben Beleuchtung wieder um sich sah und einen telepathischen Wutausbruch empfing.

– Ich gehe ja nicht freiwillig! – dachte sie konzentriert. – Man hat mir verboten, mit dir zu reden. Ich bedauere das sehr. Lebe wohl! Ich wünsche dir, doch noch Erfolg zu haben! –

– Verboten? Aber das kann dieser Mensch doch nicht machen! Mach ihm klar, daß er dich in Ruhe lassen muß. Ich will deine Musik hören und Gedanken mit dir tauschen! Hörst du? Schick ihn weg! –

– Das liegt nicht in meiner Macht –, gab Rhynn zurück und hoffte, daß das Wesen ihre Gefühle richtig interpretierte. Sie empfing aber nur sein beleidigtes Insichzurückziehen. Dann erlosch die Verbindung so, als hätte das Wesen nie existiert. Rhynn trottete mit hängendem Kopf neben dem schnaufenden Beamten her und fühlte sich um eine Enttäuschung reicher.

Kurz darauf ertönte ein rhythmisches Trommeln. Unwillkürlich warf Rhynn einen Blick über die freie Schulter und sah das M'Hatla um die Ecke traben. Sein Schritt stockte für den Bruchteil einer Sekunde, dann krümmte sich sein Körper. Das Wesen flog förmlich an ihnen vorbei, drehte sich noch im Aufprall und versperrte den Weg. Gespenstisch lautlos für Rhynns paranormale Sinne, die eher an wilde Gefühlsausbrüche gewöhnt waren, fegte es die Hand des Beamten von ihrer Schulter, zog sie mit einem Arm an sich und machte dem Menschen mit den drei anderen klar, daß er überflüssig war. Der stand ein paar Sekunden starr vor ihnen, lief blau und rot an und bedachte beide mit vernichtenden Blicken. Dann schob er, wie sein Kollege im Schiff, Mütze und Gürtel zurecht, drehte sich um und ging.

– Diese lästigen Menschen! – dachte das M'Hatla nachsichtig. – Sie sind wie Schlüpflinge, müssen immer wieder versuchen, ihren Kopf durchzusetzen! Aber wir haben Wichtigeres vor, als auf Kinderspiele einzugehen, nicht wahr? Führe mich jetzt zu dem alten Menschen, an den du gedacht hast, zu dem Menschen, der Musik macht. Vielleicht hilft es ein wenig, ihm zuzuhören, auch wenn die fremden Klänge mein Versagen nicht aufwiegen werden, wie ich fürchte. Es entspricht zwar nicht dem, was ich wirklich tun müßte, aber ... ach ... –

Rhynn sah es fragend an und wartete auf die Erklärung seiner Andeutungen. Ihr Kopf schwirrte von allem, was allein an diesem Tag auf sie einstürmte, daß sie sich nicht auf eine klar formulierte Frage konzentrieren konnte. Nie hätte sie sich vorstellen können, daß die Unterhaltung mit einem natürlichen Telepathen so schwierig sein konnte.

Das M'Hatla jedoch ging nicht auf ihre Ratlosigkeit ein. – Komm! – bat es sie, unterstrich seine Bitte mit einem Schwall mitleiderregender Gefühle und drängte sie gleichzeitig in Richtung Raumhafen. – Es soll auch nicht ohne Gegengabe bleiben! –

Was blieb Rhynn anderes übrig, als zuzustimmen, als nachzugeben? Unterwegs versuchte sie herauszubekommen, warum das Wesen so verzweifelt nach Musik verlangte, nach den einfachen Klängen der Cornamusa, wo es doch so viele schönere und aufwendigere Instrumente auf seiner Welt gab. Aber es wich ihr aus oder tat, als ob es sie nicht verstände. Anstatt auf Rhynn einzugehen, verlangte es nur immer wieder nach Mugs Spiel und wollte alles darüber wissen. Zuletzt war Rhynn froh, wenigstens seinen Namen erfahren zu haben oder zumindest eine Art Übersetzung davon. Das M'Hatla hatte ihr ein Bild übermittelt, eine Felsspitze in rötlichem Sonnenlicht. So nannte sie es Sonnenfels, und der Name fand Gefallen.

Kurz vor der Eingangshalle erinnerte Rhynn sich wieder daran, daß sie ihre Kennmarke nicht zurückerhalten hatte. Sie tat ihr Möglichstes, Sonnenfels die Situation zu erklären. Sie hätte es auch einer der Wände erklären können. Aber ausnahmsweise hatte sie auch einmal Glück. Während sie noch nach einem besonders ausdrucksstarken Gedankenbild suchte und dabei nur Augen für ihren Begleiter hatte, lief sie in Mug hinein. Schimpfend, sich seine Beule reibend und innerlich sehr widerstrebend folgte er ihr in eine stille Nebengasse und hörte sich ihr Anliegen an.

»Das wäre Schmuggel, Rhynn. Das kann ich nicht machen!« sagte er dann mit einem schiefen Blick auf das M'Hatla.

»Warum nicht? Du sollst dem Vlessier doch nur etwas vorspielen und nicht die Cornamusa verkaufen! Vielleicht kommen wir so zu Geld. Oder willst du auf diesem Planeten Wurzel schlagen?«

Mug schüttelte heftig den Kopf. »Wenn ich das Ding in die Stadt bringe, ist das Schmuggel. Geht dir das nicht in den Kopf?

Hol dir das Ding doch selbst, wenn du auf Ärger aus bist!«

»Den habe ich schon. Ich habe keine Kennmarke mehr. Außerdem brauche ich dich als Musikanten. Stell dich doch nicht an wie ein Klumpen Blech! Die M'Hatlas bestimmen auf dieser Welt, nicht die Behördentiere. Also geh! Es wird uns bestimmt nicht schaden.«

»Nein!« sagte Mug, drehte sich um und steuerte auf eine Kneipe zu. Zwei Schritte weiter hielt Rhynn ihn fest. Gleichzeitig versperrte Sonnenfels ihm mit scharrenden Füßen den Weg. »Sei doch vernünftig!« bat Mug. »Ich kann mit dem Ding doch nicht quer über den Raumhafen spazieren. Glaubst du, die Leute hier wären blind?«

Rhynn ließ sich nicht erweichen. Für die Chance, mehr über die Vlessier zu erfahren und gleichzeitig etwas für das Schiff zu tun, überwand sie sogar ihren Hang zum Nachgeben. »Geh in meine Kabine und nimm dir den schwarzen Beutel, der unter der Koje liegt. Da kannst du das Instrument hineinstopfen. Ich habe nichts davon gemerkt, daß das Handgepäck am Tor kontrolliert wird, du etwa? Na also.«

Auf ihre stumme Bitte hin legte Sonnenfels beide Händepaare zusammen und deutete eine Verbeugung an. Mug schüttelte den Kopf, zog die Schultern nach vorne und brummte vor sich hin. Innerlich aber hatte er schon nachgegeben, was Rhynn nicht verborgen blieb. »Nun?« fragte sie.

»Na schön. Ich besorge dir das Ding. Du aber hältst dafür deinen Kopf bei Hahn hin. Sonst reißt er ihn mir ab.«

Flüchtig tauchte in Rhynn das Bild des lahmen, unbeweglichen Kolosses auf, der von seinem Stuhl aus die Mannschaft abwechselnd mit Härte und unerwartetem Entgegenkommen tyrannisierte. Für ihn lohnte es sich schon, etwas zu tun. Rhynn lächelte und nickte. »Keine Sorge, ich halte meinen Schädel dafür hin.«

Ihr Blick begleitete den alten Mann, bis er an den Türhütern vorbei ins Freie geschlurft war. Sonnenfels, der offensichtlich die Anatomie der menschlichen Hände während des kleinen Wortwechsels studiert hatte, ließ sich über Griffwechsel und über die Frage aus, wie eine Flöte funktionieren mochte, Rhynn jedoch verstand weder Bilder noch Worte. Für ihre Geduld verging eine kleine Ewigkeit, bis Mug wieder auftauchte.

Er hatte sich eine ihm viel zu große, wattierte Jacke übergestreift und trotz der Wärme den Kragen hochgeklappt. So war er der Aufmerksamkeit der Beamten an der Tür sicher. Rhynn biß sich zwei Fingernägel ab, bis er dann endlich vor ihr stand. Von dem schwarzen Beutel war nichts zu sehen.

»Was ist?« wollte sie wissen. »Hast du . . .?«

»Nur Geduld, mein Kind. Nur Geduld!« antwortete er, vergewisserte sich, daß ihnen niemand zusah, schälte sich dann aus der Jacke heraus und brachte den Beutel zum Vorschein.

»Hier, mach damit, was du willst, aber laß mich in Ruhe. Hahn hat Besuch von zwei uniformierten Holzklötzen, die nach Ärger aussehen. Ich gehe mir jetzt einen ansaufen. Wer weiß, wann ich noch einmal dazu komme.«

»Aber ich brauche dich, Mug. Ich kann doch nicht spielen!«

»Dann mußt du es eben lernen!« gab er zurück und stapfte mit eingezogenem Kopf davon.

Sonnenfels wollte ihn zurückhalten, Rhynn aber wehrte ab. – Sinnlos! Er will einfach nicht. Merkst du das nicht? –

– Nein. Menschen sind für uns stumm und taub, und mit den Tönen, mit denen sie sich offensichtlich verständigen, können wir nichts anfangen. –

– Ach, so ist das. Es . . . es tut mir leid. Jetzt haben wir das Instrument, aber . . . – Rhynn stand da, die Tasche so fest an sich gepreßt, daß ihr die Pfeifen auf den Rippen weh taten, und starrte ins Leere. Irgendwie schien jeder Mensch es darauf angelegt zu haben, ihr das Leben schwer zu machen. Sie wünschte sich zu wissen, wie es weitergehen sollte.

Sonnenfels stampfte ein paarmal auf und sandte Fragen wie scharfe Pfeile ab. Als sie nicht antwortete und sich nicht regte, packte das M'Hatla sie bei den Schultern, schüttelte sie und forderte sie zum Mitgehen auf.

Rhynn wiederholte nur, daß sie nicht spielen könne. Aber es bestand darauf, sie zu einer Herberge jenseits der Stadt mitzunehmen und zeigte keinerlei Einsicht. Jeder kann spielen, behauptete es. Musik machen ist so einfach und so selbstverständlich wie Essen oder Kommunikation oder sonst eine lebenswichtige Tätigkeit und es wolle sich gerne eine Weile gedulden, bis Rhynn die Perfektion des anderen Menschen erreicht habe. Vergebens versuchte sie ihm klarzumachen, daß sich diese Weile wohl über Jahre erstrecken würde.

Da Rhynn nichts Besseres zu tun wußte, folgte sie ihrem hartnäckigen Bekannten quer durch die Stadt, durch die Kuppeln der Menschen und das Viertel mit den Musikinstrumenten, die sie von überallher höhnisch anzuglotzen schienen. Sie gab bereitwillig den beiden M'Hatla-Torhütern am anderen Ausgang der Stadt ihre Hände und hielt unter ihren neugierig tastenden, fordernden Gedanken still. Sie freute sich sogar über die Erlaubnis, dieses Tor nun immer passieren zu dürfen, obwohl sie nicht glaubte, daß sie davon je noch einmal Gebrauch machen könnte.

Sonnenfels ließ ihr kaum Zeit, sich über irgend etwas Gedanken zu machen. Ständig dachte er sich neue Fragen aus, die sich auf Blasinstrumente im allgemeinen und im speziellen bezogen, und zeigte Verärgerung und Ungeduld, als sie den Park, durch den er sie führte, einen Augenblick näher betrachten wollte. Als sie vor der Tür eines langgestreckten, flachen Gebäudes standen und dem Klang des Türklopfers nachlauschten, hatte Rhynn gerade nur den Eindruck von sanft ineinander verflochtenen Linien ohne scharfe Ecken und Kanten gewonnen, einen Eindruck, den ihr das Grün um die Herberge ebenso vermittelte wie das Innere des Baus.

Zum dritten Mal innerhalb kurzer Zeit geriet Rhynn in eine fremde Welt.

Ihr war, als führe Sonnenfels sie über den Grund eines in Grün schimmernden Weihers. Moose und Gräser bedeckten den Boden, Sträucher und schilfähnliche Pflanzen ersetzten die Zwischenwände. Kein Luftzug war zu verspüren. Dennoch wiegten sich jedes Blatt und jeder Stengel, als zögen Strömungen durch den Raum. Über die Decke huschten Lichtreflexe und verstärkten den Eindruck noch, man befände sich unter der Oberfläche eines sonnenbeschienenen Wassers. Rhynn kämpfte mit ihrem Gleichgewicht, klammerte sich an ihrem Begleiter fest, um nicht zu fallen. Aber sie ließ sich nichts entgehen.

Jede Nische in dem Grün und jeder erhöhte Fleck auf dem Boden diente einem Vlessier als Ruhebett. Es gab helle und dunkle, große und kleine M'Hatlas, doch gegen Sonnenfels wirkten sie alle wie Halbwüchsige oder Kinder. Die meisten von ihnen hielten Pflanzenstengel oder große Blätter in den Händen, die sie mit raschen Bewegungen ihrer Kiefer verzehrten. Als sie den neuen Gast bemerkten, hoben sich die Köpfe, und die Kieferzangen verharrten in ihrer jeweiligen Stellung. Sonnenfels' Erklärung rann wie ein Echo durch den Raum. – Das ist ein Mensch, der sprechen kann! –

Gleich darauf stob ein M'Hatla-Zwerg um die Ecke, ein Wesen, das Rhynn noch nicht einmal bis zur Brust reichte. Es verneigte sich vor ihnen, reichlich spöttisch und respektlos, wie Rhynn feststellte, und führte sie zu einem weit abgelegenen Raum, der optisch durch das Grün, akustisch jedoch durch dickes Glas von dem Rest der Herberge abgetrennt war.

Rhynn war froh, endlich den neugierigen Blicken und den Bemerkungen der anderen entzogen zu sein. Irgendwie schien das Glas sogar die Gedanken abzuschirmen, denn sie fühlte noch nicht einmal mehr ein Raunen oder Murmeln. Erleichtert ließ sie sich ins Gras fallen und schnupperte ein wenig, um den warmen, süßen Duft zu genießen. Sonnenfels jedoch zupfte ihr die Tasche von der Schulter und drückte sie ihr in die Hände. Seufzend packte sie die Cornamusa aus. Das M'Hatla verschlang jede ihrer Bewegungen mit den Augen, schien einige Male selbst hingreifen zu wollen, zog seine Hände jedoch immer wieder zurück, bis das Instrument aus seiner engen Hülle befreit und ausgebreitet auf dem Boden lag.

– Wo gibt man hier Luft hinein? – fragte es. Rhynn wollte auf das Mundstück deuten, ließ ihre Hand aber verblüfft wieder sinken.

– Einen Augenblick, bitte. Ich ... ich weiß es selbst nicht. Das ist nicht Mugs Cornamusa. Die hier sieht anders aus. –

Sie zog die Sackpfeife aus Sonnenfels' schnell zupackenden Händen und drehte sie hilflos. Das Ding war nur halb so groß wie das, welches sie in Erinnerung hatte, besaß aber zwei Anhängsel mehr. Sie zählte vier Grundtonrohre und zwei Flöten mit den obligaten Grifflöchern. Aber kein Rohr zum Hineinblasen. Man konnte das Instrument wenden, wie man wollte, das fehlende Rohr stellte sich auch nicht ein. Schließlich hing sie sich die Cornamusa um, so als wollte sie darauf spielen. Dabei fiel ihr auf, daß es zwei Lederbälge anstelle des einen aufwies. Als sich dann eine Klammer löste und irgendwo ins Gebüsch flog und unter Rhynns linkem Arm etwas aufquoll, klärte sich das Geheimnis auf.

Rhynn pumpte den Leib der Sackpfeife mit ein paar Bewegungen auf und ließ dann die Grundtöne erklingen. Sonnenfels war außer sich vor Aufregung und zittriger Gier.

– Kein Luftrohr? Nun sag schon, was machst du da? Was bedeutet das? –

Rhynn wollte ihn eigentlich noch zappeln lassen, als kleine Rache für all die unbeantworteten Fragen. Aber wenn ein Wesen, das einige hundert Pfund schwerer ist als man selbst, einem zu nahe rückt, ist es ratsam nachzugeben.

– Nein, ein Blasebalg! Ich glaube, du wirst damit umgehen können. Willst du es versuchen, oder soll ich ... –

Die Antwort hatte sich noch nicht vollständig in ihrem Kopf gebildet, da zerrte ihr Sonnenfels die Tragriemen herunter, riß ihr das Instrument aus den Händen und legte es sich mit fahrigen Händen selbst um. Rhynn nahm kaum die Kratzer wahr, die sie dabei abbekam, so steckte er sie mit seinen Gefühlen an. Mit nicht weniger zittrigen Fingern half sie ihm, die Riemen einzustellen und den Sitz der Cornamusa zu korrigieren.

– So, jetzt stell dir das Spiel des alten Menschen noch einmal ganz deutlich vor! Auch das, was seine Hände getan haben! Ich muß alles wissen! – befahl er.

Rhynn nickte ergeben, schloß die Augen und dachte zum wer weiß wievielten Male an die Szene im Schiff. Zwei, drei Minuten später schwangen ähnliche Töne über die wehenden Gräser und kehrten als leichter Widerhall von den Glaswänden zurück. Kurze Zeit nur lehnte Sonnenfels sein Spiel an Mugs Weisen an. Dann begann er, die Tonfülle der Sackpfeife bis an ihre Grenze zu erproben, ohne jedoch ausgesprochene Mißtöne hervorzubringen.

In diesem Augenblick war Rhynn vergessen. Sie konnte nur noch dabeisitzen, mit großen Augen und offenem Munde zuhören und sich fragen, wie weit sie ihren Ohren trauen durfte. Für das, was dieses Wesen ihr in kurzer Zeit vorspielte, hätte ein Mensch Jahre intensiver Übung gebraucht. Es war, als sei Sonnenfels mit einer Cornamusa in den Händen zur Welt gekommen. Jetzt war auch seine unumstößliche Überzeugung zu verstehen, daß jeder Musik machen konnte. Seine Gedanken bestanden nur noch aus Tonfolgen und Rhythmen, und seine Gefühle spiegelten Dur und Moll. Aus seinen Emotionen schien jede Spur von Bitternis und Verzweiflung hinausgeschwemmt zu werden. Schließlich empfing Rhynn nur noch Freude und Stolz, aber auch die Gewißheit eines sich rasch nähernden Abschieds, dessen Trauer sich wiederum in Klänge umsetzte.

Dieses Schwingen zwischen Euphorie und Betrübnis nahm sie in einem Maße gefangen, daß ihr das Auftauchen des Zwergwesens vollkommen entging. Sie bemerkte das Geschöpf erst, als es sich zwischen ihr und Sonnenfels aufbaute und mit sehr entschiedenen Bewegungen aus dem Raum deutete. Gehorsam erhob Rhynn sich und folgte ihr vor die Glaswand.

– Was suchst du denn noch hier, Mensch? Es ist nicht Sitte, einer Person beim Einstimmen zuzuhören. Du magst dem ... dort Ehre erweisen, wenn es an der Zeit ist. Bis dahin aber hast du deiner eigenen Wege zu gehen! –

– Entschuldige bitte, aber ich wußte nicht ... – begann Rhynn betroffen.

Doch der Zwerg schlug ihre unkonzentrierten Gedanken einfach beiseite: – Wenn dir der Erhalt der Gegengabe Sorge bereitet, Mensch, dann wirst du dich in Geduld fassen müssen. Sie wird zu deinem Raumfahrzeug gebracht werden, wie es üblich ist. Wir sind schließlich ehrenhafte Personen, die zu ihren Gedanken stehen! –

Im Gegensatz zu den Menschen hier, fügte Rhynn in ihrem Kopf hinzu und war sich sicher, daß der Zwerg das gleiche dachte, auch wenn er es vor ihr verbarg. Nach Sonnenfels' selbstverständlicher Freundlichkeit kränkte sie die Art dieses Wesens. Auf einmal wurde ihr bewußt, daß sich um sie herum Dutzende aktiver Telepathen befanden, und sie fühlte sich schutzlos und bis auf die letzte Faser entblößt. Sie warf noch einen Blick auf das große, braune M'Hatla, das völlig in seinem Spiel aufging. Dann ließ sie sich widerspruchslos von dem Zwergwesen zum Tor führen. Die teilweise recht boshaften, zumeist aber wohlwollenden Gedanken der anderen Vlessier, die sich ausgiebig mit Sonnenfels und ihr beschäftigten, bekam sie nicht mehr mit.

Sie blieb noch ein paar Minuten im Schatten des Gebäudes stehen und ließ den Kontrast auf sich wirken, den der weitläufige Park und die Kuppeln der Stadt dahinter boten. Daheim hatte sie die Häßlichkeit der Halbkugeln über der Stadt nie so empfunden. Hier wurde ihr das Herz schon bei dem Gedanken schwer, sie wieder betreten zu müssen, geschweige denn einen weiteren Teil ihres Lebens unter den Metallmassen verbringen zu müssen. Sie entschied sich dafür, ihre Rückkehr noch ein wenig hinauszuschieben und wandte ihre Schritte dem entferntesten Teil des Parkes zu.

Eine Weile ging sie ziellos zwischen hohen Hecken und blühenden Büschen spazieren und versuchte, all das zu verarbeiten, was an Eindrücken und Informationen auf sie eingestürmt war. Allein schon die Erfahrung, daß es Geschöpfe gab, die ihre Gedanken und Gefühle so perfekt unter Kontrolle hatten wie die Vlessier und sie gleichzeitig zur Kommunikation verwendeten, gab ihr viel Stoff zum Nachdenken. Bisher hatte sie Telepathie und Emphatie für eine Anomalie halten müssen, vergleichbar mit einer Krankheit oder einer Verkrüppelung. Diese Wesen aber waren der lebendige Beweis dafür, daß sie sich ihrer Fähigkeit nicht zu schämen brauchte. Schmerzhaft wurde ihr klar, wie wenig sie eigentlich über die M'Hatlas herausgefunden hatte. Sonnenfels war in der Beziehung so verschlossen gewesen wie eine Stadtkuppel bei Seuchengefahr. Zum Beispiel wußte sie immer noch nicht, ob er männlichen oder weiblichen Geschlechts war. Das mochte nicht wichtig sein, aber sie hätte es gerne erfahren. Nichts hatte auf das Vorhandensein eines Gechlechts hingewiesen, und doch war da der Eindruck einer Schwangerschaft gewesen, wenn auch im Gegensatz zu einer schwangeren Menschenfrau die Ausstrahlung des kindlichen Gehirns gefehlt hatte.

Rhynns Überlegungen brachen genauso abrupt ab wie der Weg, dem sie folgte. Sie holte tief Luft, klammerte sich an den nächstgelegenen Baumstamm und starrte über die Kante des Tafelberges in die Tiefe. Ein Anfall von Flächenangst drehte ihr den Magen herum und ließ ihre Knie zittern. Sie rutschte am Stamm hinab, bis ihr der Fels den direkten Blick nach unten verwehrte. Vom Landemanöver her waren ihr die geographischen Daten noch im Gedächtnis, doch so beeindruckend hatte sie sich den Höhenunterschied nicht vorgestellt. Sie zwang sich, in das ferne Land hinabzuschauen.

Vom Fuß des Tafelberges bis zu den blauschimmernden Bergsilhouetten am Horizont dehnte sich ein Fleckenteppich aus vielerlei Grüntönen aus. Breite und schmale, in der Sonne silbern glitzernde Bänder wanden sich hindurch. Sie erinnerten Rhynn an eine Parkanlage, die man augenscheinlich nach dem Muster der Flüsse geschaffen hatte.

Das war also die Heimat der Eingeborenen, das war das Vless, welches die Menschen nicht betreten durften. Rhynn schob eine Haarsträhne zwischen ihre Zähne, um ihr Klappern zu dämpfen. Nie mehr, dachte sie, würde sie einen Schritt auf diesem Plateau tun können, ohne sich der schrecklichen Höhe bewußt zu sein, auf der sie sich aufhalten mußte. Nichts schien ihr in diesem Augenblick schlimmer als die Aussicht, den Rest ihres Lebens auf dem kahlen, trostlosen Felsen verbringen zu müssen, mit dem Wissen, daß es da unten eine lebendige, blühende Welt gab, die einem verschlossen blieb.

Ob die Menschen, die unter den Kuppeln lebten, je hier draußen gewesen waren? Wahrscheinlich nicht, sonst müßte ihnen ihre Existenz unerträglich vorkommen. Selbst dann, wenn die M'Hatlas ihr erlaubten, hie und da in den Park zu kommen, würde sie sich an ein Leben hier oben nicht gewöhnen können. Es wäre eine

Gefangenschaft, in der man durch das Gitter die Schönheit der Freiheit vorgeführt bekam.

Aber genau das würde ihr Geschick sein, wenn die Hafen- oder die Einfuhrbehörde zu viele Schwierigkeiten machten. Oder wenn die versprochene Gegengabe der M'Hatlas nicht reichte oder nicht in Hahns Hände gelangte. Lange hockte Rhynn dicht an den Baum geschmiegt da und malte sich ihre Zukunft in immer schwärzeren Bildern aus, bis Hunger und Durst sie auf die Beine brachten und in die Stadt zurücktrieben. Da sie sich jedoch immer noch nicht dazu entschließen konnte, zum Schiff zurückzukehren, betrat sie das nächstbeste Speiselokal.

Es war womöglich noch grauer, noch häßlicher und schmutziger als der Rest der Stadt, abgesehen natürlich vom Viertel der Musikinstrumente. Sie wollte sich schon umdrehen und ein anderes Gasthaus aufsuchen. Aber ein Blick auf die Speisekarte überzeugte sie, daß sie mit diesem vorliebnehmen mußte. Das Taschengeld, das Hahn ihr zur Verfügung gestellt hatte, reichte gerade für einen billigen Eintopf und eine Schale Tee.

Eine mürrische Kellnerin, deren Gefühle ebenso abgestumpft wirkten wie ihr Äußeres, nahm ihre Bestellung entgegen und wies ihr einen Platz in der dunkelsten Ecke des Raumes an. Sie setzte sich auf den äußersten Rand der ungepolsterten Bank, um ihre Hose nicht allzu schmutzig werden zu lassen, und stellte weitere Vergleiche zwischen der umsichtig geformten und wohlgepflegten Welt der Vlessier und der Trostlosigkeit, in der die Menschen hausten an. Ihre Hände ballten sich zu Fäusten. Irgend etwas mußte sie tun, damit dieser Planet nicht die letzte Station für sie wurde. Irgend etwas, um zu verhindern, daß sie sich in dieser von wenig liebenswürdigen Zeitgenossen ihrer eigenen Art bewohnten Enge in Depressionen oder in autistische Starre flüchtete. Aber sie war selbständiges Handeln nicht gewohnt und wußte, daß sie vor jedem Widerstand zurückschrecken würde.

Das Essen unterbrach ihre unerfreulichen Betrachtungen und löste sofort neue aus. Der Tee bestand in einer gelben Brühe mit einem öligen Film auf der Oberfläche und Kalkgeriesel auf dem Grund. Dazu war er lauwarm. Dafür kochte die Suppe noch im Napf. Aber das war auch das einzig Gute, was man von dem Brei sagen konnte. Da das Geschick zumeist mit drei Würfeln spielt – wie man auf Phryne zu sagen pflegte –, betrat just in dem Augenblick, in dem Rhynn sich ihre Lippen verbrühte, ein bekanntes Gesicht das Lokal: Noctim, Hahns rechte Hand. Er sah sich kurz um und steuerte geradewegs auf die Nische zu, in der sie saß, ohne daß er sie jedoch bemerkt hatte. Sein Gemütszustand verhieß nichts Gutes.

Rhynn blieb noch etwas Zeit, sich auf die Konfrontation vorzubereiten. Das machte ihr aber die Sache nicht leichter, denn ihr wurde klar, woher ihre Abneigung gegen den weißhäutigen und hellblonden Mann stammte: Er glich Thanath, ihrer Sippenältesten auf Phryne, vor der sie in einem seltenen Anfall von Tatkraft und Entschlossenheit ausgerissen war. Noctim stutzte nur kurz, als er sie entdeckte, und ließ sich dann mit zusammengekniffenen Augen und vorgeschobener Unterlippe ihr gegenüber am Tisch nieder, für ihre Sinne ein grell strahlendes Bündel Wut und Rachsucht.

»So, so, die feine Dame sitzt hier in aller Ruhe und läßt es sich gutgehen, während wir Blut und Wasser schwitzen, weil wir ihre Dummheiten ausbaden müssen! Zu deiner Information, du dämliches Stück: Man hat Mug verhaftet und den ›Fetten Gockel‹ beschlagnahmt. Alles deinetwegen!«

»Ja, aber ... aber ...«, stotterte Rhynn eingeschüchtert und versuchte, ihre zitternden Hände unter dem Tisch zu verbergen. Noctims Emotionen brannten jede Kraft zum Widerstand aus ihr heraus und ließen ihr keinen klaren Gedanken.

»Aber ... aber ...«, äffte er sie nach. »Mehr hast du dazu nicht zu sagen? Sieh' mich nicht so stumpfsinnig an! Die Einfuhrbehörde läuft Amok. Unverantwortliche Übergabe ungeprüfter Instrumente an die Eingeborenen, unerlaubte Einfuhr und Unterschlagung. Und noch eine Reihe weiterer Anklagepunkte. Du hast dir wohl eingebildet, die wären blöd und merkten nichts, was?«

»Ich ... ich ...«, Rhynns Zunge war schwer wie Blei. Sie preßte die Lippen zusammen und schlug sich die Fingernägel ins Fleisch, um nicht hysterisch schreiend auf ihn loszugehen, denn das war das einzige, zu dem sie sich in der Lage fühlte. Jedes seiner Worte löste rasende Kopfschmerzen in ihr aus und lockerte die letzten Bande der Vernunft um ihre kreatürliche Angst. Zu ihrem Glück kam die Kellnerin und verlangte, seine Bestellung aufzunehmen. Als die Frau in der Küche verschwunden war, lehnte er sich zurück und sah Rhynn nur lauernd an. Seine aufgeheizten Emotionen fielen in sich zusammen und machten ganz anderen Platz. Aber er sagte kein Wort, bis ein rauchendes, scharf riechendes Getränk vor ihn hingestellt wurde. Er kippte es mit einer betont lässigen Geste, holte tief Luft und grinste Rhynn an.

»Du«, sagte er und deutete mit dem Finger auf sie, als wolle er sie aufspießen, »hast uns die Sache beschert. Du wirst sie jetzt auch wieder in Ordnung bringen! Verstanden?«

Rhynn reagierte mit einer hilflosen Geste. Seine Gefühle lasen sich ebenso verwirrend, wie seine Worte sich anhörten.

»Bist du den Quietschbeutel an einen Eingeborenen losgeworden? Mug faselte etwas von Blasebalg und so. Ja? Na schön. Da hast du mehr Glück gehabt, als du verdienst. Du wirst dich jetzt von deinem faulen Hintern erheben und die Eingeborenen aufsuchen, denen du das Ding gegeben hast. Hahn läßt dir ausrichten, die Leute hätten genug Einfluß auf die Behörden hier, daß die Kerle sofort weiche Knie bekommen, wenn sie auftauchen. Geh und sorge dafür, daß deine Freunde uns herauspauken!«

Einen Augenblick sah Rhynn ihn verständnislos an. Dann schluckte sie eine heftige Entgegnung herunter, richtete sich auf und formte jedes einzelne Wort mit besonderer Sorgfalt, um nicht sofort wieder stottern zu müssen.

»Würdest du mir bitte erklären, wie du dir das vorstellst? Ich kann doch die M'Hatlas nicht zwingen, sich für uns mit den Menschen zu streiten, nur weil eines von ihnen ein Instrument angenommen hat!«

»Du kannst auch auf dem Dreckfleck hier Großmutter werden, wenn dir das lieber ist! Aber rechne in diesem Fall mit einer Unterkunft ohne Fenster und Klinken an den Türen. Sind die Eingeborenen nun scharf auf diese Blasebälge, oder sind sie es nicht? Hahn behauptet, die Viecher hier würden uns noch mehr von den Dingern abnehmen, wenn sie könnten. Als wir den alten Kahn von einem Gockel räumen mußten, habe ich schnell noch eine Sicherung auf dem Container angebracht. Der kann jetzt nur noch von Hahn oder mir geöffnet werden – wenn man ihn nicht in die Luft sprengt. Wenn deine Freunde also noch mehr von den Jammertüten haben wollen, müssen sie uns helfen. Ein kluges Köpfchen, unser Alter! Er meint, du könntest dich mit den Eingeborenen verständigen, obwohl die gar kein Mundwerk zum Reden haben. Stimmt das?«

»Die M'Hatlas sind keine Tiere, sondern sehr freundliche und intelligente Lebewesen, die ihre eigene ... nun ja, Sprache haben.«

»Na, das ist ja prächtig! Los, iß dein Zeug und mach dich auf den Weg. Sonst schleife ich dich eigenhändig zu diesen uniformierten Holzköpfen!«

Rhynn beugte sich tief über die Schale und löffelte ihren Eintopf. Noctim schien ihr der unerträglichste Mensch zu sein, dem sie je begegnet war, obwohl sie genau wußte, daß das nicht stimmte. Es gab schlimmere. Aber was er von ihr verlangte, war ebenso lächerlich wie undurchführbar. Etliche Einwände schossen ihr durch den Kopf. Aber sie hatte nicht die Kraft, auch nur einen anzubringen. Kurz dachte sie daran, Noctim das Armband zu zeigen und ihm ihren ursprünglichen Plan zu erklären. Aber sie verwarf die Idee wieder. Nichts hätte sie in diesem Augenblick zu einer weiteren Diskussion mit diesem Menschen bringen können. Außerdem traute sie ihm nicht. Wenn einer die Sache noch mehr in den Dreck fahren konnte, dann war es Noctim. Vielleicht würde Sonnenfels ihr helfen. Und wenn nicht, so konnte sie immer noch zu Hahn gehen und ihm das Demeton zeigen.

So schlang sie den Brei hinunter, bis ihr Magen halbwegs gefüllt war, trank einen Schluck Tee und drückte der Kellnerin die Geldfolie in die Hand. Ohne Noctim noch einmal anzusehen oder ihn zu grüßen, verließ sie den Raum. Erst als sie das Tor zum Park vor sich auftauchen sah, fiel ihr ein, daß sie einen unsympathischen Zeitgenossen hinter sich gelassen hatte, um in Kürze dem nächsten in die Hände zu laufen.

Die beiden Torwächter schickten ihr ein paar freundliche Worte und fragten, ob sie zur Herberge wolle. Rhynn bejahte und setzte zu einer Erklärung an. Doch die beiden interessierten sich nicht dafür.

– Geh nur, Mensch, und sei willkommen! – sendeten sie und wandten ihre Gedanken wieder einander zu.

Rhynn holte tief Luft, straffte ihren Rücken und schlug den kürzesten Weg ein, quer über ein kunstvoll angelegtes Muster aus Moos und Steinen. Das schlimmste Hindernis würde sich ihr an der Tür zur Herberge in den Weg legen. Wie sollte sie dem M'Hatla-Zwerg nur beibringen, daß sie Sonnenfels doch noch einmal stören mußte? Sie fand keine Antwort auf diese Frage, auch nicht, als sie dem Bündel Arroganz gegenüberstand und ihre Gedanken sorgfältig formulierte.

Das Wesen ließ sie nicht über die Schwelle. Wie eine Nadel aus Eis bohrte sich seine Ablehnung in ihren Kopf. – Nein, du kannst nicht zu ihm. –

Rhynn legte ihre Hände bittend zusammen und führte sie an die Stirn, so wie sie es bei Sonnenfels gesehen hatte. Doch weder die Geste noch ihre demütigen und verzweifelten Emotionen erweichten das M'Hatla. Es sei nicht möglich, gab es ihr nachdrücklich zu verstehen. Sie möge sich zu ihrem Raumfahrzeug begeben und warten. Dann zog es sich zurück und wollte ihr die Tür vor der Nase schließen.

Gleichzeitig aber näherten sich zwei schon recht große M'Hatlas der Herberge, eines davon weiß wie frisch gefallener Schnee. Rhynn empfing einen belustigt wirkenden Gedanken, der jedoch dem Zwerg galt.

– Nun, mein Kind, willst du uns aussperren? –

– Nein, Hoheit. Euch nicht, nur diesen lästigen Menschen hier! –

Da legten sich ihr zwei Hände auf die Schultern und drehten sie herum. Ein von innen her grünlich schimmerndes Augenpaar musterte sie.

– Diesen ...? Ach, das ist doch der Mensch, der sprechen kann! – stellte das Albino-M'Hatla fest und wandte sich an seine hellbraunen Begleiter. – Das Menschenwesen hier ist mit dem großen Tölpel befreundet, von dem ich dir berichtete! –

– Du meinst den Trampel, der drei Tage vor seiner Zeit noch ein Instrument erwerben wollte? Wirklich schade, daß ihr es ihm abgeschlagen habt. Ich hätte mir nur allzugerne das Ergebnis betrachtet! –

– So etwas soll man noch nicht einmal nur für sich denken! Das sind zu ernste Dinge, um seinen Spott damit zu treiben. Bei meiner Ehre, mein Freund, niemand kann innerhalb von drei Tagen so weit in die Musik hineinwachsen, daß er seine ihm spezifische Ausdrucksform findet. Das solltest du dir auch für dich selbst merken, sonst werden wir dir diese Ehre ebenso verweigern müssen! Ich habe es noch am eigenen Geist erlebt, wie ein durch Leichtsinn und Unvernunft verkrüppeltes Geschöpf seine Mitbürger zur Verzweiflung und zu einem kaum zu verantwortenden Schritt trieb! –

Rhynn verfärbte sich, als sie den Wortwechsel mitbekam. Was hatte sie denn jetzt wieder angerichtet? Der Albino sah auf sie herunter und spielte mit ihren Haaren.

– Nein, Mensch, du brauchst dir weder Sorgen noch Vorwürfe zu machen. Du wolltest ein gutes Werk tun und hast ohne Wissen handeln müssen. Was auch immer daraus erwächst, dein Freund – wie nennst du ihn? Sonnenfels? Was für eine kindhafte Verzerrung seiner Identität! –, dein Freund und wir tragen die Verantwortung dafür. Du bist frei von Schuld. Weißt du, manchmal ist es auch wichtig, Risiken einzugehen, will man nicht im Altgewohnten erstarren. Bist du zurückgekommen, um ... Sonnenfels Ehre zu erweisen? Es ist nicht üblich, daß Menschen das tun, aber in diesem Fall sei es gestattet. Ich selbst werde dich mit ins Land nehmen. Ich möchte mit eigenen Ohren hören und mit eigenen Augen sehen, was du uns gebracht hast und was daraus wird! –

Rhynn stimmte erleichtert zu, wenn sie auch nicht zu erkennen vermochte, um was es eigentlich in letzter Konsequenz ging. Je mehr sie mit den Vlessiern in Berührung kam, um so rätselhafter wurden sie. Aber es war nicht die Zeit, diese Rätsel zu lösen. Wenn sie Sonnenfels wiederfand, war schon einiges gewonnen. Er würde ihr gewiß ruhig zuhören und sie verstehen. Und vielleicht sogar helfen.

Der Albino schob sie an dem äußerlich wie auch innerlich starr und beleidigt wirkenden Zwergwesen vorbei und führte sie dann quer durch die Herberge zu einem ovalen Torbogen. Obwohl er ihr keinen artikulierten Gedanken schickte, entnahm sie seiner nachsichtigen Erheiterung, daß der Winzling ein ganz junges M'Hatla war, mit dem man einfach Geduld haben mußte. Sie war trotzdem froh, nicht mehr auf das Geschöpf angewiesen zu sein.

Hinter dem Torbogen lag eine kleine, schmucklose Kammer mit rohen Steinwänden und einem Holzboden. Als sie sie betreten wollten, wurden sie mit einem Male von zehn oder zwölf großen M'Hatlas umringt. Der Weiße stutzte kurz, sah sich dann mit nicht sehr freundlichen Gefühlen in der Runde um und trommelte mit den Vorderbeinen.

– Ihr wollt euch uns anschließen? Alle? Das ist aber sehr viel Ehre für einen verachteten Trampel aus den Westbergen! –

– Ja, glaubst du, ich ließe mir die Sache entgehen? – gab der Hellbraune mit spöttischem Unterton zurück. Die anderen wiesen ihn jedoch nachdrücklich zurecht.

– Bitte, Hoheit, gebt nichts auf seine Äußerungen –, bat ein schon recht schwerfälliges Wesen. – Nicht die Neugier oder eine müßige Laune treibt uns, euch zu folgen. Es ist gut, wenn die Verantwortung von mehreren Personen geteilt wird, sollte es zum Schlechten kommen. Auch Ihr dürft nicht alleine über ein Leben urteilen. Sollte die Sache, wie wir wohl alle hoffen, ein gutes Ende finden, so hat unser Mitbürger ein Recht auf den Ruhm, den wir verbürgen können. Nebenbei bemerkt, zeigt diese Person aus den Westbergen sehr viel Mut und Entschlossenheit und könnte bestimmten Leuten durchaus zum Vorbild dienen! –

Bei diesen Worten brandeten so viele Gefühle und gefühlsbeladene Symbole ringsum auf, daß Rhynn nichts mehr verstand. Als sich dann der Wirrwarr legte und sie Fragen stellen wollte, drängte man sie in die Kammer und beachtete sie nicht weiter. Kaum hatte das letzte M'Hatla in der Enge Platz gefunden, da sackte der Boden ab. Die Bewegung trieb Rhynn den Magen in die Kehle und ließ sie gegen den Albino taumeln. Sie klammerte sich an ihm fest und tat alles, um den Eintopf drinnen zu behalten. Aufzüge hatte sie noch nie gemocht, besonders dann nicht, wenn sie schnell und mit Leuten vollgestopft waren. Dieser besaß zu allem Überfluß noch nicht einmal ein Geländer, geschweige denn Wände. Den Vlessiern mit ihren sechs Beinen schien die Fahrt nichts auszumachen. Jeder versank in seine eigenen Gedanken, bis schließlich kaum noch eine Regung aus ihren Köpfen hinausdrang und ein seltsames Äquivalent von Schweigen die Gruppe umgab. Rhynn empfing zuletzt nur noch eine melancholische Grundstimmung, die Fäden zwischen ihnen zu spinnen begann, ein stumpfgraues Netz, in dem jede Lebensäußerung erstarb. Begierig nahm sie diese Stimmung in sich auf, hüllte sich in sie wie in einen Schleier und versank darin, bis sie irgendwo in dichtem Nebel schwebte und nichts mehr um sich herum wahrnahm.

Das Ende der Fahrt bekam sie erst mit, als sie an der Hand des Albino ein Gewölbe betrat, das von rötlichem Licht mehr verdüstert als erhellt wurde. Rhynn sah sich leicht benommen um und wunderte sich, wie trocken und sauber das alles hier unten war. Das Gestein, die wie Schilfbündel aus dem Felsen gemeißelten Säulen, ja sogar die sich kreuzförmig wölbende Decke, alles war spiegelglatt und glitzerte geheimnisvoll. Das diffuse Licht drang noch gleichmäßig bis in den äußersten Winkel und gab der Unterwelt etwas traumhaft Unwirkliches. Da sich die M'Hatlas nun völlig voneinander abkapselten, wuchs in ihr die Vorstellung, sie wandere mit lebendig gewordenen Standbildern durch eine verzauberte Felsenwelt.

Bald jedoch störten häßliche Flecke das Bild. In einigen Winkeln türmte sich Schrott, häuften sich zerrissene, verdrehte, zerfetzte Teile, die Rhynn erst nach und nach zu identifizieren vermochte, als ein Stück Verkleidung und eine wie ein Fächer gespreizte Tastatur ihr etwas von der einstigen Pracht verrieten. Welche Kräfte mochten da gewütet haben, fragte sie sich mit unruhig klopfendem Herzen. War das strahlende Antlitz des vlessischen Lebens nur eine schöne Maske, die etwas

Häßliches verbarg?

Als ein heller Fleck in der Ferne das Ende des Gewölbes ankündigte, fiel Rhynn eine vermauerte Nische auf, in deren Wand noch eine Lücke klaffte. Das Innere war bis zur Decke mit jenen traurigen Überresten gefüllt, und ihr schlug der Gestank kalter Asche entgegen. Ein Totenhaus, dachte sie, ein Begräbnisplatz für zerstörte Instrumente mußte das hier unten sein. Da geriet etwas Helles in ihr Blickfeld, für das sie lieber keine Bezeichnung suchen wollte. Sie wandte sich ab, richtete ihren Blick fest auf das von draußen hereinfallende Licht und war heilfroh, als sie endlich in den Sommernachmittag hineingehen konnte.

Warmes Licht flutete durch breit ausladende Baumkronen, ergoß sich auf dicke Moospolster und trieb die dumpfe Kälte des Gewölbes von Mensch und M'Hatla hinweg. Rhynn atmete auf und schüttelte die unangenehmen Eindrücke so gut es ging ab, die anderen jedoch schienen sich nur noch stärker in sich selbst zu verkriechen. Noch nie hatten Rhynns Sinne eine solche Stille erlebt. Sie hätte das einzige denkende oder fühlende Lebewesen auf diesem Planeten sein können, so wenig fing sie auf. Es war, als gäbe es noch nicht einmal niedere Tiere in dem Grün ringsum.

Die moosbewachsene Allee führte schnurgerade auf einen schwarzen Wall zu, der aus der Ferne wie ein finsteres Bollwerk aussah. Beim Näherkommen stellte Rhynn jedoch fest, daß es sich nur um eine hohe, dichte Hecke mit dunklem Laub handelte. Es wäre ihr vielleicht nicht so aufgefallen, hätten nicht ein wenig abseits vom Weg zwei kreidig-weiße Gestalten mitten im Gebüsch gestanden. Sie hielt sie in ihrer Regungslosigkeit zunächst für Statuen, die von den Pflanzen überwuchert worden waren.

Da aber stolperte eines der M'Hatlas mit einem dumpfen Schlag. Bei diesem Geräusch zuckte eine der Gestalten zusammen, drehte sich kurz um und drückte sich dann noch tiefer in die Zweige. Der Augenblick hatte Rhynn jedoch gereicht. Das Ding war entfernt menschenähnlich, ein aufrecht gehender Wurm mit zwei Armen und zwei Beinen und einem insektoiden Kopf. Das einzig Bemerkenswerte an dem Wesen waren sechs schmale, milchig-trübe Flügel, die hauchdünn zu sein schienen und doch zäh genug, um nicht von dem Geäst verletzt zu werden.

Ekelhaft sahen die beiden Wesen ja aus, wirklich – abstoßend! Bei diesem Anblick drehte sich Rhynns Magen um, und sie hätte die Biester am liebsten wie Schmeißfliegen verscheucht. – Widerliche Bleichlinge! Wo mögen die bloß herkommen? Kein Wunder, daß der große Tölpel alles getan hat, um so etwas zu vermeiden! –

Rhynn rätselte diesem Gedanken einen Augenblick nach und versuchte gleichzeitig, mit ihrem Ekel fertigzuwerden. Dann begriff sie, daß beides nicht von ihr stammte. Irgendwie hatte der Albino, der selbst in makellosem Weiß prangte, sie zum Spiegel seiner Reaktionen gemacht. Nun bemerkte er es auch. Ihre Blicke trafen sich und versanken ein paar Sekunden ineinander. Der Moment reichte aus, um Rhynns Bewußtsein mit einem Kaleidoskop fremder Bilder, Sehnsüchte, Hoffnungen und Ängste zu erfüllen. Entsetzt riß Rhynn sich los, um nicht den Verstand zu verlieren.

– Verzeih mir, Menschwesen –, empfing sie gleich darauf. – Ich war so ... so äußerst unangenehm berührt und habe mich vergessen. Diese widerlichen Dinger ... diese schändlichen Bleichlinge ... Ich kann mich bei diesem ... obszönen Anblick kaum beherrschen, so regt er mich auf. Aber es war nicht recht, dir mein Inneres so aufzudrängen. Ich erbitte deine Nachsicht! –

Rhynn wandte sich ab, holte tief Luft und formulierte ein paar höflich-beschwichtigende Gedanken, die ihr dann jedoch selbst nur halbherzig vorkamen. Zum Glück schien der Albino sie nicht empfangen zu haben, jedenfalls blieb seine Reaktion aus. Rhynns Blick wanderte noch einmal zu den farblosen Flügelwesen, die nun wie verwaschene weiße Flecken durch das Laub schimmerten. Dann bog der Weg scharf ab. Das Buschwerk schob sich zwischen Rhynn und dieses Rätsel, um gleich darauf ein anderes ihren Augen preiszugeben.

Die Hecke umschloß einen Hain aus hohen Nadelbäumen, die Rhynn sofort an die blauen Zedern ihrer Heimat erinnerten. Doch weder der eigenartige Kontrast zwischen dem dichten, schwarzen Laubwall und den gegen den Himmel strebenden Baumkronen noch das niedere, wellenförmig zu einem kleinen Hügel ansteigende, rötliche Gras vermochten Rhynn länger als einen Atemzug vom Wesentlichen abzulenken.

Ihr Blick fiel auf zahllose Rücken, Rücken von M'Hatlas und von Flügelwesen, die dicht an dicht den Rand einer Lichtung säumten, und sie empfand Neid. Wie eine bittere, ja gallig schmekkende Wolke stieg das Gefühl in ihr auf. So viele Mitbürger waren schon seit undenklichen Generationen nicht mehr zusammengekommen, um einer Person Ehre zu erweisen. Da mußte erst ein ungeschickter, dummer Trampel aus einem vergessenen Winkel auftauchen, ein Halbwilder, der mit aller Macht sich seinen

Traum erfüllen wollte, ohne nur eine Ahnung von den Gefahren und den wahren Zusammenhängen zu haben. Ausgerechnet diesem Tölpel jedoch gelang es, ein neues Instrument in die Hand zu bekommen, und noch vor der Vollendung mehr Ehre zu erlangen, als einem Hochgeborenen zustand. Das war zum ...'

Einige von bangen Fragen und Zweifeln umrankte Bilder folgten dem Gedanken. Dann warf der Albino den Oberkörper zurück, bis sein Kopf beinahe seine Kruppe berührte. Als er sich aufrichtete, umgab seine Gedanken eine undurchdringliche Wand, und Rhynn war wieder sie selbst. Befreit von dem Druck des fremden Bewußtseins hielt sie nach Sonnenfels Ausschau. Im Augenblick hoffte sie nur, ihn bald zu finden, um ebenso bald diese Wesen verlassen zu können. Irgendwo reichte es ihr. Sie hatte genug von Leuten, die in ihrem Kopf aus- und einspazierten, wie es ihnen beliebte. Aber alles, was sie erkennen konnte, war eine Mauer aus Leibern.

Aus Stein hätten diese Geschöpfe sein können, so wenig rührten sie sich. Aus sehr farbenfrohem Stein allerdings, wenn man nur die Geflügelten betrachtete. Im Gegensatz zu den beiden Bleichlingen in der Hecke schillerten die, die hier Seite an Seite mit den M'Hatlas standen, in grellen Tönen und schreienden Mustern. Wie buntes Zuckerwerk sahen sie aus. Oder wie Kinderspielzeug. Was mochte diese grazilen Wesen mit den M'Hatlas verbinden?

Während Rhynn dieser Frage noch nachhing, kam ihr die Stille wieder zu Bewußtsein, die über dem Hain lastete und allem, was ihn umgab. Es war, als läge die Welt unter einem Gespinst begraben, das jeden Laut, jeden Gedanken und jedes Gefühl erstickte. Nach ihren Erfahrungen mit den unkontrollierten Emotionen des Albinos hätte sie für die Ruhe dankbar sein müssen, doch nach wenigen Sekunden schon erschien sie ihr unerträglicher als die Ausstrahlungen eines in Panik geratenen Mobs. Sie wünschte sich, es würde irgend etwas geschehen, jemand würde sich umwenden, die Ankömmlinge bemerken und sie begrüßen, vielleicht nur mit einer Geste. Dann hätte sie gewußt, daß das um sie herum die Wirklichkeit und keine Ausgeburt eines wirren Traumes war. So aber fühlte sie sich außerstande zu entscheiden, was real war und was nicht.

Die beiden Wesen, die eine Ewigkeit und ein halbes Hundert Schritte später herabschwebten und sich vor dem Albino verneigten, waren sicher Schemen einer wilden Phantasie. Brennend rot und himmelblau gebändert, so prangte das eine, wie mit Gold übergossen und mit giftgrünen Flecken bemalt das andere. Rhynn blickte ein paarmal zwischen den zwei Flügelwesen hin und her, dann richtete sie ihre Augen auf den sich öffnenden Kreis. Dort bot sich ihr ein anderes, weitaus angenehmeres Bild. Eine Hütte stand da, mit Wänden aus Holzbalken und einem Dach Reisig und Schilf, über und über mit Girlanden aus Stroh und grünen, im Winde flatternden Bändern geschmückt. Davor, in ihrem Schatten, spielte Sonnenfels auf seiner Cornamusa.

Entgeistert starrte Rhynn auf die Szene und zerrte an ihren Ohren. Aber sie vernahm nichts anderes als das dumpfe Pochen ihres Herzens. Also war sie doch taub geworden und hatte ihre besonderen Sinne verloren! Wie sollte sie sich Sonnenfels nun verständlich machen? Wie ... Der Albino ließ ihr keine Zeit zum Nachdenken, sondern packte sie kurzerhand und stellte sie in der vordersten Linie der Zuschauer ab. Ein, zwei Atemzüge später zerriß der Kokon der Stille. Wie eine Welle schwappte das Lied der Cornamusa über sie hinweg, hüllte sie ein und zog sie mit sich in eine andere Existenz.

Mit einem Male waren es ihre Finger, unter denen das Holz der Pfeifen lebendig wurde, ihre Arme, die den ledernen Balg gegen die Brust preßten, ihn im Takt der Melodien füllten und leerten. Es war ihr Sein, das mit der Musik lachte und weinte, ihre Seele, die in dem Meer der Klänge auf und ab getragen wurde. Und es war ihr Schmerz, der jenseits davon durch den Körper kroch, in ihm wühlte und nagte und wuchs.

Rhynn versank in Sonnenfels' Spiel, ging in ihm auf und verschmolz mit seiner Person. Für eine Weile waren sie eins, gaben sich der unfaßbaren Schönheit der Melodien hin und vergaßen vollkommen die Welt ringsum. Doch Rhynn war nicht stark genug, sich über ihr eigenes Ich hinauszuschwingen, sich von sich selbst zu lösen, um in einem anderen Sein zu verschmelzen. Sie empfand zuviel, erkannte die Qual des Körpers, das lodernde Feuer, die wilde, tobende Flamme, die in seinen, in ihren Eingeweiden wütete. Etwas kämpfte darin um sein Leben, drängte hinaus, mußte sterben, wenn ihm die Freiheit versagt blieb. Seine Glut höhlte die alte Schale aus, schmolz alles hinweg, was es zu ersticken drohte.

Rhynn nahm nicht mehr wahr, wie sie zu Boden sank und sich krümmte, wie sich ihre Hände auf ihren Leib preßten und wie Krämpfe sie schüttelten. Nur ein Spiegel war sie noch, ein Echo für das, was Sonnenfels erlitt. Längst lag der große Körper auf der Erde, längst hing sein Kopf kraftlos herab, pendelte hin und her ohne Halt. Welle für Welle lief über den aufgeschwollenen Leib, krümmte ihn wie einen Bogen. Nur seine Hände, seine Arme bewegten sich noch, und die nicht enden wollende Musik zerstörte den Spieler Faser um Faser. Wie ätzendes Gift ergossen sich die Töne über die Nervenstränge und lösten sie auf, lähmten den Körper Stück für Stück.

Sonnenfels/Rhynn bäumte sich auf. Schweiß lief in Strömen von seinem/ihrem Körper. Wie eine scharfe Klinge durchfuhr es sein/ihr Fleisch, bohrte sich in die umnebelten Sinne und schlitzte von innen her beides auf. Er/sie stemmte sich hoch und kam schwankend auf die Beine. Sein/ihr Leib riß auf. Blut quoll heraus. Smaragdgrüner Lebenssaft tränkte das Moos. Etwas schlug um sich, glitt hinaus, und mit einem grauenvollen Laut erstarb die Musik.

Vier Hände krallten sich in Leder und Holz, brachen und rissen in ihrer Qual, bis Splitter, bis Fetzen den Boden bedeckten. Rhynns Augen, die Augen eines sterbenden Wesens sogen sich an der berstenden Hülle fest, an den Farben, die sich aus ihr schälten. Dann schlugen Flammen aus dem Holz der Hütte, leckten nach dem Sterbenden und hüllten das eben Geborene in unirdischen Schein. Ein letztes Aufflackern des Schmerzes, ein paar unbeholfene Schritte dem Feuer entgegen und alles Licht erlosch.

*

Sie erwachte in gestaltloser Schwärze, allein mit sich, mit einem unfaßbaren Ich-Selbst, mit Gedanken, die am Rande ihres Seins lauerten, ohne sich fassen zu lassen. Lange schien es ihr, als gäbe es nichts anderes sonst. Dann aber tauchten Schemen auf, nebelhafte Gestalten mit menschlichen Zügen, die ihr bekannte, ja vertraute Gesichter zuwandten. Besorgt und ängstlich blickten sie auf sie herab, voll Trauer und Resignation. Ihre Lippen formten Worte ohne Laut. Emotionen trieben wie flirrender Staub von ihnen weg, erzählten ihr von Kummer und Leid, von schmerzlichem Verlust und von der Furcht vor Wahn und Tod. Bald jedoch verwehten die Erscheinungen, ließen sie zurück ohne Halt, ohne Wurzel, dem Vergessen preisgegeben.

Dann brachen Stimmen in das Nichts, füllten es mit hartem Klang, umwanden sie und nagelten sie fest, gaben ihrer Existenz einen ganz eigenen Sinn.

– Das Menschenwesen stirbt, Hoheit. Es ist nur noch eine Schale ohne Inhalt, mit kaum mehr Leben als eine Pflanze. Da dürfte alle Mühe vergebens sein! –

– Vielleicht ... möglicherweise ... du magst recht haben. Aber ich werde mir nicht die Flügel ausreißen, ehe ich nicht das Fliegen versucht habe! Ich will nicht, daß dieses Geschöpf durch unsere Schuld vergeht, verstehst du? Solange ich noch ein Flackern in ihm wahrnehme, werde ich um sein Leben kämpfen! –

– Ich verstehe, Hoheit. – Ein wissendes Lachen schwang in dieser Stimme mit. –Ihr habt ihm viel zu verdanken! Wenn Ihr jedoch den Rat einer unbedeutenden Person annehmen wollt, so behandelt diesen Menschen wie einen kranken Schlüpfling, wie einen Erdverwachsenen, nicht wie einen Himmelsbewohner! –

– Wie einen Ei-Geborenen? Du meinst, ich soll die Fäden seiner Erinnerung aufnehmen und sie verknüpfen? Das Menschenwesen so zu seinem Leben zurückführen? Ja ... ja, das ist einsichtig und so soll es geschehen. Aber verschließe du dein Inneres, und laß mich alleine handeln! –

– Wie Ihr wünscht, Hoheit! Euch und dem Menschenwesen sei Erfolg beschieden! –

Menschenwesen ... erdverwachsen ... diese Worte blieben in ihr haften, auch als die Stimmen verstummt waren und sie selbst zum dritten Mal einsam durch das Nichts trieb. Ob man wirklich sie damit gemeint hatte? Beinahe war sie sich dessen sicher. Wie seltsam ... Wenn die Gedanken doch nicht so mühsam und quälend herankämen ... und wenn es nicht so dunkel und so still wäre ...

Still ... Stille ... damit hatte es irgendwo angefangen. Mit Stille und Farben. Und mit Musik. Narrten sie ihre Sinne? Nein, da ertönte eine Melodie, so fern, als dränge sie durch dicke Mauern. Dann stieg Nebel rings um sie auf, eine grauweiße Wand, auf der wenig später Bilder entstanden. Aus Farben, die wie auf weichem Papier zerliefen, formte sich eine Szenerie, die nach und nach in Bewegung geriet.

Da tauchte eine dunkle Wand auf, in die zwei bleiche Gestalten versanken, und ein großes, weißes Geschöpf, das Haß und Abscheu ausströmte. Dann riß die Wand vor ihr auf, gab den Blick auf die nächste frei, auf einen Wall aus lebendigen Geschöpfen, aus Erd- und Himmelsbewohnern, die rasch größer wurden. Bald öffnete sich auch dieses Hindernis ihrem Blick. Dahinter fand sie ein einzelnes Wesen, in dem sie trotz des verschwommenen Bildes Sonnenfels erkannte, die alte Person, die um das Glück ihres Kindes spielte, den Erdverwurzelten, der starb, um einem Geschöpf des Himmels das Leben zu schenken. Spannung lag über der Szene, dick und fühlbar wie die Luft vor einem Gewitter. Sie stieg von den Wartenden auf, entsprang ihrer Ungeduld. Wie durch einen Schleier nahm sie die Schmerzen des Freundes wahr, die Qualen des Gebärens, bis sich die schillernde Hülle von Sonnenfels' Leib löste und zu Boden fiel. Dann erlosch jede Wahrnehmung.

Doch nur um klarer, heller und plastischer zurückzukehren. Zum Greifen nahe stand Sonnenfels vor ihr, eingefallen, blutend und schrecklich entstellt. Er starrte sie an, regungslos, mit vorgestreckten Armen, als wolle er ihren Anblick in sich hineinsaugen. Dann begann er zu zittern, zu taumeln, stolperte rückwärts, in die brennende Hütte, in sein Totenfeuer hinein. Seine Augen jedoch ließen sie nicht los, bis das Dach lichterloh aufflammte und über ihm zusammenstürzte.

Nun veränderte sich die Szenerie. Der Blickwinkel wechselte, als würde eine Kamera geschwenkt. M'Hatlas und Himmelsbewohner näherten sich ihr mit feierlichen Schritten, blieben in achtungsvollem Abstand stehen und sahen sie erwartungsvoll an. Einen Moment später löste sich der Albino aus ihren Reihen und näherte sich ihr auf Armeslänge. Sein Geist öffnete sich, und tastende Gedankenfühler senkten sich in ihr Inneres. Es war, als kehre er ihr das Unterste zuoberst. Kurze Zeit hielt sie still, blieb sie steif und starr und wich sogar ein wenig zurück. Dann aber schlug etwas in ihr hoch, wehrte ihn ab, drängte ihn kühl und bestimmt zurück und schloß ihn schließlich aus. Ein letzter Gedanke, ein Bild hielt sich noch, bis die letzte Verbindung brach: eine Königin!

Noch ehe ihre Verwunderung abflauen konnte, packte der Albino sie, hob sie hoch und präsentierte sie der wartenden Menge. Nun blickte sie auf Erd- und Himmelsbewohner hinab, auf die gesenkten Köpfe kniender Anbeter. Ein Raunen vernahm sie, Verblüffung und Staunen und zweifelnde Fragen, die zuletzt in aufbrandendem Jubel vergingen. Man ließ sie hochleben, hieß sie willkommen und nannte sie Königin. Königin der Winde und Mutter der Erde. Die Sechsbeinigen stampften heran, umringten den Weißen und griffen nach ihr. Sie aber entschlüpfte den ungeschickten Händen der Lebensträger, stieg mit schwirrenden Flügeln in die Dämmerung auf und ließ sich von den Winden einfangen. Als sie zurückblickte, sah sie die anderen Himmelsbewohner ihr folgen. Wie eine Schleppe aus bunten, glitzernden Perlen tanzten sie hinter ihr.

Dann aber zog etwas anderes ihre Aufmerksamkeit an, ein heller Fleck auf dem Boden, der im Feuerschein rötlich flackerte, eine dunkle Gestalt in lockeren Menschenhäuten. Sie schwebte hinab, landete so sanft wie ein Blütenblatt neben ihr – und erblickte sich selbst, Rhynn, wie eine zerbrochene Puppe am Boden liegen.

Schreiend bäumte sie sich auf und griff nach dem verschwimmenden Bild, schlug dann in Panik um sich, um einen Halt zu finden. Jemand sprach beruhigend auf sie ein, nahm ihre Arme und drückte sie auf ihr Lager zurück. Dämpfende und gleichzeitig seltsam erregende Emotionen strömten auf sie ein, legten sich wie Öl auf ihre Angst und ihren Schrecken.

Abwehrend warf sie den Kopf von einer Seite zur anderen, riß die Augen auf und blickte in große, goldene Facetten, in die Augen der M'Hatla-Königin, der geflügelten Tochter von Sonnenfels, die sich besorgt über sie beugte. Mit einem wimmernden Laut erschlaffte sie, holte dann tief Luft und hielt den Atem an. Die Königin ließ sie los und trat einen Schritt zurück. Gleichzeitig breitete sie die Flügel aus.

– Du hast dir mit dem Schlüpfen viel Zeit gelassen, Menschenwesen! –

– Womit Zeit gelassen? – fragte Rhynn noch ganz konfus. Da aber quollen Fragmente einer fremden Erinnerung in ihr auf, Fetzen aus Sonnenfels' Gedächtnis, die ihr irgendwie geblieben waren. – Aber ich kam doch nicht aus einem Ei! –

– Dein Körper nicht. Aber dein Geist war verletzt und krank und hatte sich hinter eine dicke Schale zurückgezogen . . . Menschenwesen? Was starrst du mich so an? Was schickst du mir für sonderbare Emotionen? –

Rhynns Blick haftete auf ihrem Gegenüber, als wolle er festwachsen. Wie schön das Wesen war, wie wunderschön! Ganz anders als seine unerträglich bunten Artgenossen. Es besaß eine sanftblaue Hautfarbe und Schwingen, die aus geschliffenem Kristall geformt schienen. Darüber aber zog sich ein sinnverwirrendes Filigran aus dunklen, metallisch-blau glühenden Linien und Schnörkeln, die sich einem Betrachter bei jeder Bewegung zu entziehen wußten. Dafür also hatte Sonnenfels gelebt, dafür war er zu jedem Risiko bereit gewesen.

– Nein, Mensch–, erwiderte die Königin, die ihre Gedanken

durchaus klar empfangen hatte, – nicht nur für die äußerliche Schönheit. Die ist nur Beiwerk. Die Musik bewirkt mehr, viel mehr! Sie schafft einen für unser Dasein entscheidenden Unterschied zu dem, was uns sonst bestimmt wäre. Nun ja, bei mir hat sie allerdings des Guten ein wenig zuviel bewirkt. –

Eine sehr melancholische Grundstimmung begleitete diese Gedanken, eine unbestimmbare Trauer und Sehnsucht, die Rhynn tief berührte.

– Warum zuviel? Ich verstehe dich nicht. Alle waren doch froh über deine Geburt. –

– Ach ja, das ist richtig. Das beruht auf einer alten Tradition, einem unausrottbaren Instinkt meines Volkes oder so etwas Ähnlichem. Ich bin mehr als die anderen Himmelsbewohner, mehr als die Frauen meines Volkes, eine richtige Mutter. Es gab eine Zeit, da waren die Königinnen, die Erdmütter, eine Garantie für das Weiterleben unserer Art. Aber seit die Musik uns verändert hat, sind sie unwichtig geworden und auch noch seltener als früher. So überflüssig sie sind, ihre Geburt wird gefeiert, als hinge der Bestand der ganzen Welt davon ab. –

Rhynn seufzte. – Schon wieder ein Rätsel! Seit ich euch kennengelernt habe, lernte ich zum größten Teil Fragen ohne Antworten kennen. Bitte, hab Geduld mit einem dummen Menschen und erkläre mir, wovon du sprichst. –

– Gerne. Du wirst sehen, die Angelegenheit ist so rätselhaft nicht. Inzwischen hast du ja schon einen Teil unseres Lebensrhythmus kennengelernt. Die Sechsfüßigen schlüpfen aus Eiern und gebären am Ende ihres Lebens einen Himmelsbewohner. Wir nun paaren uns zwischen den Wolken, und nach einer bestimmten Zeit legen die Frauen ein oder zwei Eier.

Früher jedoch, ehe die Menschen kamen und uns ihre Musik lehrten, waren die geflügelten Frauen in der Regel unfruchtbar, so wie die beiden Bleichlinge, denen du begegnet bist. Hie und da geschah es, daß eine Königin geboren wurde, eine Frau, die im Laufe ihres Lebens Hunderte oder Tausende von Eiern legte.

Heute ist das anders. Die Musik löst im Leib des Trägers Stoffe aus, die bei der Geburt in den Körper des Geflügelten dringen und ihn erst äußerlich und dann langsam auch innerlich verändern. Seither gibt es nur noch in abseits gelegenen Provinzen, hinter Bergketten, die niemand gerne überfliegt, weiße, unfruchtbare Frauen und hyperproduktive Erdmütter. Aber alte Verhaltensweisen lassen sich nicht so leicht abschütteln. Königinnen werden gefeiert, und ihre Nachkommen gelten als etwas Höheres als die gewöhnlichen M'Hatlas. –

– Es sei denn, sie stammen aus fernen Landen wie Sonnenfels, nicht wahr? –

– Ja, das ist richtig. Weiße Frauen zählen nicht und weiße Erdmütter noch viel weniger. Im Gegenteil. Wäre ich hier ohne Farbe, aber als Königin zur Welt gekommen, hätte man sicher verhindert, daß ich je zum Paarungsflug aufsteige. Daher hatte mein Träger auch nur ein Ziel vor Augen: Keinen verachtenswerten Bleichling gebären!–

– Ich freue mich für ihn und für dich, daß er dieses Ziel erreichen durfte! – sendete Rhynn mit dem Äquivalent eines Lächelns.

Doch die Königin zuckte davor zurück, als sei sie unangenehm berührt. – Du freust dich, Menschenwesen? Glaubst du, mein Schicksal sei so erstrebenswert? Sieh einmal: Wenn meine bunten Schwestern aus den Wolken zurückkehren, übergeben sie ihre Eier den Sechsfüßlern zur Pflege und wissen sich dann aller Sorgen ledig. Anders als die Bleichlinge haben sie keiner Erdmutter gegenüber Pflichten zu erfüllen und können den Rest ihres Daseins frei umherschweifen.

Ich dagegen muß mir nach dem Paarungsflug die Flügel ausreißen und mich in eine Erdhöhle sperren lassen, wo ich dann dick und unförmig werde, unfähig, mich fortzubewegen. Man wird mich füttern und hätscheln und die Augen nicht von meinem Hinterleib lassen, damit ja kein Ei auch nur den Boden berührt. So darf ich viele normale Lebensspannen lang dahinvegetieren, ohne noch einmal den Himmel wiederzusehen. Ach, Mensch, das kann mein Träger doch nicht gewollt haben! –

Rhynn streckte ihre Hände mit einer hilflos-tröstenden Geste aus. – Das stimmt mich traurig, und ich kann dir nur mein Mitleid bezeugen. Ich bitte dich überdies, meine Unwissenheit zu entschuldigen. Wer hätte sich denn vorstellen können, daß so ein kleines, unscheinbares Instrument eine solche Wirkung zeigt? –

– Niemand, Menschenwesen! – antwortete die Königin mit einem Gefühlsausbruch, der halb Lachen und halb Weinen war. – Ich hoffe, daß ich nicht nur das Produkt dieser Cornamusa bin, denn sonst sehe ich schlimme Zeiten auf das Volk zukommen. Wie eine Plage sind die Sechsfüßigen über deine Kameraden hergefallen und haben ihnen jede spielbare Balgpfeife abgehandelt. Es dürfte im Umkreis von einem Flugtag keinen Fetzen getrockneter Glückshaut mehr geben, denn die hat man packenweise hierher geschafft. –

– Sagtest du Glückshaut? – dachte Rhynn schockiert. – Das Material, hinter dem meine Artgenossen so her sind? Aber ... aber ... das ist doch die Hülle, in der ihr geboren werdet! –

– Das ist richtig. Soviel ich weiß, brauchen die Menschen es für Heilstoffe und so ähnliche Dinge. Warum berührt dich das so? Früher hat man die Sechsfüßler damit gefüttert, die Königinnen austragen sollten. Ich habe dir meine eigene Hülle mitgebracht, mit eigener Hand in Moos eingehüllt, damit sie richtig trocknet und nicht verdirbt. Habe ich dich nun damit beleidigt? –

– Nein ... natürlich nicht. Wenn du es für richtig hältst, ist es gut. Ich ... ich danke dir. Ich ... – Einen Augenblick vermochte Rhynn keinen zusammenhängenden Gedanken zu formulieren. Ihr wurde klar, wie sehr sie von der Begegnung mit diesen Wesen geprägt worden war und wie stark sie sie mit menschlichem Maßstab dennoch zu messen versuchte. Die Königin überging ihre Verlegenheit mit freundlichen und auch wehmütigen Gefühlen.

– So, Menschenwesen! Nun müssen wir voneinander Abschied nehmen. Ich bin schon zu lange am Boden geblieben, und auch du mußt dich um deine Kameraden kümmern, die schon ungeduldig auf dich warten. Der, den du den großen Albino nennst, und ich haben die Unstimmigkeiten zwischen den ansässigen Menschen und deinen Leuten in Ordnung gebracht und dabei auch gleich einiges Grundsätzliche geregelt. Mir tun jetzt noch die Arme vom Gesten-Reden weh! Ach, Mensch! Wenn du unsere Welt wieder besuchst, dann lasse dich zu mir führen. Bis dahin wünsche ich dir gute Aufwinde und glückliche Stunden über den Wolken! –

– Lebe wohl, Königin des Himmels! – erwiderte Rhynn herzlich, aber auch ein wenig niedergeschlagen. Dieser Abschied kam ihr zu unvermittelt. Sie sah Sonnenfels' Kind nach, bis es sich in dem umgebenden Schatten auflöste, und starrte weiter in das verwaschene, von einigen farbigen Schlieren unterbrochene Grau, das sie umgab. So lange, bis sie den Klang einer menschlichen Stimme vernahm, ganz weit draußen, jenseits ihres Bewußtseins. Es war nur ihr Name, der gerufen wurde, doch er hörte sich sonderbar an. Dann bemerkte sie, wie sich ihre Umgebung veränderte, wie sich Linien und Formen herausschälten, wie ihre eigenen Sinne gegen Instinkte und Reaktionen rebellierten, die ihnen von den Resten einer fremden Persönlichkeit aufgezwungen worden waren. Die enge Verbindung mit Sonnenfels und der M'Hatla-Königin hatte in ihrem Innern Dinge angerichtet, gegen die sich ihr Körper mit aller Kraft wehrte. Hilflos verfolgte sie, wie sich nun alles wieder normalisierte.

»Rhynn!« wiederholte Hahn. Für einen Moment noch flimmerte seine Gestalt vor ihren Augen. Dann stabilisierte sich ihr Gesichtssinn. Hahn lächelte ihr aufmunternd zu, sagte aber nichts mehr. Rhynn erfaßte seine Gefühle, erkannte, daß er sich ihr mit Vorbedacht öffnete, um sich ihr wortlos mitzuteilen. Besorgnis las sie in ihm, Angst um ihr persönliches Wohlergehen und damit auch um das des Schiffes und seiner Mannschaft. Daneben empfand er starke Erleichterung, so als hätte er sie auch schon aufgegeben gehabt. Über allem aber schwang eine dichte, wohlige Zufriedenheit. So, wie er da saß, erinnerte er sie an die große, faule Jagdkatze ihres Ehepartners auf Phryne. Die hatte mit ähnlichen Emotionen vor einer Schüssel mit süßem Rahm in der Sonne gehockt. Der Handel mit den M'Hatlas mußte ungeheuer einträglich gewesen sein. Auf ihrer Zunge ballten sich Dutzende von Fragen. Gleichzeitig drängten ihre Erlebnisse darauf, erzählt zu werden. Gerade, als sie ihre Zunge zwingen wollte, das erste Wort, die ersten Laute menschlicher Sprache zu formen, stürmte Noctim in die Zentrale. Rhynn zuckte schon zusammen, ehe seine Faust auf der Tischplatte landete.

»Was hast du mit den restlichen Quietschbälgen gemacht?«

Hahn musterte ihn scheinheilig-verwundert. »Das unbrauchbare Zeug habe ich den Einfuhrbehörden überlassen.«

»Was hast du? Hast du denn ganz den Verstand verloren? Die hätte man doch für die Vlessier umbauen können!«

»Du wirst nie ein erfolgreicher Händler werden, Noc«, erwiderte Hahn und betonte dabei jede einzelne Silbe. Interessiert verfolgte er, wie das Gesicht seines Offiziers bis unter die Haare purpurrot anlief und der Mann nach Luft schnappte. Dann schnitt er seinen Wutausbruch kurzerhand ab und fuhr fort. »Sollten wir noch einmal eine ähnliche Ladung hierherbringen wollen, möchte ich nicht von vorneherein die Landeerlaubnis verweigert bekommen. Denk mal ein wenig darüber nach. Vielleicht begreifst du es!« Rhynn hielt sich die stechenden Schläfen, als Hahns belustigte Schadenfreude und Noctims sich in Verwirrung auflösender Zorn über ihre paranormalen Sinne hinwegbrandeten. Der Alltag hatte sie wieder.

Ilona Bodden

Eine sehr alte Geschichte

Kunst ist Integrierung des Bösen.
Simone de Beauvoir

Langsam erhob sich die Sonne über dem Horizont. Zuerst war es nur ein fahles Leuchten, ein schwaches, bläulich-rosiges Licht, die erste Ahnung des Morgens. Gelbliche Strahlen spielten wie Finger darüber hin. Dann: das erste Aufflammen, welches die Dinge ringsum aus dem grauen Schleier der Nacht zu lösen schien und sie sich selbst zurückgab.

Awal wurde nie müde, das alles zu betrachten.

Sie waren vier: Awal, Aham, Ky und Ef. Doch Awal war der einzige, der an diesem Schauspiel Gefallen fand. Allenfalls hätte Ef einen flüchtigen Blick dafür gehabt. Aber sie war ja auch anders: eine Frau.

Awal mochte Ef, er hätte sie gerne gehabt. Doch noch wagte er es nicht, sie Aham streitig zu machen. Aham hatte die älteren Rechte, gewiß – aber eines Tages, und der war vielleicht nicht einmal so fern, eines Tages würde er das tun, wonach sein Körper verlangte.

Aham wurde alt. Er taugte nicht mehr für die Jagd, er war zu nichts mehr nütze.

»Ich und Ky sind es, die Nahrung heranschaffen«, dachte Awal verächtlich. »Dabei ist mein Bruder Ky eher ein Pflanzensammler, einer, der nach Pilzen sucht und Wurzeln ausscharrt wie ein Gronz . . .« Ef kochte Suppe davon. Sie füllte den Bauch, aber gleich darauf war man wieder hungrig. Fleisch war besser. Fleisch machte satt und verlieh Kraft. Große Stücke rotes, saftiges Fleisch . . .

Doch es gab auch andere Dinge auf der Welt – wie diesen Sonnenaufgang zum Beispiel. Die rasch wechselnden Farben und Formen weckten in ihm etwas, das er nicht deuten konnte, etwas Sonderbares, fast schmerzhaft Drängendes, ähnlich der Unruhe, die er bei dem Gedanken an Efs nackte Brüste empfand.

Eines Tages –

Awal stieß einen lauten, weit hallenden Schrei aus und lauschte dem Echo nach, das ihn unzählige Male von den Bergwänden zurückwarf . . .

Aham hatte den Schrei gehört. ›Awal wird ein Mann‹, dachte er. Er verzog sein Gesicht zu einer Grimasse, so daß man die Zähne sah. ›Er ist stark. Noch ein paar Winter, und er wird versuchen, meinen Platz einzunehmen. Dann heißt es auf der Hut sein . . .‹ Wütend zerrte er an einer Baumwurzel und versuchte sie loszureißen. Seine Aufgabe war es, Brennholz herbeizuschaffen. Wieder riß er heftig an der Wurzel. Sie gab nicht nach.

Aham stöhnte und wischte sich den Schweiß von der Stirn. Sein Arm machte ihm zu schaffen. Er betrachtete das zerrissene Fleisch mit den blauroten Narben, die Folgen seiner Unvorsichtigkeit. Das Beutetier in der Fallgrube war noch nicht ganz tot gewesen und hatte ihm mit seinen Krallen und Zähnen die Muskeln zerfetzt. Fast wäre er daran gestorben. Es war eine böse Zeit gewesen: Einen ganzen Winter hatte er dagelegen, zu schwach, um auf die Jagd zu gehen; und was Ky und Awal heranschafften, reichte gerade aus, um nicht zu verhungern. Ef hatte ihn gepflegt . . .

Das Feuer flammte noch einmal hoch auf und sank dann mit einem leisen Knistern in sich zusammen. Auf Händen und Knien kauerte Ef daneben und blies in die Glut, eifrig bemüht, sie nicht gänzlich verlöschen zu lassen. Auf den flachen Steinen brieten einige Fische. Mit zwei Astgabeln wendete sie sie um; vorsichtig, damit die Fische nicht zerfielen. »Die hat Awal gefangen, mein Sohn Awal«, murmelte sie stolz, »deshalb soll er auch den größten bekommen.« Sie strich mit beiden Händen ihr Haar zurück und suchte nach etwas, um es zusammenzubinden. Dann erhob sie sich und ging bis zum Eingang der Höhle.

»Aaaa-wal«, rief Ef, »Aaa-wal! Aaaa-ham!« langgezogen und melodisch, und dann kurz und schwirrend, fast ungehalten: »Ky!«

›Ich bin wieder der letzte, den sie ruft.‹ Ky war außer sich. Fast hätte er die unter soviel Mühe gesammelten Pilze fortgeschleudert und zertreten. ›Immer denkt sie zuerst an Awal‹, grollte er. ›Und Aham läßt es geschehen, er tut, als merke er nichts. Wenn ich einfach fortliefe . . .‹, überlegte er weiter und ließ sich rücklings ins Gras fallen. Er sah sich allein davongehen, auf die Sonne zu, abends müde an einem Feuer hocken und in die Flammen starren, allein . . .

›Wenn ich fortliefe, würde mich niemand vermissen‹, endete er kalt und erhob sich. Griff nach den auf einer Rute aufgespießten Pilzen. Es blieb nichts anderes übrig, als nichts zu hören und zu sehen, dachte er, während er langsam auf die Höhle zuschritt.

Wie Aham.

Die Regenzeit kam und mit ihr die Untätigkeit, das müßige Herumsitzen. Aham verschlief einen großen Teil des Tages; aus der Ecke, in der sein Lager war, kam sein grunzendes Schnarchen. Ef schabte mit der scharfen Kante eines Steins die Fleischreste von einem zum Trocknen ausgespannten Fell. Ky, am Feuer, hielt kleine Äste in die Glut und beobachtete gespannt ihr Aufflammen. Im schwachen Dämmerschein nahe am Eingang hockte Awal und kramte in allerlei Sammelgut, hob das eine oder andere ans Licht, um es genauer zu betrachten, nickte wohl auch befriedigt, bevor er es beiseite legte.

Jetzt hatte er den leeren Panzer eines Scharacks ergriffen, besah und beroch ihn von allen Seiten, klopfte dann mit den Fingerknöcheln: Es gab einen hohlen und trockenen Klang, der ihn verblüffte. Er wiederholte das Klopfen mehrmals und griff dann zu einer Schnur aus den Därmen des Scharacks, wie sie Ef zum Nähen verwendete. Er spannte sie fest über den Hohlkörper und zupfte. Sie gab einen dumpfen, schwirrenden Ton von sich, der um so heller klang, je fester er die Schnur anzog. Ef sah von ihrer Beschäftigung hoch und lachte.

Einige Tage später hatte Awal vier Schnüre auf dem Scharack befestigt und zupfte abwechselnd daran. Die schwankenden, unbestimmten Töne, die das Instrument von sich gab, begeisterten ihn. Er nannte es Dadal und beschäftigte sich ganze Tage damit. Ef liebte es, wenn ihr Awal etwas vorzupfte, einfache Tonfolgen, mehr gab es nicht her. Er wurde aber immer geschickter, erfand neue Klänge, Variationen der alten. Auch wußte er bald die Saiten mit einem Holzstück anzureißen, was den Tönen größere Klarheit verlieh.

Auch Ky begann sich eines Tages damit zu befassen. Als Awal anderweitig beschäftigt war, griff er nach dem Dadal und versuchte darauf zu spielen, was ihm kläglich mißlang.

Immer häufiger kam es vor, daß Ky und Awal allein für Nahrung sorgen mußten. Aham zog es vor, in der Höhle zu bleiben. Er schlief nahezu Tag und Nacht, kam nur unwillig aus seiner Ecke herbeigekrochen, um seinen Anteil am Essen hinunterzuschlingen und sich dann sofort wieder auf seinem Lager zusammenzurollen. Nachts hörte man ihn manchmal stöhnen, aber niemand kümmerte sich darum.

Als die Regenzeit herum war und das gewohnte Leben wieder begann, geriet das Dadal in Vergessenheit. Ky wagte es nicht mehr anzurühren, nachdem Awal es ihm aus den Händen gerissen und ihm einige wütende Fußtritte versetzt hatte. Aber der Gedanke daran ließ ihn nicht los. Im Halbschlummer hörte er das tiefe Schwirren der angerissenen Saite, sah das Hölzchen durch die Gewalt der Schwingung davonschnellen ...

In den Dingen lag eine geheime Kraft verborgen. Man mußte nur lernen, sich ihrer zu bedienen.

Als die Sonne höher stand, verschwand Ky tagelang. Er hielt sich verborgen und kehrte nur abends mürrisch und müde an das Feuer zurück. Dann kam er eines Tages sehr aufrecht, mit raschen Schritten. In den Händen hielt er einen sonderbaren Gegenstand. Es war ein starker, biegsamer Ast, dessen Enden er zusammengezwungen und durch eine Schnur verbunden hatte. Dazu gehörte ein Bündel gerade gewachsener, zäher Pflanzenstengel, an deren einem Ende ein scharfkantiger Stein befestigt war. Bevor er sich niedersetzte, lockerte er sorgfältig die Schnur und legte Ast und Pflanzenstengel auch während des Schlafs nicht aus der Hand.

Er schien verändert. In seinen Bewegungen lag etwas seltsam Wildes, so daß Ef ihn einige Male verstohlen betrachtete. ›Wie kräftig er geworden ist‹, dachte sie noch, bevor sie in den Schlaf hinüberglitt. ›Ich habe gar nicht gewußt, daß Ky so breite Schultern hat ...‹

Am nächsten Tag brachte Ky einen flachen Stein herbei, in dessen Vertiefungen er roten Lehm und weiße Erde gefüllt hatte. Mit einem verkohlten Ast begann er seltsame Zeichen an die Wand der Höhle zu schreiben. Ef und Awal erkannten gerade und gebogene Linien, scheinbar regellos.

»Aber – das ist doch ein Scharack!« rief Aham, der rasch herbeigekommen war. »Seht doch – und da ist ein Gimm. Noch eins, eine ganze Herde ...« Er wurde so aufgeregt, als sei das Ganze Wirklichkeit.

Ky ergriff den Ast und zwang ihn zu einem Bogen. Er legte einen der Pflanzenstengel mit seiner Kerbe auf die Schnur und spannte sie ...

Mit einem scharfen Zischen schoß der Pfeil vorwärts, berührte die Zeichnung mit seiner Spitze und prallte heftig von der Wand zurück.

Awal schrie auf. Mit seinem stumpfen Ende hatte ihn das Geschoß an der Schulter getroffen.

Ky hob den Pfeil auf und betrachtete ärgerlich dessen beschädigte Spitze. Seine Hände waren vom Lehm rot gefärbt.

Zwei Monde später tötete er ganz allein ein Gimm – etwas, wozu sie sonst kaum zu dritt imstande gewesen waren.

Gegen Mittag war er auf ein Einzeltier gestoßen, das von der Herde abgesprengt worden war. Es war riesig.

Sein Mut sank, als er es erblickte. In seinen Gedärmen war kollernde Furcht. Das Gimm betrachtete ihn ruhig mit seinen kleinen, hellen und bösen Augen und kam auf ihn zu. Drohend ...

Er schoß. Der Pfeil blieb irgendwo in den langen, verfilzten grauen Haaren stecken, ohne etwas anderes auszurichten, als das Tier zu äußerster Wut zu reizen. Mehr aus Verzweiflung versuchte er einen zweiten Pfeil, zielte sorgfältig ...

Diesmal blieb der Pfeil im Auge stecken, drang tief ein. Das Gimm blieb mit einem Ruck stehen, riß seinen Rachen auf und brüllte furchtbar.

Ky gab sich verloren. Er begann zu zittern. Er schloß die Augen, wartete ...

Vor sich hörte er ein langgezogenes, seufzendes Ausatmen, die Erde erzitterte von einer ungeheuren Masse, die polternd zu Boden fiel. Das Gimm war tot. Tot. Und er hatte es getötet. Allein. Ohne daß ihm Aham und Awal dabei geholfen hatten.

Eine riesige Welle schien ihn zu erfassen und fortzutragen. Mit beiden Füßen zugleich sprang er auf den Rücken des toten Tiers, stampfte, tanzte, schrie. Sein Kiefer bebte, seine Augen verdrehten sich, bis man nur noch das Weiße sah. Speichel und Tränen rannen unaufhörlich über sein Gesicht ...

Das Gimm war tot.

Aham und Awal wollten es ihm zuerst gar nicht glauben. Ef geriet außer sich vor Bewunderung.

Von nun an sorgte Ky dafür, daß es an Fleisch nicht fehlte. Aham, dessen Kraft immer mehr nachließ und dessen Zähne stumpf wurden, fand das nicht übel. Nun konnte er in der Höhle bleiben und sich am Feuer wärmen.

Ef betete Ky an. »Awal«, rief sie. »Awal – Kiiiy!« Sie dehnte die Silbe endlos, als könnten ihre Lippen sich nicht von diesem Laut trennen. »Kiiiiiy!«

Eines Tages kehrte er allein von der Jagd zurück.

»Wo ist Awal? Ky, weißt du nicht, wo Awal geblieben ist? Hast du ihn nicht gesehen?« fragte Ef. Sie wartete. Ky aß und wischte sich die fettigen Lippen mit der Hand ab.

Als das Feuer fast heruntergebrannt war, ergriff er einen verkohlten Ast und malte sorgfältig einen am Boden liegenden Mann auf die Wand der Höhle. In seiner Brust steckte ein Pfeil.

Ef sah Ky an, bis das Grauen in ihren Blicken zerfloß und langsam zu Erstaunen und schließlich Begierde wurde.

Er riß sie zu Boden. Sie wälzten sich. Das Feuer flackerte noch einmal auf und erlosch . . .

Sehr weit entfernt lag Awal auf dem Rücken im Gras und starb. Er brauchte lange dazu, der Pfeil in der Brust schmerzte ihn.

Am Nachthimmel stand ein besonders klarer Stern. Awal betrachtete ihn, der – für ihn unendlich weit in Raum und Zeit – Hunderte von Lichtjahren entfernt war. Auf einem Planeten dieses Sterns beugte sich eine dunkle Gestalt über eine andere und stieß ihr die Waffe in die Seite . . .

Unzählige Sterne glitzerten am Firmament, und überall begab sich dasselbe.

Das Universum war voll davon.

Rainer Erler

Die Liebenden von Manhattan

1

›Wir lieben uns!‹ dachte sie. ›Wir lieben uns mehr, als irgendeiner einen anderen lieben kann, in dieser großen Stadt!‹

›Unsere Liebe‹, dachte sie, ›ist ein einziges Wunder!‹

Und dann hörte sie auf zu atmen, und sie fiel, stürzte durch diese lange, dunkle Nacht, klammerte sich an ihn, an seine schwarze, schweißnasse Haut, und sie fühlte seine Kraft und seine Hitze und seinen Willen, spürte seinen Rhythmus, der nun der ihre wurde, und es war der Takt der Musik, nach der sie beide tanzten, Tag um Tag, Woche um Woche, SONG OF FREEDOM, und sie tanzten ihn, diesen Song, engumschlungen in ihrer Umarmung, aneinander gekrallt, als könnten sie sich verlieren, und sie warf den Kopf zurück in das zerwühlte Kissen, wurde steif wie ein gespannter Bogen und schrie – und schrie, als sei sie mit diesem Mann allein auf dieser Welt, bäumte sich auf, schlug um sich vor Lust und Ekstase, sog mit einem langen, gierigen Atemzug die heiße, stickige Luft dieser Kammer in sich hinein und seinen Dunst, Schweiß und Mann, und den scharfen Geruch ihrer beider Geilheit, warf den Kopf hin und her, hin und her, wie in Trance, wie im Wahnsinn, und eine Welle nach der anderen brandete über sie hinweg, verschlang sie, bis die Zeit stehenblieb, bis alle Geräusche dieser Stadt verstummten und die Lichter hinter dem schmalen Fenster endgültig verlöschten.

So war das in dieser Nacht. Und sie wußte nun, daß es wirklich niemanden gab, nur sie und ihn, die sich wirklich liebten. Niemanden sonst! Nicht in dieser Stadt. Nirgends auf dieser Welt. Und sie tastete nach seiner Hand.

Er lag neben ihr in diesem schmalen Bett. Vor dieser hellen, fleckigen Wand. Ein dunkler Schatten. Regungslos. Erschöpft. Sie ließ ihre Fingerspitzen zärtlich wandern, über sein Gesicht, über seine Haare, über diese heiße und nun plötzlich so kalte, feuchte Haut. Und er ergriff ihre Hand und preßte sie auf seinen Mund.

Nein, es gab niemanden. Nirgendwo. Nur sie beide.

2

Die Zeit schien immer noch stillzustehen. Der Griff, mit dem er ihre Hand umklammert hielt, löste sich langsam. Seine Atemzüge wurden tief und gleichmäßig. Und dieses Geräusch erfüllte den Raum. Sonst hörte sie nichts. Absolut nichts.

Nicht das Tosen des Verkehrs, dieses dumpfe Brausen, das Tag und Nacht über dieser Stadt hing wie eine Glocke und sie nicht zur Ruhe kommen ließ. Nicht die Löschzüge der Feuerwehr, die schrillend durch die Straßenschluchten jagten. Nicht das aggressive Heulen und Jaulen der Streifenwagen im Einsatz. Nicht die ankommenden und wieder verebbenden Sirenen der Ambulanzen. Nichts kündete mehr von Katastrophen. Selbst die zehntausend Hupen waren verstummt, diese vertraute, nächtliche Symphonie immer wiederkehrender Kadenzen, vervielfacht und zurückgeworfen von den hohen Mauern. Nichts hörte sie. Nicht das Geschrei der Kinder, nicht das Keifen und Schwatzen der Alten unten auf der Straße bis weit in den Morgen hinein, in diesen heißen Sommernächten.

Die Riesenstadt schien den Atem anzuhalten, war plötzlich und ganz unbegreiflich erfüllt von einer geradezu gnadenlosen Stille. Seit Minuten schon. Oder seit einer Ewigkeit.

Es war ihr, als sei sie plötzlich taub. Und blind. Die Finsternis um sie herum war erschreckend und fremd. Die Wände ihrer Kammer reflektierten nicht mehr die bunten Lichterspiele der fernen Leuchtreklame. Das stete, gleichmäßige Flackern. Rot – Grün – Gelb. Den Widerschein der erleuchteten Fassaden. Der Straßenlampen. Der vorüberhuschenden Scheinwerfer.

Selbst der Schatten neben ihr war verblaßt. War verschmolzen mit dieser so überraschend über sie hereingebrochenen Schwärze. Hatte sich aufgelöst, verflüchtigt.

Erschrocken lauschte sie auf seinen Atem. Tastete nach seiner Haut. Und erst diese Berührung mit ihm erlöste sie von diesem Grauen, von diesem Schock, der sie überfallen hatte.

Sie setzte sich auf. Das kalte Eisen des Bettrahmens brannte unter ihren Schenkeln, berührte ihre Scham und jagte einen Schauer über ihren Rücken. Sie klammerte sich mit beiden Fäusten fest an das Metall, tastete mit den Zehenspitzen über die abgetretenen Dielen und starrte durch die samtige, alles verschlingende Schwärze dieser Nacht auf das kaum wahrnehmbare und nur unmerklich hellere Rechteck des Schiebefensters.

Schwankend und noch etwas benommen stand sie auf. Die Dielen knarrten unter ihren Füßen. Ein lauer Lufthauch strömte ihr entgegen, kühlte ihre nackte, überhitzte Haut. Sie stieß mit dem Knie gegen den einzigen Stuhl, den sie besaßen. Der stürzte krachend gegen die Wand, und erst sehr viel später spürte sie den stechenden Schmerz.

Da wußte sie, daß sie nicht träumte. Daß alles wahr war, was sie sah und fühlte. Auch wenn es nicht zu begreifen war.

3

Die Stadt lag in absoluter Finsternis. Die blutrote Kuppel aus Dunst und Smog, angestrahlt von Millionen Lampen, die sich sonst darüber wölbte, war nun aufgerissen, verweht, verschwunden, war aufgesogen worden von dieser noch nie gesehenen, anthrazitfarbenen Nacht. Und zum ersten Mal war dieser Himmel für sie übersät von blinkenden, zitternden Sternen.

Die Türme, die gigantischen Quader, diese Riesen-Kuben aus Beton und Glas, die über das Häusermeer ragten, und die sonst leuchteten wie Kristalle, wie Lampen, eingeschmolzen in Eis oder Quarz, waren versunken, ausgelöscht, nur noch als vager Umriß zu ahnen, verhängt von einem düsteren Schleier. Keines dieser hunderttausend Fenster war erleuchtet. Kein einziges. Und die Straßenschluchten waren aufgefüllt mit mattschwarzer Tusche bis zum Rand. Ganz anders wie damals, beim großen ›Black-out‹, dachte sie. Als ganz New York im Chaos versank. Damals waren die Straßen taghell angestrahlt von den Scheinwerfern der eingekeilten, aufgestauten Autoschlangen. Die schoben sich langsam, im Schrittempo, von Block zu Block, über ampellose, blockierte Kreuzungen, durch das Gewimmel der aufgeschreckten Menschen, umzingelt von fliehenden Gruppen der Plünderer. Und das war nicht nur hier oben in Harlem so. Auch weiter unten in Midtown. Und drüben in Brooklyn.

Heute tasteten sich keine Scheinwerferkegel durch die Straßen. Brandete kein Lärm herauf in diese winzige, dumpfige Kammer. ›Erstickt‹, dachte sie. ›Die ganze Stadt ist erstickt!‹

Aber diese Totenstille, diese unermeßliche Finsternis, erschreckten sie nicht. Denn dort, in der Dunkelheit, nur zwei Schritte entfernt, lag er. Und er schlief. Und sie war bei ihm, war in seiner Nähe. Es konnte ihr nichts geschehen.

4

Es war lange nach Mitternacht. Sie mußte jetzt schlafen, mußte fit sein für morgen früh. Für das Training. Sie würde tanzen, tanzen. Tanzen mit ihm. Den ganzen Tag. Sie hatte den Rhythmus im Ohr, in den Armen, den Beinen: Eins, eins, eins und zwei und ... Eins, eins, eins und zwei und ... SONG OF FREEDOM ... eins und zwei und ...

Sie stieß die Arme in die Luft: Eins, eins, und Drehung, Sprung, Hände in die Hüften, Drehung, Sprung, Kopf zurück und zwei und drei und aus und Grundstellung. Und dann das ganze noch mal von vorn.

Die Dielen zitterten. Die nackten Füße fanden ihre Positionen trotz dieser alles verschlingenden Finsternis. Auf diesen anderthalb mal anderthalb Metern. Zwischen umgestürztem Stuhl und Fenster und Waschbecken und eisernem Bett. Eins, eins, und eins und zwei und ...

Sie wußte, sie würden es schaffen, sie beide. Noch zwei, drei Jahre in dieser Schule. Dann war es soweit: Sie würden sich melden, High School of Performing Arts, würden vortanzen, eins, eins, eins und zwei und ... Man würde applaudieren, ihnen gratulieren. Akzeptiert. Eingekauft. Sie würden hart arbeiten müssen, geschunden werden, aber sie wären raus hier, endlich raus. Und irgendwann, irgendwann, irgendwann berühmt! Umjubelt! Ganz groß! Eines Tages. Irgendwann. Und sie würden es schaffen!

Da stoppte sie abrupt, stand unbeweglich und starr und lauschte wieder in diese Nacht hinein. Lange Sekunden. Aber sie hörte nichts. Immer noch nichts. Nichts. Keine Stimmen von nebenan. Keine Musik aus dem Zimmer darunter. Nicht das Geplärr der zahllosen, bläulich flackernden Fernsehröhren hinter den offenen Fenstern, unter ihnen, neben ihnen, gegenüber. Vielleicht ging auch nur ihr eigener Atem zu laut, und das Blut pochte in ihren Ohren.

Sie preßte die Hand gegen ihre nassen Schläfen, auf ihre Augen, auf ihren Schoß. Dann tastete sie sich zum Waschbecken. Aber es lief kein Wasser aus dem Hahn.

Das Handtuch war zu Boden gefallen. Es war feucht und roch sauer. Sie tupfte sich den Schweiß von der Stirn, trocknete die Arme, die Brust, die Schenkel.

Dann legte sie sich wieder hin, zu ihm, in das schmale Bett und zog das Laken über ihre beiden nackten Körper. Sie war braun. Er war schwarz. So schwarz, wie ein Mensch nur sein konnte. Aber jetzt, in der Dunkelheit, gab es keinen Unterschied zwischen ihnen beiden. Und für die Weißen auch nicht am Tag. Für die waren sie beide »colored«, waren Farbige, waren »Nigger«. Und dennoch, und vielleicht gerade deshalb und allem zum Trotz, würden sie beide es schaffen, irgendwann, daß es weder bei Tag noch bei Nacht, weder hier oben in Harlem noch unten in Downtown, weder an der Fifth Avenue noch am Broadway irgendeine Bedeutung haben würde.

Sie würden es beide schaffen! Sie war ganz sicher! Und das war das Ziel. Eins, eins, eins und zwei und ...: SONG-OF-FREEDOM ...

5

Und dann war es Tag. Ganz plötzlich. Ganz überraschend. Ein heller, klarer, sonniger Tag. Er stand am Fenster, immer noch nackt und immer noch schwarz, und er lachte und schob das morsche Schiebefenster weiter nach oben und klemmte es fest mit einem zusammengedrehten Stück Zeitungspapier.

Ein kühler Wind wehte in den Raum und vertrieb den feuchten, muffigen Dunst und alle ihre erschreckenden Träume. Er zog ihr blitzschnell das zerwühlte Laken fort, ließ sich schwer auf ihren schmalen Körper fallen, lachte immer noch und küßte sie wach, auf die blauschwarz schimmernden Spitzen ihrer Brüste, auf ihren langen, sehnigen Hals, auf ihre vollen breiten Lippen. Und sie lachte zurück und kreischte voller Übermut, gurrte voller Sinnlichkeit, wehrte sich, stieß ihn fort und klammerte sich an ihn, alles zur gleichen Zeit.

›Wir kommen zu spät!‹ rief sie. ›Wir verlieren unseren Platz beim Training!‹ Aber vielleicht rief sie es auch gar nicht, dachte es nur, vergaß es wieder in seiner raschen und leidenschaftlichen Umarmung.

›Wir lieben uns!‹ dachte sie. ›Lieben uns immerzu! Bei Tag. Bei Nacht.‹ Es war ein großes Glück, daß sie sich gefunden hatten. Unter den zehn Millionen dieser Stadt. Unter den drei Millionen hier in Harlem. Und das gab ihr die Kraft, an eine Zukunft zu glauben.

Das Wasser lief immer noch nicht, der Stuhl lag umgestürzt in der Ecke, und unten auf der Straße blieb immer noch alles still.

Sie lehnte sich weit hinaus, während sie in ihr winziges, weißes T-Shirt schlüpfte. Aber da war kein Mensch zu sehen. Niemand war auf der Straße. Kein einziger weit und breit. Weder hier unten, noch vor den nächsten drei, vier Blocks. Und kein einziges Fahrzeug kam die Straße herauf oder herunter. Die Autos parkten wie immer auf dem von Glasscherben übersäten Asphalt, einige standen mit offenen Türen mitten auf der Kreuzung, als seien sie in Panik verlassen worden.

›Ob ich es ihm sage?‹ dachte sie. ›Ob ich ihn frage? Ob er dann denkt, ich sei verrückt? Ob er es selbst bemerkt hat? Und nun auch nicht wagt, darüber zu reden? Weil es unglaublich ist. Unfaßbar. Und weil doch gar nicht sein kann, was ich da sehe . . .‹

Das dachte sie alles und schwieg, schlüpfte in ihren Slip, in die glänzenden, blauen Boxer-Shorts, in die abgetretenen Turnschuhe.

Er wartete bereits an der Tür, ungeduldig und voller Entschlossenheit, diesen Tag zu meistern, faßte sie an der Hand, zog sie hinter sich her, und so stürmten sie die Treppe hinunter, immer noch fröhlich, albern, atemlos, bis hinaus auf die Straße. Aber dort unten hatte sie längst aufgehört zu lachen.

Die Türen zu allen Wohnungen waren offengestanden. Das war nicht ungewöhnlich. Die Philips, ein Stockwerk unter ihnen, hatten sieben Kinder. Da war ein ständiges Kommen und Gehen. Und gegenüber, in der Wohnung der Puertoricaner, lebten mehr als zehn Leute. Aber die Korridore, die Flure, waren alle leer!

Und »Missis James« saß nicht auf ihrem zerfledderten Korbstuhl. Sie schaffte immer nur die halbe Treppe. Dann machte sie Pause. Die dauerte mitunter einen ganzen Tag. Da saß sie dann in ihrer unendlichen Fülle mit ihrem glänzend-schwarzen und immer freundlichen Gesicht in ihrer Ecke und schwatzte mit jedem, der vorüberkam. Das Treppenhaus war immer erfüllt mit ihrem gutturalen Südstaaten-Singsang. Und es war immer voller Leben.

Nur heute war es tot. Leer und still und tot, und sie war froh, als sie draußen waren in der frischen Luft.

6

Der Wind kam vom Hudson hoch und trieb Papier und Plastikfetzen vor sich her. Und vorne an der Kreuzung, zwischen den so erschreckend zufällig abgestellten Wagen, drehten die Böen den Abfall zu Spiralen, trieben ihn hoch bis in den dritten, vierten Stock, bis an den Dachsims der rußgeschwärzten Brownstone-Häuser mit ihren bizarren, rostigen Feuertreppen.

Sie liefen immer noch Hand in Hand, trabten dem Wind entgegen, hinüber zur Manhattan Avenue, den Morningside-Park entlang nach Süden bis zur 107. Straße, dann rechts in Richtung Westside bis hinunter zur Amsterdam Avenue. Es war immer der gleiche Weg, jeden Werktag-Morgen, und immer die gleiche Zeit. Zehn Minuten Joggen, Warmlaufen, Muskeln lockern, Durchatmen, zwischen den Abgasen der Wagenkolonnen, die sich in der Rush-hour stauten, zwischen den Massen, die aus den Häusern strömten, die farbigen Kulis mit ihren stumpfen, müden Gesichtern, auf ihrem Weg zur Subway. Aber heute begegnete ihnen auf dem ganzen Weg kein einziger Mensch. Kein Wagen kam ihnen entgegen. Keiner überholte sie. Die Stadt war leer. Und er, der neben ihr lief, schien es nicht zu bemerken.

Im Laden von Cohen's Delicatessen waren sie die einzigen Kunden. Sie holten sich, wie jeden Morgen, ihre Milch aus dem Kühlfach und ihr Sandwich aus dem Chaos eines Regals.

Der ohnehin schon schmuddelige Laden wirkte diesmal besonders düster und dumpf. Die Leuchtstoffröhren brannten nicht, die Ventilatoren an der Decke standen still, und der alte Cohen war nicht hinter der Kasse.

Die unaussprechliche Angst in ihrer Brust begann ihr den Atem zu lähmen. Sie faßte nach seinem Arm. Aber er reagierte nicht, wühlte nur in den Taschen seiner Jeans, knallte die abgezählten Münzen auf den Tisch, fünf Quarter und einen Dime, und schaute sich um.

»He!« rief er. »He! Ist da niemand?«

»Nein«, sagte sie nur leise und senkte den Blick, weil sie unsicher war. »Nein. Da ist niemand.« Und dann legte sie die Stirn auf seine Schulter.

Er wirkte immer noch unbeschwert, fand es sogar lustig: »Verdammt noch mal! Wo sind die alle?«

»Fort!« sagte sie nur und wandte sich ab. Er sollte nicht sehen, was in ihrem Gesicht vorging. Weil sie ihn hintergangen hatte.

Weil sie ihm verschwiegen hatte, was geschehen war, was sie sah und erlebte. Und was sie zutiefst bewegte. Und was sie nicht aussprechen konnte. Nicht einmal ihm gegenüber, von dem sie wußte, daß sie ihn liebte.

Er antwortete nicht. Schaute sie in diesem Augenblick vermutlich fragend und verständnislos an. Sie spürte seinen Blick auf ihrem Nacken. Da drehte sie sich um zu ihm und begann zu schreien! Ganz plötzlich und unbeherrscht: »Sie sind fort! Alle sind sie fort! Es gibt niemanden mehr in der Stadt! Keinen einzigen! Irgend etwas ist geschehen. Siehst du es denn nicht? Hörst du es nicht . . .?«

Sie brach ab und schämte sich, weil die Tränen so heiß in ihren Augen standen und nicht zurückzuhalten waren. Aber es waren keine Tränen der Trauer. Auch keine der Erschütterung. Es waren zornige Tränen.

Da nahm er sie in den Arm, sehr fest, sehr stark. Als müsse er sie beschützen vor dummen Gedanken.

Und dann hielt er den Atem an und horchte. Und plötzlich vernahm auch er diese schreckliche, absurde, unvorstellbare Stille.

7

Die »factory«, die alte, aufgelassene Fabrik mit dem Ballett-Studio im vierten Stock, lag nur noch einen knappen Block weit entfernt, das waren zweihundert Schritte, ihr Frühstücksweg.

Sie gingen schweigend und aßen und tranken ihre Milch. Und immer wieder blieb er stehen und blickte sich um. Schaute die langen schnurgeraden Straßen hinunter, die Columbus Avenue, die Amsterdam Avenue, die sich irgendwo, nach zwei oder fünf oder zehn Meilen, zwischen den endlosen Reihen aufgetürmter Betonquader verloren, immer mehr eingezwängt, zerquetscht schließlich, zwischen den immer enger zusammenrückenden Gebäudezeilen. Oder die 107. Straße, die vor ihnen im dichten, sommerlichen Grün des Riverside Drive endete und die hinter ihnen der Central-Park begrenzte. Sie alle waren leer und verlassen.

Seine Unbeschwertheit war dahin, seine fröhliche Ausgelassenheit. Die eigenartige Beklemmung hatte nun auch ihn erfaßt. Es war wie in einem Traum. Unerklärlich. Unheimlich. Und fremd.

»Ich habe getanzt!« sagte er nur, als sie ihn fragte, warum er das alles nicht selbst und nicht früher bemerkt hatte. »In Gedanken!

Alle Schritte. Alle Figuren ...!« Und das hat sie akzeptiert und verstanden.

Ihre Schritte klangen hohl und polternd auf den Eisenstufen in dem engen, kahlen Treppenhaus. Sie rannten, als würden sie gejagt. Voller Hoffnung, die anderen dort oben zu treffen, die ganze Gruppe. Eine Chance, sich mitzuteilen und dieser stummen Einsamkeit endlich zu entfliehen. Aber es trieb sie gleichzeitig die Angst.

Und dann standen sie in ihrem leeren Trainingssaal. Sie waren offenbar die ersten. Keiner erwartete sie. Und sie öffneten die schrägen Oberlichter über den undurchsichtigen, mit weißer Farbe zugestrichenen Drahtglasfenstern. Ein säuerlicher Geruch hing im Raum. Schweiß. Und vielleicht auch die Ausdünstung der Angst. Die Angst, zu versagen. Die Angst vor der Zukunft. Die Angst, daß alle Mühe, alle Schinderei umsonst sein könnten und daß sich die Träume nicht erfüllten. Die Kleider an den Haken, zwischen den vergilbten, mannshohen Spiegeln, hatten sich damit vollgesogen. Der Trainings-Dress: ausgefranste Pullover, die Reste aus durchlöcherten Wollsocken und grobgestrickten Strumpfhosen, selbstgehäkelte Beinwärmer, Knieschoner, Armschützer. Und auf dem Boden, wie achtlos zusammengekehrt, die Tanzschuhe, Bandagen, T-Shirts, Slips. Ein für Außenstehende unappetitlicher Haufen verschmutzter, vergammelter Textilien. Und für die Eingeweihten ein vertrautes, geliebtes Reservoir lebenswichtiger Accessoires.

Er lehnte sich gegen die Stange, sah ihr nachdenklich zu, wie sie die mehrfach geflickten, zerschlissenen Wollstrümpfe mit den abgeschnittenen Fußenden über ihre langen, schlanken Beine zog und dann ihre Schuhe schnürte. Lustlos begann er mit einigen Lockerungsübungen, ging in die Hocke, streckte und spannte das linke, das rechte Bein, schlüpfte schließlich aus den Schuhen, aus den Jeans, warf beides in eine Ecke, holte ein ausgebleichtes, schwarzes Trikot vom Haken, quälte seine Beine, sein Geschlecht in das viel zu enge Kleidungsstück, ging wieder zurück zur Stange, wippte auf und nieder, sprang nach links und rechts und wartete.

Sie war nun fertig. Ein bunter Vogel in ihrem ärmellosen Wollpullover, kunstvoll zusammengesetzt aus Flicken und Fetzen. Mit weit ausgebreiteten Armen und wiegenden Hüften flatterte sie wie mit gestutzten Flügeln quer durch den langen Raum, in dem früher Maschinen standen und der schon damals erfüllt war von dem eher profanen Schweiß der Akkordnäherinnen.

Drei Sprünge vor dem Spiegel, Dehnen, Strecken, einige aggressive Posen, dann der Rhythmus, SONG OF FREEDOM, eins, eins, eins und zwei und ... eins, eins, eins und zwei und ... Arme in die Luft, erst links, dann rechts ... eins, zwei und Drehung ... Sprung, Hände in die Hüften, Drehung, Sprung, Kopf zurück und zwei und drei und aus! Und Grundstellung ...

Sie blieb stehen, mitten im Raum, wie erstarrt und holte Luft. Er lehnte wieder an der Stange, hatte ihr zugesehen, fast teilnahmslos, wie abwesend, scheinbar entspannt, träge, und sie wußte, was er dachte.

Sie waren die ersten gewesen. Und sie würden die einzigen bleiben. Keiner würde kommen. Weder Mike, der Boß der Schule, noch Betty, seine Assistentin, noch die anderen: fünfzehn Boys, siebzehn Girls, alles Farbige wie sie.

Jetzt waren sie beide allein. Heute, vielleicht auch morgen, oder auch immer und in aller Zukunft.

8

Er kam schließlich auf die Idee, eine der Kassetten herauszusuchen und in den Recorder zu legen: SONG OF FREEDOM. Der Bann war gebrochen, die tödliche Stille übertönt, von diesem Song, vom harten Schlag der Baßgitarren, vom Rhythmus, vom schrillen Klang der Flöten.

Sie fingen an zu trainieren. Allein. Zu zweit. Schritte, Figuren. Sie tanzten und sangen. Das ganze Repertoire. Immer wieder von vorn. Und sie würden nicht aufhören, solange sie damit ihre Furcht vor dem Unfaßbaren, Unglaublichen in Schach halten konnten, abtöten durch die Musik, verscheuchen durch die Arbeit, durch den Tanz.

Draußen, hinter den blinden Scheiben, lauerte das Grauen. Eine Katastrophe? Eine Massenflucht? Eine Seuche? Ein Alptraum? Egal, was es war. Hier drinnen tanzten sie. Sie beide. Nur sie beide. Eins, eins, eins und zwei und ... Eins, eins, eins und zwei und ... SONG OF FREEDOM! Sie beide ganz allein! Allein auf der Bühne! Nicht nur zwei unter vielen hinter der Chorus-Line, nicht »Corps-de-Ballet«, »Ensemble«, Teil eines Ganzen. Nein, ein unbegreifliches Schicksal hatte sie zu Solisten gemacht. Und sie würden Solisten bleiben.

Eigentlich hatten sie es geschafft, in diesen Minuten und Stunden. Es gab keine Konkurrenz mehr. Nichts, was sonst noch zählte. Keiner machte ihnen den Rang mehr streitig. Drängte sich vor. Schob sie zurück. Wurde bevorzugt, ausgezeichnet, bekam den Job, der ihnen zustand. Sie hatten gewonnen. Aber dieser Sieg zählte nicht mehr.

Irgendwann hatten sie aufgehört zu tanzen. Beide. Und fast zur gleichen Zeit. Sie klammerten sich an die Stange, atemlos, kleinmütig, furchtsam und waren unfähig, sich zu bewegen.

Es dauerte lange, sehr lange, bis sie aus ihrer Erstarrung erwachten, weil die Kassette wieder einmal zu Ende war, die Musik verstummte. Da ging er hin zu ihr, nahm ihre Hände, preßte ihren schmalen, sehnigen Körper an sich, lang und voller Zärtlichkeit, spürte das Vibrieren ihrer fiebrigen Muskeln, das sie nicht unterdrücken konnte, wie Schüttelfrost, durch diese eisige Kälte der Angst. Denn draußen war immer noch alles still. Totenstill.

Er sah sie nicht an. Hielt sie nur fest. Preßte seine Lippen auf ihr Haar. Ein Knoten aus krausen, kurzen, schwarzen Locken. Herber Geruch. Salziger Geschmack. Langsam ließ das hysterische Zittern nach, sie begann sich zu entspannen, ihr Rücken wurde weich, die steifen Schultern gaben nach, der Krampf wich aus ihrem Nacken, sie hob den Kopf, sah ihn an, schaute in die Reihe der versetzten und fleckigen Spiegel. Da standen sie nun, nebeneinander, Hand in Hand, zwei Farbige, Tanzeleven, fast noch Kinder, in den Spiegelreihen vertausendfacht bis hin zur Unendlichkeit. Und sie dachte: ›Warum?‹

›Warum wir?‹ ›Warum wir zwei?‹ ›Warum wir und nicht andere?‹ ›Warum ich, Lizzy Janice Turner, sechzehn Jahre alt, und er, Thomas Malcolm Mutaza, einundzwanzig?‹ ›Warum wir Schwarze?‹ ›Warum zwei »Nigger«?‹ ›Zwei von drei Millionen Underdogs aus Harlem?‹ ›Warum nicht zwei Weiße?‹ ›Sind wir schöner? Wichtiger? Begabter?‹ ›Oder hat man uns einfach vergessen?‹ ›Weil wir so unwichtig sind?‹ ›Wir beide: Ich, Lizzy Janice Turner? Und er, Thomas Malcolm Mutaza?‹

›Warum?‹

Und da sie das alles nur gedacht hatte und er über ihre Fragen nichts erfuhr, und da er ohnehin keine Antwort gewußt hätte, nahm er sie bei der Hand, und sie gingen fort.

Sie gingen so, wie sie waren. Im Trainings-Dress, zerfetzte Wolle, Trikot, bunte Flicken, Tanzschuhe. Und den Kassetten-Recorder nahmen sie mit.

Draußen würde vielleicht alles ganz anders sein, anders als noch vor zwei oder drei Stunden: So, wie es immer war, wie sie es gewohnt waren, laut, hektisch, voller Menschen. Und voller Leben.

Er hatte die Musik wieder eingeschaltet. Der Song dröhnte durch das Treppenhaus, durch die Eingangshalle und schließlich über die Straße. Die Fassaden warfen den schrillen, blechernen Sound zurück, den Song, den Rhythmus, die Schlag-Gitarre, die Flöten. SONG OF FREEDOM. Der übertönte die lastende Stille über der Stadt. Ein Hauch von Leben war dieser toten Welt zurückgegeben. Denn nichts hatte sich geändert in den paar Stunden, in denen sie getanzt hatten und sich betäubt.

Sie waren immer noch allein.

9

Lizzy Janice Turner und Thomas Malcolm Mutaza liefen durch die große Stadt. Durch *ihre* Stadt. Niemand machte sie ihnen streitig.

Niemand bedrohte sie. Niemand verfolgte sie. Und trotzdem saß ihnen die Angst im Nacken und sie rannten los. Sie jagten die Amsterdam Avenue hinunter, Hand in Hand, fünfunddreißig Blocks, bis zur 72. Straße. Dort blieben sie stehen, atemlos, verstört, fassungslos. Lange und quälende Minuten. Dann wanderten sie weiter. Langsamer jetzt, besonnener, abwartend, vorsichtig witternd von Block zu Block, den Broadway entlang, am Lincoln-Center vorbei, an der Metropolitan-Opera und dem Gebäude der New-York-Ballet-Company, aber sie nahmen das alles nicht wahr. Denn sie waren auf der Suche nach einer Spur von Leben.

Am Columbus-Circle machten sie den nächsten Halt. Vor dem Coliseum türmte sich das zusammengewehte Papier, Prospekte und Werbeposter einer Verkaufsmesse, die keiner mehr besuchte. Die Dealer am Eingang zum Central-Park waren ebenso verschwunden wie die Rollschuhläufer und Jogger, die Baseball-Spieler drüben im Green, die Radfahrer, die Pferdekutschen, die Spaziergänger. Und doch war da etwas, das sie hoffen ließ, die verzweifelt gesuchte Spur von Leben: Schwärme von Sperlingen tschilpten zwischen den Büschen, und hoch über den kunstvollen Giebeln und Dächern und Türmen kreisten die Tauben.

Nur die Menschen dieser Stadt waren fort, geflüchtet oder weggehext, ausgelöscht, getilgt aus dieser Schöpfung, hier in dieser Stadt oder vielleicht auch überall, nach über zwei Millionen Jahren.

Lizzy Janice Turner und Thomas Malcolm Mutaza hielten sich an den Händen und schwiegen. Es gab nichts, worüber sie hätten reden können. Außer einem. Aber sie hatten beide aufgehört, nach dem Warum zu fragen. Sie würden keine Erklärung bekommen. Woher auch. Das Rätsel war nicht zu lösen. Die Dinge lagen, wie sie eben lagen. Grotesk. Absurd. Geheimnisvoll. Fast komisch. Und das Leben ging weiter. Ihr Leben. Ihr Leben ganz allein.

Am Broadway und seinen Nebenstraßen lagen die Musical-Theater in bunter Reihe. Die Titel der Stücke, die Namen der Stars, prangten immer noch an den Fassaden. Hier, innerhalb dieser kurzen Meile, hatten immer ihre kühnsten Träume geendet. Ihre Hoffnungen. Hier war ihr Ziel. Und jetzt waren alle diese Träume zu Ende, die Mühe umsonst, die Hoffnungen sinnlos, die Wünsche unerfüllbar geworden. Vor wem sollten sie tanzen? Wer kürte sie zu Stars? Wer sagte ihnen, daß sie keine »Nigger« mehr wären? Wer spendete ihnen noch Applaus?

Da gingen sie weiter, ohne jedes Ziel, schlenderten zum Takt ihrer Musik durch die Häuserschluchten von Midtown. Die Tempel menschlichen Größenwahns glänzten hoch über ihnen in der Sonne, das Empire-State-Building, das Chrysler-Building, und weitab im Süden die Zwillingstürme des World-Trade-Centers. Eine grandiose Ansammlung nutzlosen Spielzeugs. Leer, entvölkert. Und hunderttausend blinde Fenster blickten auf sie herunter.

Sie liefen durchs Village, durch Little Italy, durch die China-Town, nahmen sich Obst aus den Körben vor den Läden, Sandwiches und Coke aus den Regalen. Und sie entdeckten, daß es nichts gab, was ihnen fehlen würde. Eine ganze Stadt offerierte ihnen großzügig alle ihre Schätze. Und sie mußten mit niemandem teilen.

Sie kamen zur Westside. Dort standen die halbgeleerten Trucks mit gefrorenem Beef und offenen Luken. Die Rinderhälften an den Haken tauten bereits auf und verbreiteten einen süßlichen, penetranten Geruch und waren schwarz übersät von Fliegen.

Der Hudson lag still und ölig vor ihnen wie ein nächtlicher See. Kein Boot war zu sehen, kein Schleppkahn mit Müll, keine Fähre, kein Frachter, kein Lotse. Und als die Musik ihres Recorders verjaulte, weil die Batterien am Ende waren, schleuderte Thomas

Mutaza das Gerät in den Fluß. So weit er konnte. Und die Möwen schreckten auf, schossen mit klagendem, kreischendem Lachen in den Himmel. Und die Ringe breiteten sich langsam aus über das Wasser, brachen sich am Kai und liefen zurück.

Sie hatte zu alledem nichts gesagt. Kein Wort. Hatte nur nach seinem Arm gegriffen und sich an ihn gelehnt.

Drüben, auf der anderen Seite des Flusses, in Jersey, war es genauso still wie hier über der Stadt. Die Luft war klar. Der Himmel von einem nie gesehenen Blau. Keine Rauchschwaden quollen aus den Schornsteinen der Stahlwerke, weder Staub noch Dunst trübte den Blick nach Richmond, nach Brooklyn, bis zum fernen Horizont. Und wohin sie auch schauten, es boten sich ihnen nur die trügerischen Bilder tiefsten Friedens.

Da wandten sie sich ab, liefen zurück. Den ganzen, langen Weg. Nach Hause. Dorthin, wo sie sich sicher fühlten, wo ihnen der Frieden vertrauter war als hier.

Seit die Musik verstummt war, lag wieder diese unendliche Stille über Manhattan. Aber sie erschien ihnen nun nicht mehr unheimlich, feindselig und fremd. So mußte es gewesen sein, damals, als es diese große Stadt noch nicht gab. Das Schweigen in den großen Wäldern im Westen, über den Bergen, den dunklen Seen, könnte so sein. Sie ahnten es nur. Denn sie hatten beide diese Stadt noch nie verlassen.

10

Auf der Fifth Avenue wanderten sie zurück. In der Mitte dieser verwaisten Straße. An der Public-Library vorbei, wo nun vierzig Millionen Bücher nutzlos verstaubten, an der St. Patrick's Cathedral, wo einhundert Jahre lang Gottes Zorn und das Jüngste Gericht vergeblich verkündet worden waren.

»Glaubst du an Gott?« fragte sie ihn. Und er schüttelte nur den Kopf. Und erst nach einer Weile sagte er: »Nein!« Und wieder nach einer Weile erklärte er ihr, warum: »Weil er uns Schwarze gedemütigt hat! Zu allen Zeiten! Darum!« Und weil sie mit dieser Antwort offensichtlich nicht zufrieden war, ihn immer noch fragend ansah, fügte er noch hinzu: »Und weil er tatenlos zusieht, wie Hunderttausende oder Millionen Kinder in jeder Minute verhungern und verrecken. Weil er Unschuldige leiden läßt. Darum!«

»Jetzt wohl nicht mehr . . .«, sagte sie nur. Aber er ging nicht darauf ein. Schüttelte nur noch einmal den Kopf und nahm sie fester an der Hand.

»Wenn es ihn aber gibt«, fuhr sie nach einer langen Pause fort, »dann hat er sich das alles hier ausgedacht. Dann ist es ein Plan. Und dann sind wir Teil dieses Plans. Damit alles wieder einen Anfang nimmt ...« Sie schwieg und dachte: ›Ich will das nicht!‹ ›Ich will nicht Teil eines Planes sein, den ich nicht verstehe!‹ ›Ich will nicht der neue Anfang sein!‹

Und sie zog ihre Hand aus der seinen, ging fort von ihm, einige Schritte weit, lief neben ihm her auf der anderen Seite der Straße, den gleichen Weg, aber von ihm getrennt. Und er zuckte nur die Schultern und verstand sie nicht.

Sie hätten an diesem Tag eine Menge unternehmen können. Ein neues Leben beginnen. Eine neue Freiheit. Sich ein Apartment nehmen hier irgendwo im feinsten Viertel dieser Stadt. Eine Suite im Plaza. Ein Penthaus über den Dächern. Aber sie wollten ja nach Hause.

Sie hätten mit Pflastersteinen die Scheiben zertrümmern können, der vornehmen, teuren Geschäfte. Niemand hätte sie gehindert. Pelze und Juwelen, Fotoapparate, ein neuer Kassetten-Recorder, ein neuer SONG OF FREEDOM. Aber sie brauchten das alles nicht.

Sie gingen zurück zu der »factory« in der Amsterdam Avenue, in ihre Schule, stiegen die Eisentreppe hoch, betraten den leeren Saal und dort zog sie sich um.

»He!« sagte er. »Wir sollten weiter trainieren!«

»Wozu?« fragte sie und sah ihn lange an. Und da er nicht antwortete, wiederholte sie es: »Wozu?!!«

Sie hatte ihn angeschrien, drohend, verzweifelt, voller Wut. Sie preßte die Lippen zusammen, wandte sich ab von ihm, wischte sich die Tränen aus dem Gesicht, denn sie wußte nun, daß alles umsonst gewesen war, die Plackerei, die Freude, die Hoffnung. Vielleicht auch die Liebe zu ihm. Der Kampf um Freiheit, um Anerkennung. Jeder Gedanke an eine Zukunft. Der Traum vom Glück.

Wenn ihr, oder sogar ihnen beiden, jetzt ein neues Ziel, eine neue Aufgabe, eine neue Zukunft zugedacht war, dann war das eine Bürde, eine unzumutbare Last. Sklaverei. Und sie setzte sich auf den glattgetanzten Boden, in der Mitte dieses düsteren Saals, mit seinem Geruch nach Schweiß und nach Zuversicht, und weinte.

Er ließ sie allein. Weil er hilflos war und sie nicht verstand. Weil er nicht wußte, wie er sie hätte trösten sollen. Und weil er sich selbst beschissen fühlte, armselig und müde und hoffnungslos.

Irgendwann schlüpfte sie aus ihrem bunten Flicken-Pullover, aus ihren zerfetzten Schuhen, aus den grobgestrickten Strümpfen. Er lehnte immer noch an der Stange und sah ihr dabei zu. Die langen Beine, die braune Haut, die Brüste mit den blauschwarzen Spitzen. Ein schönes Mädchen, dachte er und kam zu ihr und kniete sich neben sie hin.

»Nein!« sagte sie nur und stieß seine zärtlichen Hände zurück. Und als er sie fassungslos ansah, flüsterte sie nur: »Ich will nicht! Ich will nicht der neue Anfang sein! Ich will es nicht, und ich kann es nicht! Verstehst du?«

Aber wiederum verstand er sie nicht.

11

Sie gingen den Weg zurück zu ihrem Haus wie jeden Abend. Bei Cohen's Delicatessen holten sie ihre Milch, ihre Brote, und Thomas Malcolm Mutaza zahlte fünf Quarter und einen Dime und legte das Geld auf die Theke neben die Kasse, neben die Münzen von heute morgen.

Sie aßen die Brote, tranken die Milch, liefen den Morningside-Park entlang nach Norden, die Manhattan Avenue hinauf, bis zu ihrer Straße. Die verlassenen Autos standen immer noch quer auf der Kreuzung.

Das Treppenhaus war so leer wie die Flure der offenstehenden Wohnungen, und »Missis James« saß nicht in ihrem Korbstuhl und wünschte dem jungen Paar nicht, wie sonst, mit laszivem Lächeln »einen schönen Abend und eine wunderschöne Nacht«.

Die kleine Kammer roch muffig und dumpf, und der Stuhl lag immer noch umgestürzt an der Wand. Das Handtuch war schmierig und feucht, und es lief immer noch kein Wasser aus dem Hahn.

Draußen begann es zu dämmern, wurde es Nacht, eine mondlose, lichtlose Nacht über der stillen, verlassenen, großen Stadt.

Sie lag neben ihm in dem engen Bett, spürte seine Wärme, seine Haut, atmete seinen Geruch, und da war es ihr plötzlich gleichgültig, ob sie ein Teil war eines unbegreiflichen Plans, ob dies ein Anfang war oder ein Ende. Und sie umarmte ihn.

Sie klammerte sich an seine Schultern. Fühlte seine Kraft, seinen Willen, seine Zärtlichkeit.

›Wir lieben uns!‹ dachte sie. ›Wir lieben uns, aber wir lieben uns nicht genug und auch nicht mehr, als sich andere lieben. Oder geliebt haben. Früher einmal. In dieser großen und jetzt so leeren Stadt!‹

›Wir lieben uns selbst!‹ dachte sie. ›Zuerst einmal nur uns selbst, unsere Träume, unsere Hoffnungen, unsere Wünsche!‹

›Wir lieben den anderen, weil wir ihn brauchen!‹ dachte sie. ›Weil er uns hilft, unsere Wünsche zu erfüllen, unsere Hoffnungen, und unseren Weg in die Zukunft durchzustehen!‹

›Unsere Liebe‹, dachte sie, ›ist ein einziges Wunder!‹ ›Aber es ist einfach zu wenig für einen Neubeginn. Für eine ganze Welt!‹

Ihr war, als hätte sie die Zauberformel gefunden, hätte sie erraten, in diesem Augenblick der entrückten Lust. Sie bog den Kopf zurück und sah das Licht an der Wand: Reflexe der Scheinwerfer, der erleuchteten Fassaden, der fernen, flackernden Leuchtreklamen, rot, grün und gelb im gleichmäßigen Takt. Sie begann wieder zu tanzen. Nach seinem Rhythmus. Nach ihrem Rhythmus. SONG OF FREEDOM. Sie hielt sich fest an ihm, krallte sich an seinen Rücken, spannte sich wie ein Bogen, als die ersten Wellen sie überfluteten, und sie schrie und schrie, in das Tosen hinein, das heraufbrandete von den Straßen, in das Brausen, das wie eine Glocke über dieser Stadt hing und sie nie zur Ruhe kommen ließ, nicht bei Tag, nicht bei Nacht.

Sie rang nach Luft, sog den heißen Dunst dieser Sommernacht in sich hinein, hörte das Geschrei der Kinder unten im Hof, das Geschwatze und Gekeife der Alten, die Musik aus den Radios, den Fernsehern, hinter den offenen Fenstern, unter ihnen, neben ihnen, in den Häusern gegenüber, die Symphonie der hunderttausend Hupen, das Jaulen der Streifenwagen, die über die Kreuzungen jagten, das Schrillen der Feuerwehren in den fernen Straßenschluchten.

Da wußte sie, daß morgen wieder ein Tag sein würde wie jeder andere, mit Joggen hinunter zur Amsterdam Avenue, Frühstück bei Cohen's Delicatessen und mit Tanzen, Tanzen, Tanzen. Sie würden arbeiten, trainieren, Tag um Tag, Woche um Woche, SONG OF FREEDOM, und irgendwann, irgendwann würden sie es schaffen!

Formblatt 230.882

An den
Unterstaatssekretär für Neue Welten
Ministerium des Äußeren

über

den
Regierungspräsidenten
des Bezirks Äußere Galaxis Ost

auf dem Dienstweg

Az.: 00.10.11.33B 17-Wx-S II-9
Betr.: System 00.10.11.33B 17-Wx-S („Sol") - Planet 3 („Erde")
Bezug: Empfehlung Nr. 3, Schlußbericht des Leiters der Primärexploration (Az.: 00.10.11.33B 17-Wx-S I-22)
Befunderstatter: Oberexplorator II. Klasse Wissenschaftlicher Rat K!NK-L'L-UUM

Schlußempfehlung:

① Anknüpfung von Beziehungen folgender Art ☐
- diplomatische ☐
- wirtschaftliche ☐
- wissenschaftliche ☐
- künstlerische/musische ☐
- militärische ☐
- .... ☐

Formblatt 230.882
Schlußbericht Sekundärexploration, Befundmission

② Keine Kontaktaufnahme ☐
- keine sonstigen Maßnahmen ☐
- Isolierung des Systems (Quarantäne) ☐
- Zerstörung des Systems/Planeten ☐
- .... ☐

③ Sonstiges: Wiederholung am 1. 1. 80. 86512, entspricht ungefähr 150 Umläufe Erde – Sol (= „Jahre"); Überprüfung der getroffenen Maßnahme ☐

Begründung der Schlußempfehlung:
Bevölkerung von „Erde" ist hochgradig paranoid (Faktor 78)
ungefährlich (Faktor 19)
Einzelheiten im anliegenden Bericht

Ort, Datum, Codierung: Erde/Sol, 4. 7. 64. 86512 – Regierung des 3. M' MPHF

///"//"/"/"/////'/

230.882/2

Bericht zum anliegenden Formblatt 230. 882;
Az. : 00. 10. 11. 33B 17-Wx-S II-9

I. Ausgangssituation

Das System „Sol“ wurde unter der Regierung des 4. M' MPH (50. 86512 – 98 Umläufe „Erde“-„Sol“) vom Explorationsteam Ost III entdeckt. Das Team führte sofort eine Primärexploration durch. Die physikalischen und chemischen Hauptdaten des Systems wurden ermittelt. Eine Grundvermessung wurde durchgeführt. Auf Planet 3 fand sich eine entwickelte Zivilisation intelligenter Wesen mit Kenntnis (u. a.) der Dampfmaschine, der Elektrizität (rudimentär) und der Wasserspülung. Kontakt wurde nicht aufgenommen. In seinem Schlußbericht empfahl das Primärteam die Durchführung einer Sekundärexploration. Mit Beschluß des Unterstaatssekretärs für Äußere Welten vom 17. 3. 51. 86512, Regierung des 1. M' PHF, wurde die Sekundärexploration, durchzuführen vom Unterzeichnenden, angeordnet.

II. Untersuchungsmethode

Gewählt wurde ein Vorgehen gemäß Explorationshandbuch Kapitel 3, Planmuster 5: Verifizierung der vom Primärteam ermittelten Vitaldaten (hier: des 3. Planeten); Erwerb von Sprech- und Verstehkenntnissen der dominanten Wesen; Auswahl eines geeigneten Standortes für Detailuntersuchungen.

III. Untersuchungsergebnisse

1. Allgemeines.
Die dominante Spezies auf „Erde“ sind zweibeinige, zweiarmige, einköpfige (Kopf oben) Wesen. Sie kommen in zwei Geschlechtern vor und sind über alle Untergruppierungen („Rassen“) hinweg fortpflanzungsfähig. Sie nen-

nen sich „Menschen“ und sind auf dem ganzen Planeten von erstaunlicher Gleichförmigkeit. Ihre Höhe unterschreitet beim Ausgewachsenen selten 6/7 und überschreitet selten 8/7 der Durchschnittshöhe. (Diese beträgt etwa 12 WRST.) Ihre Sprachen folgen alle dem gleichen Typus (Nominaltypus).
Trotz dieser Gleichförmigkeit gliedern sich die |Menschen| in eine Unzahl verschiedener politischer Einheiten, die sich aber wieder zu einer geringeren Zahl von Machtblöcken zusammenfügen.
Die technische Entwicklung auf „Erde“ ist bemerkenswert beschleunigt. Seit der Primärexploration waren an Errungenschaften hinzugekommen (u. a.): die Bildtransmission, die Atomenergie (rudimentär), der 3×3×3 Edukationskubus.

2. Untersuchungsort.
Gemäß Handbuch 3–5 wurde für die Detailuntersuchung ein Gebiet gewählt, das technisch-kulturell hochstehend war, jedoch nicht in einem machtpolitischen Zentrum lag. Es handelt sich um ein Gebiet auf der landreicheren Halbkugel des Planeten; dort in der Mitte der westlichen Halbinsel des größten Kontinents. Die örtliche Sprache („deutsch“) lernte ich mittels des Immediat-Teleintelligators. Dessen Beschränkungen (Schwerpunkt gegenständlicher Bereich, Ausfall bei Symbolismen) bleiben also zu berücksichtigen.
Nach Angleichung meiner Außenform an die Durchschnittsgestalt der „Menschen“ besuchte ich vier „Veranstaltungen“, das sind körperlich-reale Gruppen- oder Massenansammlungen von „Menschen“ zur Verfolgung gemeinsamer Zwecke. Die Telekommunikation liegt noch in den Anfängen.
Die „Veranstaltungen“ eignen sich für Beobachtungen gut. Es stehen stets gleichzeitig viele Beobachtungsobjekte zur Verfügung. Außerdem sind sich die Mehrzahl der Anwesenden jeweils gegenseitig fremd, so daß die Gefahr des Auffallens gering ist.

3. Beobachtungen.

a)

Erstes Objekt war ein „Theater"-Abend. „Theater" ist ein Bauwerk, eine große, überdachte, völlig fensterlose Halle. Das Zentrum dieses Bauwerks war zu etwa 4/5 angefüllt mit Sitzmöbeln für rund 1000 Menschen. Das restliche Fünftel enthielt eine erhöhte Freifläche mit wechselndem Mobiliar.

Auf Plakaten im lokalen Wohnbereich der „Menschen" wurde dazu eingeladen, an einem bestimmten Abend in dieses „Theater" zu kommen und dort „Nathan den Weisen" zu besuchen. Dies war vom Beobachtungsstandpunkt aus sehr interessant. Von einem Weisen ließen sich aufschlußreiche Erkenntnisse erwarten.

Trotz der öffentlichen Einladung mußte vor Betreten des „Theaters" eine Gebühr entrichtet werden. Die Gebühr war allerdings recht bescheiden für das Kennenlernen eines Weisen. Dazu befragte ich einige der Anwesenden. Ich stellte mich hier wie im Folgenden als „Ausländer" dar, das heißt als Besucher von einem anderen Teil des Planeten, und konnte so Fragen stellen, ohne Verdacht zu erregen. Auf diese Weise erfuhr ich, daß die Besuchergebühr keineswegs ausreichend für den Weisen war, daß er vielmehr auch einen Teil der allgemeinen, an die Obrigkeit entrichteten Abgaben erhielt. Er erhielt sogar einen Teil der Abgaben nicht nur der „Theater"-Besucher, sondern auch der Abgaben aller anderer „Menschen" des örtlichen Abgabeneinzugsbereiches, also auch derer, die nicht ins „Theater" wollten und keinerlei Interesse daran hatten. (Wobei unklar blieb, wie es „Menschen" geben kann, die an Weisheit kein Interesse haben.)

Als das „Theater" voll besetzt war, trat ein „Mensch" auf die Freifläche und gab bekannt, der „Darsteller" des Nathan sei erkrankt und würde durch einen anderen ersetzt. Dies stieß bei den Anwesenden auf ein gewisses Bedauern, es schien sie aber nicht übermäßig zu überraschen. Offenbar ist Nathan also keine spezifisch-individuelle Person, sondern eine Art von Chiffre, eine Abstraktion der Weisheit.

Die Aussagen des Nathan waren eingebettet in eine Ge-

schichte, die real-körperlich von mehreren „Menschen" auf der Freifläche durch konkretes Handeln vorgeführt wurde.
Nathans Hauptaussage war eine Lobpreisung der „Toleranz", das ist die praktische Akzeptanz multipler Wahrheiten – ein höchst überraschendes und bemerkenswertes, in mancherlei Hinsicht geradezu revolutionäres philosophisches System.
Aber: die meisten der Anwesenden verhielten sich höchst gelangweilt. Einige lasen während des ganzen „Theater"-Abends in kleinen gelblichen Büchern. Wie ich feststellte, enthielten diese kleinen Bücher die von Nathan gesprochenen Worte. Die Weisheiten des Nathan auf der Freifläche waren demnach nicht neu, sondern wurden von diesem, offenbar zum vielfachen Male, wiederholt. Dennoch waren diese „Menschen" ins „Theater" gekommen und hatten die Besuchergebühr entrichtet, nur um zu hören, was sie auch zu Hause leichter und bequemer in ihren kleinen Büchern hätten lesen können.
Andere der Anwesenden „schliefen" (periodische Ruhephase der „Menschen" bei stark herabgesetzter Wahrnehmungsfähigkeit), konnten also den Weisheiten des Nathan gar nicht folgen. Auch sie waren aber ins „Theater" gekommen und hatten die Besuchergebühr entrichtet.
Wieder andere schienen zunächst durchaus aufmerksam zu sein. Wie sich herausstellte, warteten sie jedoch nur auf ein bestimmtes Geschehen innerhalb der Handlungsabfolge auf der Freifläche: einer der „Menschen", der mit Nathan zum Zweck der Vorführung der Geschichte auf der Freifläche handelte, zeigte sich dort eine Zeitlang „nackt", das heißt ohne die Körperverhüllungen aus meist pflanzlichen oder tierischen Materialien, ohne die „Menschen" nahezu nie zu sehen sind. Dies erregte die darauf Wartenden aufs stärkste. Sie erhoben sich, verließen das „Theater" und warfen als Zeichen ihrer Unzufriedenheit die Türen mit lautem Schlag zu. Manche riefen auch laut „Buh" und produzierten Geräusche mit Instrumenten.
Dieses Erlebnis ist in zweifacher Hinsicht schwer begreiflich. Zum einen hatte diese Nackt-Erscheinung keinerlei Bezug zu den Weisheiten des Nathan. Es war

kein Grund ersichtlich, einen Teil der Besucher zu beunruhigen oder gar zu vertreiben durch Mißachtung eines Verhaltens, das Tabu-Charakter zu haben scheint. Auf der anderen Seite schienen die Beunruhigten und Vertriebenen schon im voraus von der Tabu-Verletzung gewußt zu haben (die Einladungsplakate hatten die Wörter „progressiv" und „provokativ" enthalten, die offenbar diesbezüglich Signalcharakter haben), sie hätten also gar nicht erscheinen und die Besuchergebühr entrichten brauchen, nur um sich empören zu lassen.
Schlußfolgerung: Die „Menschen" verhalten sich unlogisch und willkürlich.

b)
Zweites Beobachtungsobjekt war ein „Rock-Festival". Dieses erweckte gegenüber dem „Theater"-Abend zunächst den gegenteiligen Eindruck. Das „Theater" war ein fensterloses, geschlossenes Steinbauwerk – hier fand das Geschehen auf der freien Planetenoberfläche ohne jede bauliche Gestaltung statt. Das „Theater" war für eine bestimmte, begrenzte Anzahl von „Menschen" eingerichtet – hier konnte mangels eingrenzender Bebauungen eine unbestimmte, erheblich größere Anzahl von „Menschen" das Geschehen verfolgen. (Ich schätzte die Anwesenden auf etwa 50000 Individuen.) Im „Theater" waren vorwiegend Individuen, deren Lebensalter der zweiten Hälfte des durchschnittlichen Höchstalters der „Menschen" angehörte – hier waren die Anwesenden vorwiegend der ersten Lebensalterhälfte angehörig.
Unklar blieb der Zweck dieser Veranstaltung im Zusammenhang mit ihrer Bezeichnung. „Rock" ist eines der Körperverhüllungsstücke bei den „Menschen" (zylinder- oder kegelstumpfmantelförmig, zur Verhüllung der unteren Körperhälfte). Einige der Anwesenden trugen auch einen solchen „Rock". Die meisten verhüllten ihre untere Körperhälfte jedoch mit anderen Verhüllungsstükken, meist mit „Hosen" (doppelzylindermantelförmig).
Im „Theater" hatten prozentual mehr „Menschen" einen „Rock" getragen als auf dem „Rock-Festival".
Einer der Anwesenden erklärte mir, „rock" bedeute in einer anderen Sprache soviel wie „wiegen" oder „schau-

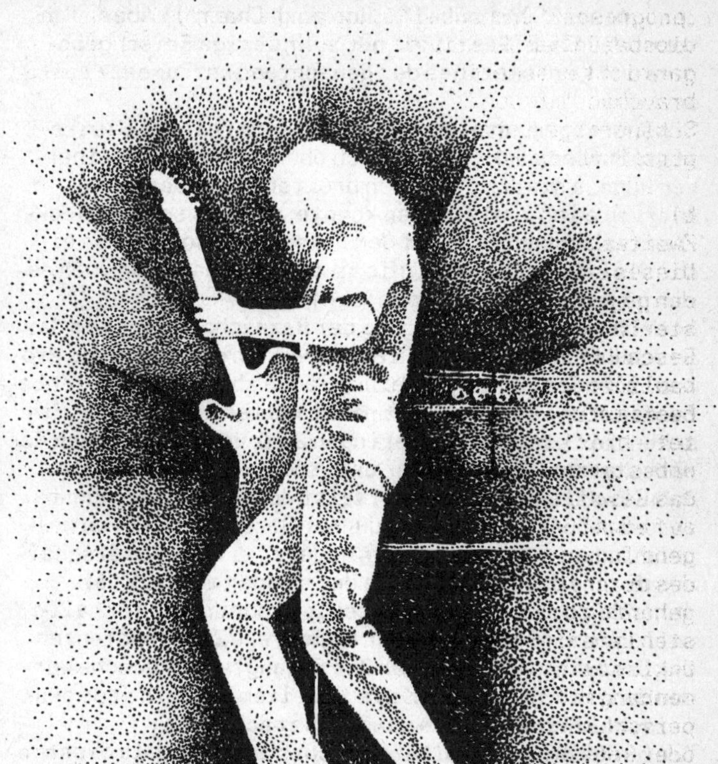

keln", in der Bedeutung von real-körperlicher Hin-und-her-Bewegung von „Menschen". Aber: niemand bewegte einen „Menschen" hin und her. Wie ich feststellen konnte, wird dieses Hin-und-her-Bewegen gewöhnlich an sehr jungen „Menschen", besonders an Frischgeborenen vorgenommen. Es gibt dafür eigens eine Reihe von Instrumenten („Wiege", „Schaukel", „Rocking-Chair"). Aber: ich konnte auf dem „Festival" nur sehr wenige Frischgeborene und kein einziges der genannten Instrumente entdecken.

Ein anderer meinte, ein „Rock" sei ein Felsen. Das „Festival" fand auch tatsächlich oberhalb eines steinernen Hügels statt, der einen breiten Fluß überragte. Aber: wie ich feststellen konnte, gibt es solche „Rock-Festivals" nicht nur auf dem Felshügel, sondern an einer Vielzahl von Orten, die im allgemeinen nicht den geringsten Bezug zu einem Felsen haben.

Auch ohne Berücksichtigung der Bezeichnung war ein Sinn in dem Geschehen nicht zu erkennen. In der Mitte des großen Geländes war eine kleine Fläche abgegrenzt. Dort befanden sich vier zunächst nicht weiter auffällige „Menschen" mit einer nicht geringen Zahl von technischen Gerätschaften. Ein Teil der Gerätschaften diente dazu, Schallwellen zu erzeugen (meist durch In-Schwingung-Versetzen von gespannten dünnen Strängen oder von metallischen Membranen). Der andere Teil der Gerätschaften diente dazu, die Stärke der so oder mittels der „menschlichen" Sprachwerkzeuge produzierten Schallwellen zu erhöhen, und zwar um mehrere Zehnerpotenzen der Ursprungslautstärke. Die erzeugten Geräusche wurden dadurch so laut, daß sie in weitem Umkreis jede akustische Kommunikation unmöglich machten.

Die 50000 Anwesenden taten nichts anderes, als diese Schallwellen in sich aufzunehmen. Die mittels der Gerätschaften erzeugten Schallwellen waren teils rhythmisch-regelmäßiger Art, teils ließen sich Gesetzmäßigkeiten nicht erkennen. Bei den mittels der „menschlichen" Sprechwerkzeuge produzierten Schallwellen handelte es sich um in Rhythmus und Tonhöhe den gerätschaftlichen Schallwellen angepaßte Wörter. Demgemäß erwartete ich nun besonders bedeutsame, da offen-

kundig feierlich-elaborierte Aussagen, deretwegen die vielen „Menschen“ vermutlich zusammengekommen waren. Aber: Die meisten Wörter gehörten einer Sprache an („englisch“), die nicht die örtliche Sprache war, also gar nicht verstanden werden konnte. Außerdem wurden sehr häufig Laute hervorgebracht, die in keiner der „Erde“-Sprachen einen Informationswert in sich tragen („da-da-da“, „la-la-la“, „schubi-wa“ u. ä.). Dies berücksichtigend schätze ich das „Rock-Festival“ nun als eine kultische Veranstaltung ein (ähnlich dem „Qquang“ bei den Iibong), wobei Lautstärke, Rhythmus und magische Worte zum kultischen Ritual gehören. Ich wartete daher gespannt auf den Höhepunkt, mutmaßlich eine feierliche Opferung oder eine sakrale Erscheinung.
Aber: nach mehrmaliger Auswechslung der völlig erschöpften Schallwellen-Erzeuger in der Mitte endete das „Rock-Festival“ ganz plötzlich. Es war nichts weiter geschehen. Auf Befragen erfuhr ich, daß „Rock-Festivals“ immer so enden und daß die Besucher nichts anderes erwartet hatten.
Schlußfolgerung: Das Verhalten der „Menschen“ läßt keinerlei rationales Zweck- oder Sinnstreben erkennen.

c)
Drittes Beobachtungsobjekt war eine „Wahlveranstaltung“. Die politische Struktur der verschiedenen territorialen Einheiten auf „Erde“ unterscheidet sich. Im Beobachtungsgebiet wurde das Entscheidungspersonal durch „Wahlen“ bestimmt, das heißt durch Sammeln von Individualpräferenzen bezüglich der zukünftigen Entscheidungsindividuen. Die Bewerber für das Amt des örtlichen Mitglieds für das Gremium des Entscheidungspersonals („Parlament“), hatten sich körperlich eingefunden, um sich den Anwesenden (ca. 250 „Menschen“) vorzustellen und ihre Fragen zu beantworten.
Wie ich in vorsichtigen Vorgesprächen mit einzelnen Anwesenden erfuhr, sollten sich unter den 7 Bewerbern u. a. je ein Vertreter der „Schwarzen“, der „Roten“ und der „Grünen“ befinden. Die Bedeutung dieser Farbcharakterisierung wurde nicht klargestellt. Aber: Als die Bewerber eintraten, hatten alle eine hellrötlich-braune

Hautfarbe, die man dort „weiß" (!) nennt. Die Haarfarben schwankten zwischen gelb, braun und schwarz. Das schwarze Haar hatte jedoch nicht der „schwarze", sondern der „rote" Bewerber. Die Augenfarben schwankten zwischen blau, braun und grau. Die Kleidung aller Bewerber war ebenfalls blau, braun oder grau. Irgendwelche roten oder grünen Elemente waren überhaupt nicht erkennbar. Dennoch hatte ein Bewerber sogar ein Schild vor sich, auf dem ausdrücklich „Grüne" zu lesen war.
Bei der Frage-und-Antwort-Prozedur zwischen Bewerbern und sonstigen Anwesenden zeigte sich, daß manche Bewerber für den baldigen Bau weiterer Atomkernspaltungsenergieanlagen eintraten, während andere die bereits errichteten Anlagen dieser Art wieder demontieren wollten. Als rationaler Beobachter hätte ich erwartet, daß solche Entscheidungen vor dem ursprünglichen Baubeginn getroffen werden, nicht nach Baufertigstellung.
Dann wurde das „Ausländerproblem" behandelt – die Folgen, die sich daran knüpfen, daß „Menschen" aus anderen Gebieten in großer Zahl im Beobachtungsgebiet leben und arbeiten. Manche Kandidaten traten dafür ein, daß diese „Ausländer" auch ihre „Ehepartner" (das andere Geschlecht der „Menschen") und ihre Kinder in dieses Gebiet bringen dürfen. Andere Kandidaten waren dagegen und wünschten sogar, daß auch die schon hier befindlichen „Ausländer" in ihr Heimatgebiet zurückkehren sollten. Als rationaler Beobachter hätte ich erwartet, daß solche Entscheidungen vor der ursprünglichen Zulassung dieser „Ausländer" getroffen wurden, nicht nachher.
Nach diesem Muster verliefen auch die weiteren Frage-Antwort-Vorgänge.
Schlußfolgerung: Das willkürliche Verhalten der „Menschen" ist als hochgradig unvernünftig zu kennzeichnen.

d)
Abschließendes Beobachtungsobjekt war eine Veranstaltung mit der Bezeichnung „Science Fiction Convention". Hiervon versprach ich mir besonders wertvolle Einsich-

ten, denn „Science“ bedeutet, bezeichnenderweise allerdings in einer anderen Sprache als der am Untersuchungsort gesprochenen, soviel wie die logischen (!)Wissenschaften.
Dort wurde über Themen gesprochen wie Materietransmission, Zeitsprung, Hyperraum etc., die mich zunächst fürchten ließen, hier ginge es um ganz unglaubliche neue technisch/wissenschaftliche Errungenschaften, die zum Teil über die unseren hinausreichten. Bei näherem Nachfragen stellte sich jedoch heraus, daß dies bloße Phantastereien waren. Statt tatsächliche Forschungsarbeit hinsichtlich solcher Errungenschaften zu leisten, begnügten sich diese „Science-Menschen“ mit absolut irrealen Gedankenspielereien.
Eine Gruppe, der ich mich anschloß, befaßte sich mit den Details der Kolonisation eines Planeten eines anderen Systems – dabei vermögen die „Menschen“ noch nicht einmal die anderen Planeten ihres eigenen Systems zu erreichen.
Eine andere Gruppe lauschte einem Vorleser (dabei können alle „Menschen“ selbst lesen), dessen Text u. a. eine Beschreibung der Bewohner von Beta Eridani enthielt. Die stolzen geflügelten Berggipfel-Eridaner wurden als eine Art von reptiloiden Sumpfdrachen geschildert – ohne die geringste Kenntnis der Fakten. Dennoch erhielt der Vorleser beachtlichen Beifall.
Höhepunkt der „Convention“ war eine Diskussion einiger offenbar besonders angesehener „Science-Menschen“ (sie saßen auf einer erhöhten Teilfläche des Raumes). Dies war besonders bizarr. Sie diskutierten erhitzt darüber, ob ein „Mensch“ namens Feric Jaggar gelebt hat oder nicht, oder ob er vielleicht etwa Adolf Hitler geheißen hat oder nicht, ob er Schriftsteller war oder Politiker oder beides, oder keines etc. Obwohl es sich hier also nicht um fremde Planeten, sondern um „Erde“ selbst handelte, herrschte die gleiche Unsicherheit, Unbestimmtheit und Unbekümmertheit um Fakten wie zuvor beobachtet. Bemerkenswert, daß keiner der Diskutierenden auf den Gedanken kam, die offenen Fragen in einem der zahlreich vorhandenen gedruckten Faktenspeicher („Lexikon“) nachzuschlagen. (Wobei deren Zuverlässig-

keit hier offen bleiben muß.) Hauptstreitpunkt war schließlich, ob die Lektüre des möglicherweise imaginären Werkes des möglicherweise imaginären Schriftstellers den „Menschen" künftig gestattet oder verboten werden sollte.
Schlußfolgerung: Das Ausmaß des irrealen und alogischen Verhaltens der „Menschen" trägt in hohem Maße paranoide Züge.

IV. Begründung zur Schlußempfehlung

a) Quarantäne erforderlich, da Übertragbarkeit des paranoiden Verhaltens auf gesunde Spezies nicht völlig auszuschließen.
b) Zerstörung nicht erforderlich, da die technischen Möglichkeiten der „Menschen" zu begrenzt sind, um eine Gefahr für andere Spezies darzustellen; allenfalls Selbstzerstörung scheint möglich.
c) Wiedervorlage zum genannten Zeitpunkt, um zu überprüfen, ob die Voraussetzungen für a) und b) noch vorliegen.

K!NK-L'L-UUM
(Oberexplorator II. Klasse
Wissenschaftlicher Rat)

Karl-Ulrich Burgdorf & Wolfgang E. Hohlbein

Im Goldmann-Echtbuchladen

Der Mann im rosa Flechtfiber-Outfit betrat den eleganten Laden erst, nachdem er bestimmt zehn Minuten vor dem Schaufenster gestanden und die flachen, wie silberne Enzymklopädie-Container geformten Objekte in den Auslagen angestarrt hatte. Vom chromglänzenden Styling sichtlich überwältigt, tastete er sich langsam entlang einer Reihe von Drehständern bis zur Verkaufsbox vor, wobei er den Blick seiner vor Erregung glänzenden Augen über die bunten Klötzchen-Rücken in den Drehständern schweifen ließ. *Provinzler,* dachte der Verkäufer in der Box verächtlich. *Auf fash getrimmt. Rosa Flechtfiber-Outfit. Puh.*

»Ent . . . schuldigen sie«, sagte der Provinzler mit leiser, stokkender Stimme. War wohl noch Jungmann, trotz seiner grauen Schlabberhaare. »Sind . . .« *Cras, cras,* Geräusper wie mit einem Kehlimplantat. »Sind das wirklich . . . *Bücher?*«

Der Verkäufer, dessen Brust-ID seinen Namen mit Wiltfred Biblis-Wilkenried angab, klapperte mit den kaum sichtbaren Nickhäuten. Der rosa Flechtfiber-Mann zuckte zusammen. »Aber gewiß, mein Herr. Echte Bücher. Sie wünschen eines zu erwerben? Oder möchten Sie vielleicht eine Reihe leasen? Oder dachten Sie eher an ein Buchpaket-Sharing mit . . .«

Der rosa Mann (sein ID las Alfred Zonenrand-Pleißner, also in der Tat tiefste Provinz) hob mit einer unsicheren kleinen Geste die Hände bis knapp unters Brust-ID, die schweißfeuchten Handflächen abwehrend nach außen gekehrt. *Kauft daheim wohl nur per Video,* dachte der Verkäufer naserümpfend. *Ein Anonymik. Individualselling macht dem das große Nervenzucken. Weit ist's gekommen auf dem freien Markt. Flechtfiber-Schmock.*

». . . noch gar nicht so weit gedacht«, sagte das Flechtfiber-Männlein gerade. Den Anfang seiner Erklärung hatte Wiltfred verpaßt, aber wichtig konnte er sowieso nicht gewesen sein.

»Ich . . .« *Feuchtes Schlucken.* »Ich fand das nur so faszinierend, verstehen Sie?« *Bei Asimov, jetzt fehlt nur, daß das rosa Männlein anfängt zu flennen!! Und so was muß man seinen Wa-*

renschatz verkaufen! Tief bist du gesunken, Wiltfred Biblis-Wilkenried! Tief!

»*Echte Bücher!* Sehen Sie, das letzte echte Buch habe ich vor ... vor ... lassen Sie mich überlegen ... ja, acht Jahre alt war ich damals gerade.« *Danach siehst du auch aus, mein Kunde,* dachte Wiltfred und legte die Finger in den Maniküreautomaten, der unter der Theke (natürlich außerhalb des von außen einsehbaren Bereiches) aufgestellt war.

»Das war an dem Tag, an dem meine Eltern es fortgeworfen haben, nachdem es nicht in den automatischen Reader paßte – Sie wissen schon ... so wie sich auch die alten Schellack- und Plastikschallplatten nicht mehr mit den modernen Digital-Playern abspielen ließen – und das Buch durch einen Lesechip ersetzten.« Langsam wurde der Bursche echt redselig, bemerkte Wiltfred. Dabei hatte er seinen sorgfältig antrainierten Dealercharme noch gar nicht richtig zur Anwendung gebracht. *Braucht wohl eine breite Brust zum Ausweinen, der Provinzler. Ganz allein in der großen, kalten Stadt und all der Quatsch. Tz-tz-tz.*

»Und danach – keine Bücher mehr. Nie wieder. Nur noch die Chips und der ganze andere Kram ... Pseudoprints, On-line-Bibliotheken ... Bis auch das passé war und man überhaupt keine Hardware mehr kriegte, sondern nur noch die Daten vom Litracomp, Sie wissen schon.«

»Sicher, sicher.« *Zeit, mal wieder etwas zur Konversation beizutragen. Ein freundliches Wort zur rechten Zeit wirkt ungemein verkaufsfördernd.*

»Aber –« *Verschämter Augenaufschlag, leicht hilfloses Lächeln. Und das alles in Rosa! Würg!*« – ich habe nie vergessen können. All die Bücher... Sie verstehen schon, nicht nur das, was drinstand – so eine Art Inhalte haben die Data-Cluster ja auch noch, auch wenn sich selbst da im Laufe der Jahre eine Menge verändert hat –, sondern das *Gefühl,* ein Buch in der Hand zu halten, die Spannung beim Aufschlagen ... und manchmal hafteten die Seiten noch ein bißchen aneinander, weil beim Schneiden kleine Papierfetzelchen abgeraspelt waren und die Seitenkanten verfilzten.« *Jetzt wird er auch noch zum Hobbylit! Vater & Mutter unser, die ihr seid im Himmel, helft!* »Ging ja damals auch schon alles vollindustriell zu, nicht mehr von Hand und so, waren zum Schluß ständig überlastet, die automatischen Bücherproduktionsstraßen, was sich dann negativ auf die Verarbeitungsqualität der Bücher niederschlug. Aber das ist ja heute nicht viel anders. Hatte erst letztlich wieder einen ausgefransten Factchip, mit Datenflattern an den Rändern und dem ganzen Trouble. Und ... wo war ich stehengeblieben? Ah ja, richtig, die Spannung beim Aufklappen – natürlich auch im übertragenen Sinne. Wußten Sie eigentlich, daß unser heutiger Begriff Spannung im Zusammenhang mit literarischen Erzeugnissen ursprünglich daher kam – von Coverspannung?«

Wiltfred hatte es bisher noch nicht gewußt. Nicht, daß es ihn interessiert hätte. »Nein, tatsächlich nicht, mein Herr. Null Ahnung. Aber wie ich sehe, haben Sie das Thema ›Echtbücher‹ bereits gründlich ausgecheckt. Ich muß gestehen, daß es selten vorkommt, daß ein Kunde sich so gründlich mit der Materie auseinandersetzt. Das sind die Momente, in denen mir mein Beruf noch Spaß macht.« *Honigseim, Honigseim, dem Kunden um das Mäulchen schleim. Verkäuferschulung, Lektion 1.*

Und wie der rosa Mann da strahlte! Ein Mini-Biblis auf zwei Beinen! »Ich ... ich weiß alles über Echtbücher! *Ich kann sogar lesen,* stellen Sie sich das vor! Naja, aber das wollte ich eigentlich gar nicht erzählen ... Ich war beim Aufklappen der Bücher, richtig? Und dann, nach dem Aufklappen – der *Geruch*! Als Kind habe ich manchmal mit der Nase am Papier geschnüffelt – wußten Sie, daß daher der Ausdruck ›Seine Nase in ein Buch stecken‹ kommt? Ach, den Ausdruck kennen Sie gar nicht mehr? Die späteren Bücher, schauen Sie, die rochen – wie heißt es? – säuerlicher als die anderen, die frühen, weil die Zusammensetzung der Papiersubstanz eine andere war. Nicht richtig entsäuert, wegen der Kosten und so. Vergilbten daher auch schneller als die alten Bücher, die sogenannten Schwarten oder Folianten. Sie wissen doch, daß Papier vergilben kann?« *Höflich-erstauntes Augenbrauenlüpfen. Sehr prof. Nicht zu heftig, nicht zu lange, gerade so, daß der pp. Kunde es wahrnimmt.* »Nein? Auch nicht? Vergilben, ja, das ... ist ein chemischer Vorgang, bei dem durch Lichteinwirkung – vor allem bei direkter Sonneneinstrahlung, und das kam damals noch vor – Prozesse im Papier ausgelöst werden, die es seine Farbe ändern lassen. Von Weiß zu *Gelb* – daher ver*gilben.* Eine verballhornte Form.«

Wiltfred ließ bewundernd die Nickhäute klappern. Der Alte redete zu viel und kaufte zu wenig. Miserable Kosten-Nutzen-Relation, bei Wiltfreds Stundenlohn von achtzehndreiviertel. *Ein bißchen forcieren, das Verkaufsgespräch. Vielleicht auf die Chinesen-Tour, servil und hudel-hudel?* »Sie sind fürwahr ein echter

Born des Wissens, geehrter Herr. Ich werde den Tag, der diesem unscheinbaren Laden und meinem leeren Leben ein solches Geschenk war, ehrfurchtsvoll in meinem Gedächtnis behalten!« *Würg!*

»Und dann erst der Kontrast!« brabbelte das rosa Outfit weiter. *Voll auf dem Trip mit seinem eigenen Gesülze.* »Schwarze Buchstaben auf weißem Papier! Zum letztenmal hab ich's als Kind gesehen, aber ich kann mich noch genau ...«

»Wie wunderbar, geehrter Kunde«, unterbrach ihn Wiltfred, noch nicht gerade grob, mitnichten, aber auch die göttlichste Langmut franst am Ende aus. »Wie faszinierend. Und jetzt können Sie's mal wieder sehen – hier, in diesem Laden, schauen Sie, verehrter Kunde, die Bücher sind echt! E-c-h-t-e B-ü-c-h-e-r! Pulst sogar hoch oben über dem Intro, durch das Sie hereingerobbt sind! *Subconscious,* Sie verstehen. Aber Sie waren ja wohl sowieso schon ganz weg vom Anblick der herrlichen Exemplare im Schaufenster. Habe ich recht?«

»Äh ... ja ... ich ... ah ...«

»Klaro, ich seh's schon. Nundenn, merken Sie auf. Diese e-c-h-t-e-n B-ü-c-h-e-r sind nicht nur keine Attrappen, nein, man kann sie kaufen! K-a-u-f-e-n, l-e-a-s-e-n oder g-r-u-p-p-e-n-n-u-t--z-e-n im Timesharing. Auch klaro? Fein. Möchten Sie sich nun selbst ein Exemplar aus dem Drehständer ziehen, oder soll ich's für Sie tun? Dazu bin ich uh-ah da. Persönlicher Service, individuelle Tippytiptips und allerlei funktionale Handreichungen, wie Ihre Kreditkarte einterminieren und dergleichen. Na, wie steht's damit?«

Der rosa Mann schluckte schwer und schüttelte benommen den grauen Schädel. »Ich ... äöh ... um ... ich ... machen Sie's.«

Na endlich die richtige Verkaufsstrategie. Machen muß mans eben, direkt auf die grauen Zellen prägen wie beim guten alten Brain-Pickup. Tränen gibts. Aber jetzt hab ich dich ja da, wo du die ganze Zeit hinwolltest. Hasts nur selbst nicht gewußt. Hat sich nicht so recht getraut, das arme Puperl. Aber dazu bin ich ja da, dir zu sagen, was du wirklich willst. Wellwellwell, nun zur Action zweiter Teil, Freund Wiltfred.

Auf seinen discoglitzernden Kneescates rollerte Wiltfred aus dem Verkaufskabuff heraus und glitt in elegantem Schwung direkt vor den nächstgelegenen Ständer. »Was darfs denn sein? Interessiert Sie vielleicht auch der Inhalt, oder wollen Sie nach Coverspannung und Papiergeruch kaufen? Hier hab ich ein paar schöne Titelbilder, sehr chauvi und vollfleischig, besonders bei diesen beiden Ständern. Links sogar Porno – Sie bemerken die Assoziation zu Stän . . .« *Verschämtes Grinsen und mit gekonnt-gekünsteltem Hüsteln weiter.* »Rechts sogenannte Science Fiction . . . he, was starren Sie denn meine Rollies so an? Noch nie Kneescates gesehen?«

Biblis was fine in 99, Biblis was fine in 99, singsangte der Subconscious-Pulser in den sehr posh auf Unterschenkel gestylten Scates. *Biblis was fine in 99. Biblis was fine in 99.*

»Äh . . . doch . . . doch . . . sicher . . .« *Und warum schluckt und stammelt der rosa Outfit dann so?* »Zeigen Sie mir doch mal eins von diesen, diesen Science Fiction, bitte.«

»Aber gewiß doch, der Herr. Schnapp!«

Und wie Alfred Zonenrand-Pleißner schnappte. Blitzende Äuglein, *denn ein Traum geht in Erfüllung. Jetzt kann ich ruhig sterben, meine Erben. Ich hab' ein Buch gesehen und berührt.*

Gieriger Blick aufs Cover. Untergrund Metallicblau, darauf in einem weißen Rahmen ein futuristisches Bild, irgendwelcher Raumschiff-Sumpf. Darüber in weißer Schrift der Titel. Und irre bunt, echt irre.

»G . . . a . . . n . . . y . . . m . . . e . . . d . . .«

Tatsächlich, der Typ kann wirklich lesen! Irre. Zweiter Anlauf, diesmal die Zeilen darüber.

»S . . . c . . . i . . . e . . . n . . . c . . . e . . . f . . . i . . . c . . . t . . . i . . . o . . . n . . . s . . . t . . . o . . . r . . . i . . . e . . . s . . . t . . . h . . . o . . . m . . . a . . . s . . . l . . . e . . . b . . . l . . . a . . . n . . . c . . . h . . . r . . . s . . . g . . .«

Oben links in der Ecke ein Kreis, von zwei schrägstehenden Ringen umgeben. Darin ein angeknabbertes G. Darunter senkrechtstehend . . .

»G . . . o . . . l . . . d . . . m . . . a . . . n . . . n . . . Goldmann?« brabbelte Alfred Rosa Outfit ungemein erregt. »Aber das ist doch der große Medienkonzern, der sonst die ganzen Datenschocks, Factcluster, Floppy-Disks und Mindlinks auf den Markt bringt! Die also machen jetzt auch noch Bücher?«

Wiltfred nickte. »Gewißgewiß. Und nicht nur das. Nein, merke auf, es ist viel irrer: Die Wilhelm Goldmann Corporation of Osaka, die diesen ersten Echtbuchladen auf der ganzen Welt betreibt, hat seinerseits als Buchverlag begonnen, im 20. Jahrhundert. Und das, was Sie da in Ihren Zitterfingern halten – nicht so nervös, schlagen Sie's ruhig auf, es tut Ihnen nichts – ist in der Tat sogar ein Nachdruck eines originalen Buches, das Anno Domini 1983 vom alten Goldmann auf den damals schon so freien Markt geworfen wurde. Und dieser Echtbuchladen steht, wie soll es anders sein, auf historischem Boden, nämlich dort, wo auch das Stammhaus der Goldmann-Corporation einst gestanden hat, in München, mitten im Frederking-Park!«

»Potzrebie!« erwiderte das rosa Outfit überwältigt und faßte sichtlich Mut und Zutrauen. *Macht nur der altvertraute Markenname.* »Und noch einmal: Potzrebie!«

Derweil blätterte er fast ehrfurchtsvoll die Buchseiten um.

Wiltfred ließ seine Klauenfinger vorschnellen und tippte auf das Taschenbuch. Na, endlich war das Eis gebrochen. Er fühlte sich in seinem Element, ein Topverkäufer auf dem Weg nach oben, vielleicht bis rauf in die Konzernleitung, direkt ins Schulungsbusiness, mit allen Vergünstigungen, die damit verbunden waren. *So bringt man Bücher an den Mann! Nur easy jetzt, easy, die beiden dicksten Hämmer schön aufheben, und dann – schwapp – mitten rein in die rosa Outfit-Überraschung!*

»Und dies«, sagte er gleichermaßen ehrfurchtsvoll wie stolz, »ist alles originalgetreu reprintet. Und trotzdem, wie modern! Beachten Sie besonders das handliche Design im flachen Quadro-Look! Das paßt selbst in Ihr Kulturfach im Seniorenkubus, ge–«

»Wie?« kreischte Alfred-rosa-Flechtfiber, Verzweiflung und gerechten Zorn in der Stimme. »Seniorenkubus?« Sein kantiger Schädel ruckte herum und stieß dann mit einer drohenden Bewegung auf Wiltfred herunter. »Was erdreisten Sie sich, junger Mann??? Ich habe selbstverständlich eine Lebenszelle!«

Jaja, schon gut, Großvater aller Brauseköpfe, konnt' ja nicht ahnen, wie empfindlich du heute bist.

»Verzeiht«, murmelte Wiltfred, betont zerknirscht ob dieses un-ver-zeih-lichen Fauxpas, »ich meinte natürlich Ihre Lebenszelle. Viel größer wird das Kulturfach dort auch nicht sein. Und wenn, dann kommt auch noch der andere Vorteil dieses Designs zum Vorschein: die unübertreffliche Stapelbarkeit, wenn Sie dereinst ein Zweitbuch in Erwägung ziehen.« *Na, wenn ihm das nicht schmeichelt . . .* »Und doch, so viel es auch schon ist – all diese Vorzüge sind nichts gegen das, was sich die Wilhelm Goldmann Corporation of Osaka zur Zufriedenheit ihrer Kunden noch hat einfallen lassen.« Er legte eine wohlbemessene Pause ein, weidete sich einen Moment lang an Alfred Zonenrand-Pleißners dämlichfragendem Gesichtsausdruck und rollte dann mit gekonntem

Schwung in seine Verkaufsbox zurück. Sekundenlang hörte das rosa Outfit nichts als das Rascheln von Papier und Kunststoff, dann kam Wiltfred auf seinen Kneescates zurückgeflitzt, einen bereits halb zerlaufenen Schokoburger zwischen den Fingern und mit der linken Backe kauend.

»Bachen Schie dasch Cover«, mampfte er, Alfred Zonenrands mißbilligenden Blick wohlweißlich ignorierend. »Schehen Schie auch nur einen einschigen Schmutschfleck, Grauschleier oder Gilb? Schie schehen keinen, rischtig, und dasch liegt darn, dasch dieschesch Material –«, er beugte sich vor, eine winzige Fontäne von Schokolade (gemischt mit Speichel und dem unverwechselbaren Geruch von Sweepstake-after-food-lotion) in Zonenrands Richtung sprudelnd, »schmutschabweischend ischt. Wir schreschen auch von *(Schluck)* dirt rejection. Selbst wenn es nur das wäre«, er grinste triumphierend, biß herzhaft in seinen Schokoburger und riß Alfred Zonenrand-Pleißner bitzartig das Buch aus der Hand, »so würde schisch dadurch wohl der Preisch, der – schugegebenermaschen – ebenso exkluschief ischt wie das Produkt, reschtferigen.« Er schluckte, musterte das Buch lange und eingehend und strich dann fast genußvoll mit dem Daumen durch das unter den Rändern des Schokoburgers hervorquellende dunkelbraune, fast schwärzliche Schoko-Soja-Simulat. »Aber um die letzten Zweifel an Ihrer Kaufentscheidung auszuräumen, hat sich die Wilhelm Goldmann Corporation of Osaka noch etwas anderes ausgedacht. Ein Extra-Special gewissermaßen.«

Und damit hob er in einer dramatischen Geste den Daumen und drückte ihn mitten auf die aufgeschlagene Textseite.

Alfred Zonenrand-Pleißner erbleichte.

»Was . . .«, keuchte er. »Wie . . . aber . . .«

»Kein Grund zur Aufregung«, sagte Wiltfred im Brustton der Überzeugung. »Dirtrejection. Sie werden sehen, der Fleck verschwindet. So, wie jeder Fleck – jeder, ganz gleich, welcher Art, verschwinden wird! Und das«, fügte er nach einer wohlbemessenen Pause *(Verkaufsschulung, 2. Semester, Lektion 5)* hinzu.

Alfred Zonenrand-Outfit wurde nun sichtlich nervös. Er versuchte nach dem Buch zu greifen, aber Wiltfred, nun erst richtig in Fahrt, preßte es wie einen Schatz an die Brust und schlug ihm spielerisch auf die Finger.

»Das ist noch nicht alles!« wiederholte er. »Denn sehen Sie, wie leicht reißt so eine Seite ein? Denken Sie nur einmal daran – spielende Junioren besuchen Sie in Ihrer Lebenszelle . . .«

»Ich empfange keinen Besuch in meiner Lebenszelle«, unterbrach ihn Alfred kühl.

Wiltfred wischte den Einwand mit einer schokoladenbraunen Handbewegung beiseite. ». . . besuchen Sie in Ihrer Lebenszelle . . .«

»Erst recht nicht von Junioren«, beharrte Alfred.

»Und reißen«, fuhr Wiltfred, nunmehr nicht mehr zu bremsen, unbeirrt fort, »wie Junioren nun einmal sind, eine Seite aus dem guten Stück heraus, ohne zu ahnen, welchen ideellen und materiellen Wert es darstellt! Was für ein Schaden! Welcher Verlust! In früheren Zeiten hätte man das Buch dann wegwerfen müssen! Ex und hopp! Futsch! Weg! Finito! Ab auf den Müll!« Er keuchte. Die Erregung trieb ihm den Schweiß auf die Stirn, und Alfred, das Glitzern in seinen Augen wohl mißdeutend, wich vorsichtshalber zwei, drei Schritte zurück.

»Bedenken Sie die enormen Recycling-Steuern, die da zu entrichten wären!« sprudelte Wiltfred erregt. Auf Alfreds rosa Outfit erschien ein kompliziertes Muster winziger schokoladenbrauner Pünktchen. »Immerhin handelt es sich um einen Luxusgegenstand!« Er spurtete vor, packte Alfred mit der Hand, die immer noch den angebissenen Schokoburger hielt, beim Kragen und zog ihn zu sich herunter, bis sein Gesicht fast an seines stieß. »Aber soweit«, flüsterte er im Verschwörerton, das Taschenbuch wie eine Keule über dem Kopf schwingend, »muß es nicht kommen. Nicht mit einem Reprint der Wilhelm Goldmann Corporation of Osaka! Denn: So originalgetreu auch alles reprintet ist, in einem hat die Wilhelm Goldmann Corporation of Osaka die Erfindung ›Echtbuch‹ entscheidend verbessert! Das Papier, über das Sie gerade so liebevoll gestreichelt haben, ist gar keines! Es ist – nicht daß wir von Goldmann die Kosten und Mühen gescheut hätten, ein kleines Bakschisch hier, ein paar Extra-Chips da, Sie verstehen, eine Waldabholzungsgenehmigung zu erlangen, aber . . . das genetisch programmierte, von der Wilhelm Goldmann Corporation of Osaka in den firmeneigenen Labors entwickelte Hochwertmaterial ist einfach *besser* als Papier!«

Er hielt erschöpft inne, musterte Alfred Zonenrand-Pleißner

mit einem *Ich-habe-mein-Bestes-gegeben*-Blick und rollte auf seinen Kneescates zum Schaufenster. Er brauchte einfach eine Verschnaufpause, und er war sicher, daß selbst dieser Rosa-Outfit-Schmock dies einsehen mußte.

»Öh«, machte Alfred hinter seinem Rücken. »Besser? Aber ich ...«

»Besser«, keuchte Wiltfred müde. »Erheblich besser, möchte ich sagen.« Er drehte sich wieder herum, rollerte erneut auf Alfred zu und starrte mißbilligend die Schokoladenflecken auf seinem roten Flechtfiber-Outfit an. *Eigene Lebenszelle, pah! Aber kein Geld für einen Clean-Crack! Typisch!*

»Wesentlich besser«, murmelte er, noch einmal alle Kraftreserven mobilisierend. »Reißen Sie nur einmal eine Seite – eine ganz beliebige Seite, aus dem Buch heraus. Ja, fetzen Sie sogar das Cover ab – das macht dem Buch rein gar nichts!«

Alfred Zonenrand-Pleißner sah nun einigermaßen unglücklich aus, aber Wiltfred spürte schon wieder das Fieber des echten Verkäufers in sich aufsteigen. »Die Zellularstruktur«, sprudelte er hervor, »der Seite ist *mitsamt den darauf abgeprinteten Buchstaben KOMPLETT (!!!)«* – er brachte das Kunststück fertig, die drei Ausrufezeichen mitzusprechen – »in den umliegenden Zellen des Buches verankert! Als genetischer Code, sozusagen! Die herausgerissene Seite wächst nach, einfach so, wie ein Fingernagel, ein Haar, ein ... ein ...«

Alfred machte noch einen letzten, schüchternen Versuch, ihn zu bremsen, aber Wiltfred hörte schon gar nicht mehr hin.

»Sie wächst nach!« kreischte er. »Jede einzelne Seite, selbst das Cover! Alles! Sie können Seite um Seite herausreißen, so viel Sie wollen, alles regeneriert sich, wächst nach, ohne daß Sie auch nur einen Finger rühren müßten! Und dazu müssen Sie nicht einmal neue Biosubstanz von außen zuführen! Das Buch erzeugt alles, was es braucht, direkt aus der Luft, ein bio-literarischer Selbstversorger gewissermaßen! Wollen Sie's nicht einmal versuchen? Reißen Sie nur, reißen Sie nur, da, die Seite, die ich gerade aufgeschlagen habe! Nein? Ach, Sie trauen sich nicht recht? Schauen Sie nur, wie's wächst und wächst und scheinbar wie durch Zauberei die gute alte Seite mitsamt Text wieder erscheint. Okayfenokay, Kunde mein?«

Toller Endspurt, Wiltfred-Boy. Der harte Drill im Salesman-Camp trägt wirklich Früchte. Und wie reagiert darauf das Opilein?

»Oh . . . äh . . . ich . . . ja . . . das heißt . . .«

»Dann also nichts wie los!«

Und Wiltfred Biblis-Wilkenried ergriff das Goldmann-Buch und riß

„So mein verehrter K SER!
geschieht!!“ SEITEN DER ANTHOLOGIE »GANYMED«
Mister Flechtfiber ge GOLDMANN VERLAG ERSTMALIG IN DER
felnde Mine EGENERATIONS-METHODE GEDRUCKT!
„Wächst denn die Seit RAUS! SIE WERDEN SEHEN – SIE WÄCHST
Indigiert plinkerte W helm Goldmann Corporation of Osaka, Osaka)

„Aber gewißlich doch
etwa nicht?“ Wiltfred
Krallen blitzten gefäh
chen lauter. Hastig, abe

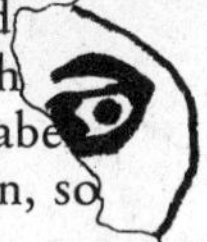

„Wenn Sie es sagen, so
„Genaudoch!“
„Trotzdem würde es mich
verstehen Sie doch, oder?“ agte Alfred Zonenrand-Pleißner
„Gewißlich“, entgegnete W cheln nacheinander zuerst auf das
„Niemals! Niemals! Und noch s Schädel und noch einmal auf
Gedanken auch nur im Entfernte s wächst da, Sie blindes Huhn!
„Ich sehe?“ erklärte Wiltfred wie das, was Sie in Ihrem Schä-
uns.“ «
„Schon, aber wann fängt sie de u Sekunde bleicher. »Aber ...
wachsen??“ ıt ... nicht möglich!«
„Nur noch ein wenig Geduld, oh glich, wie? Ich bin in diesen
Wiltfred blickte indigiert auf d cher zu kaufen, ganz normale
nen Händen. s? P-a-p-i-e-r!!!«
„In nur wenigen Augenblicken wer *-a-u-f-e-n-!*
be. Da ich gerade dabei bin – was ha
diter, chinchen, savvy???“ ie hier ja nicht. Nur diesen
„Nichts savvy, Verehrtester, über ien nicht funktionierenden
nicht daran! Aber ein bißchen plötzli -C-H-U-N-D-! Und noch
„Mitnichten!“ entgegnete Wiltfred in Verkäufer, der pausenlos
„Bisher“, sagte Alfred Zonenrand Plei lauter dummen kleinen
ser, gelle?“ -c-h-u-n-d zu kaufen!!!
„Hm, nun, tja“, machte Wiltfred, um ein auch wenn ich mich
Oder? Immerhin müssen Sie zugeben, daß bi ıs können Sie sich
„Das einzige, was ich zugebe“, entgegnet ie ! ZENSUR !! Be-
Und tatsächlich – auf der beschädigten Sei d!«
ts!!!
haarigen Nasenlö-
Schock! Und noch einmal Schock!
Nullwachstum auf der ganzen Linie. ısammen. Er
Wiltfred rollte auf seinen Kneeskates herum und en Drehung

»Oh . . . äh . . . ich . . . ja . . . das he end nicht gesehen? frag-
»Dann also nichts wie los!« ssner.
Und Wiltfred Biblis-Wilkenried e anzeige! Nix! Ich beginne
und riß ind oder nur Sie allein!“
oder!!!“
mich nicht“ widersprach
uld! Nur noch ein wenig
quark!“
hne den Titel zu kennen.

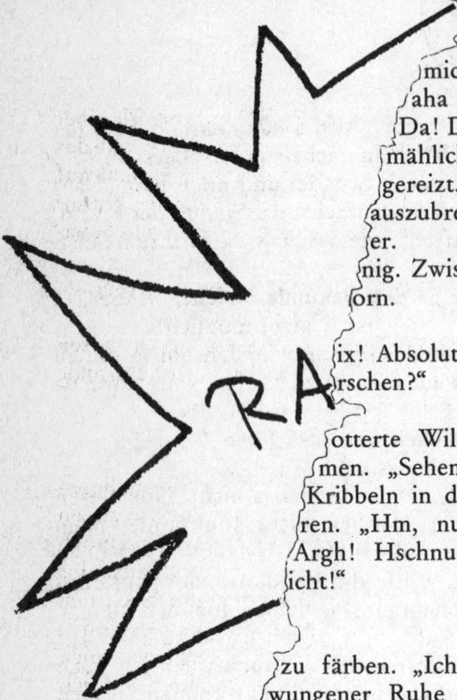

mich nicht!“
aha aha aha!“
Da! Da! Da!“
mählich zu Ende, geschätzter
gereizt. Auch in Wiltfred be-
auszubreiten. „Nur noch ein
er.
nig. Zwischen seinen zusammenge-
orn.

ix! Absolut nix! Und Sie denken im
rschen?“

otterte Wiltfred Biblis in dem ver-
men. „Sehen Sie, bei diesen antiqu-
Kribbeln in der Magengegend. Allmäh-
ren. „Hm, nun“, begann er. „Das…“
Argh! Hschnurpf!“ machte Alfred Zo-
icht!“

zu färben. „Ich gebe Ihnen noch genau
wungener Ruhe in der Stimme. „Danach
können Sie sich verlassen!“
hrter Kunde mein“, haspelte Wiltfred Bib-

ull! Absolute Fehlanzeige!“ Nix wächst da,
erniete!“
?“

ACHTUNG! VEREHRTE LESER!
DIE NACHFOLGENDEN SEITEN DER ANTHOLOGIE »GANYMED« WURDEN VOM WILHELM GOLDMANN VERLAG ERSTMALIG IN DER NEUARTIGEN CRASH-REGENERATIONS-METHODE GEDRUCKT! REISSEN SIE DIE SEITE HERAUS! SIE WERDEN SEHEN – SIE WÄCHST NACH! (pat. by Wilhelm Goldmann Corporation of Osaka, Osaka)

sagte Alfred Zonenrand-Pleißner und pochte mit den Fingerknöcheln nacheinander zuerst auf das Taschenbuch, dann auf Wiltfreds Schädel und noch einmal auf das Taschenbuch. »Rein gar nichts wächst da, Sie blindes Huhn! Nichts! Null! Überhaupt nichts – wie das, was Sie in Ihrem Schädel haben, Sie Verkäuferwunder!«

Wiltfred wurde von Sekunde zu Sekunde bleicher. »Aber ... das ...«, keuchte er, »ist doch nicht ... nicht möglich!«

»Ha!« machte Alfred. »Nicht möglich, wie? Ich bin in diesen Glitzerschuppen gekommen, um Bücher zu kaufen, ganz normale Bücher aus Papier, verstehen Sie das? P-a-p-i-e-r!!!«

O freudige Botschaft! B-ü-c-h-e-r k-a-u-f-e-n-!

»Ein löblicher Vors ...«

»Gewiß, gewiß. Nur leider gibt's die hier ja nicht. Nur diesen anderen Kram, diesen neumodischen nicht funktionierenden Nachwachsschund. Hamse gehört? S-C-H-U-N-D-! Und noch dazu einen selten dämlichen Freak von Verkäufer, der pausenlos versucht, mich mit seinem Dataflow von lauter dummen kleinen Tippytippytippsos zu überreden, diesen S-c-h-u-n-d zu kaufen!!! Da ist mir ja ein Datenschock noch lieber, auch wenn ich mich hinterher wie gebroilert fühle. Und von mir aus können Sie sich meinen Krediter in den I ZENSUR Icínchen, Sie I ZENSUR I! Bezweifle allerdings, daß er dann abgebucht wird!«

Gulp!

Rosa Outfit schnob triumphierend durch die haarigen Nasenlöcher. »Ich sehe, wir verstehen uns!«

Wiltfred raffte noch einmal all seinen Mut zusammen. Er mußte retten, was zu retten war! Mit einer blitzartigen Drehung

ACHTUNG! VEREHRTE LESER!
DIE NACHFOLGENDEN SEITEN DER ANTHOLOGIE »GANYMED« WURDEN VOM WILHELM GOLDMANN VERLAG ERSTMALIG IN DER NEUARTIGEN CRASH-REGENERATIONS-METHODE GEDRUCKT! REISSEN SIE DIE SEITE HERAUS! SIE WERDEN SEHEN – SIE WÄCHST NACH! (pat. by Wilhelm Goldmann Corporation of Osaka, Osaka)

---

seiner Kneescates schwang er sich herum und versperrte Alfred, der bereits Anstalten machte, erbost aus dem Laden zu stürmen, den Weg.

»Aber ich bitte Sie, o König Kunde!« jammerte er, Alfred mit schokoladenbeschmierten Fingern an den Ärmeln haltend. »Es kann sich nur um eine Verwechslung handeln! Eine . . . eine Verzögerung, ja! Eine winzige Verzögerung, mehr nicht! Das . . . das Buch braucht vielleicht eine gewisse Zeit zur Regeneration!«

»Ha!« machte Alfred. Er versuchte, Wiltfred von sich wegzudrücken, aber die Verzweiflung gab Wiltfred unglaubliche Kraft.

»Bitte!« keuchte er. »Geduld, o mein Kunde, nur ein wenig Geduld. Nur wenige Minuten, wenige Augenblicke, und Sie werden das Wunder der Crash-Regenerations-Methode der Wilhelm Goldmann Corporation of Osaka schauen. Nur ein wenig Geduld!« Die letzten Worte kreischte er mit überschnappender Stimme.

Alfred erstarrte. Sein Griff lockerte sich, und dann erschien auf seinem Gesicht ein listiges Lächeln, das Wiltfred gar nicht gefiel. Ganz und gar nicht.

»Ich habe eine bessere Idee«, sagte er süffisant. *»Ich werde mich beschweren!«*

Gulp! Die Lage war noch nie so ernst, Freund Wiltfred mein. Beschweren. BE-SCHWE-REN!!!

»Und zwar bei allerhöchster Stelle«, fügte Alfred *(ratsch, das Messer in die offene Wunde und gaaaaaanz langsam herumgedreht)* genüßlich hinzu.

SCHOCK!

KATASTROPHE! WELTUNTERGANG!

BESCHWERDE! Tadel vom Goldmann-Generalmagnat in Osaka! O Fuchs, was sind die Trauben sauer! Nie mehr auf dem ballonbereiften Firmenroller zur Arbeit im vollklimatisierten Echtbuchladen strampeln! Keine Peepshows mehr im konzerneigenen Sexycenter und kein Piepchow in der Broilerei. Kein ko-

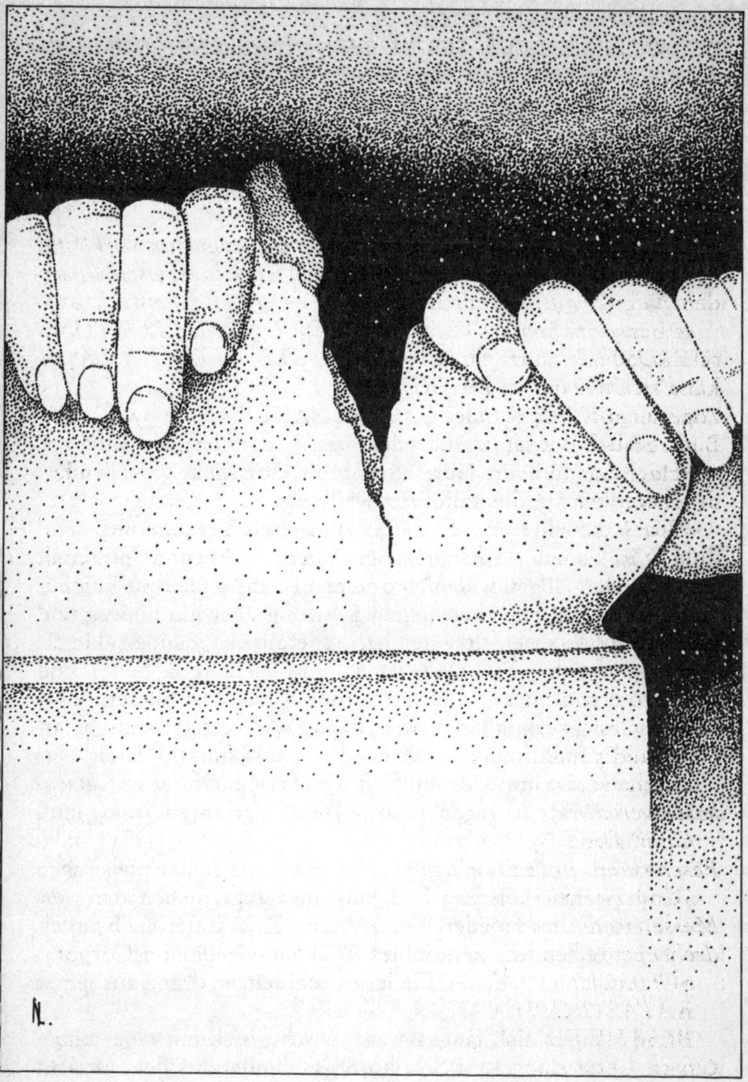
NL.

ACHTUNG! VEREHRTE LESER!
DIE NACHFOLGENDEN SEITEN DER ANTHOLOGIE »GANYMED« WURDEN VOM WILHELM GOLDMANN VERLAG ERSTMALIG IN DER NEUARTIGEN CRASH-REGENERATIONS-METHODE GEDRUCKT! REISSEN SIE DIE SEITE HERAUS! SIE WERDEN SEHEN – SIE WÄCHST NACH! (pat. by Wilhelm Goldmann Corporation of Osaka, Osaka)

---

stenloses Firmenschließfach im Firmenwohnheim für Verkäufer und keine Hoffnung auf gebührenfreie Mehrjahresbeischlafpartnerschaftsvermittlung mit automatischer Doppelschließfachzuteilung nach minimaler Wartezeit! JEDER SOZIALLEISTUNG VERLUSTIG!! DIE SCHWARZE LISTE DROHT!!! LASST ALLE HOFFNUNG FAHREN!!!

»O mein König Kunde! Gnade! GNADE!!!«

Alfred lächelte sanft. »Be-schwe-ren«, sagte er, jede Silbe wie einen Schluck hundert Jahre alten Multi-Soja-Sekt genießend.

Wiltfred packte die kalte Verzweiflung.

»Nein!« keuchte er. »Es ... es muß eine Verzögerung sein! Warten Sie ... ich ... ich ... zeige ... es ... Ihnen!« Und damit schleuderte er Alfred wuchtig vor einen Drehständer mit Echtbüchern, setzte mit einem eleganten Schwung über ihn hinweg und packte wahllos zwei, drei der herausgefallenen Bände. »Hier!« keuchte er! »Sehen Sie! Da (*ratsch* – und wieder eine Seite), und da *(ratsch)* und hier!« Er überschüttete Alfred mit Blättern, herausgerissenen, zerknüllten Seiten, Papier und zerfetzten Einbanddeckeln. »Es funktioniert!« schrie er. »Es muß funktionieren! Das Wilhelm Goldmann Corporation *(ratsch)* patentierte *(ratsch)* crash *(ritsch-ratsch)* regenerations *(fetz)* Verfahren *(reiß)* muß funktionieren!«

Schließlich sank er, erschöpft und am Ende seiner physischen und psychischen Leistungsfähigkeit angelangt, neben den verschüchterten Alfred nieder, halb auf seine Kneescates, halb auf einen Berg zerfetztes, zerknülltes Wilhelm-Goldmann-Corporation-Patentpapier gebettet. Ein leises Schluchzen drang aus seiner Brust.

Alfred richtete sich langsam auf, wischte sich mit einer unbewußten Geste einen Rest Schoko-Soja-Simulat aus dem Gesicht und warf dem schluchzend daliegenden Verkäufer einen abfälligen Blick zu.

»Ha«, machte er.

ACHTUNG! VEREHRTE LESER!
DIE NACHFOLGENDEN SEITEN DER ANTHOLOGIE »GANYMED« WURDEN VOM WILHELM GOLDMANN VERLAG ERSTMALIG IN DER NEUARTIGEN CRASH-REGENERATIONS-METHODE GEDRUCKT! REISSEN SIE DIE SEITE HERAUS! SIE WERDEN SEHEN – SIE WÄCHST NACH! (pat. by Wilhelm Goldmann Corporation of Osaka, Osaka)

»Echtbuch!«

Als Wiltfred das nächste Mal aufsah, war der Laden leer.

Stunden später, wie es ihm schien, rappelte er sich aus einem Berg verschmutztem und unbrauchbarem Papier auf und wankte, wie ein toter Cowboy halbwegs über seinen Kneescates liegend, zu seiner Verkaufsbox zurück. Seine Rechte umklammerte noch immer das Buch, mit dem alles begonnen hatte. Aus trüben, tränengeröteten Augen blickte er auf den Umschlag, drehte es herum und begann mit zitternden Fingern darin zu blättern.

Sein Freudenschrei war selbst auf der Straße noch zu hören.

»Alfred!« kreischte er. »Alfred Zonenrand-Pleißner! Geliebter Alfred! Komm zurück! Komm zurück!«

Natürlich kam Alfred Zonenrand-Pleißner nicht zurück. Aber das war auch gar nicht nötig, denn Wiltfred verbrachte die nächsten zweieinhalb Stunden damit, das Buch glücklich und reglos in Händen zu halten und auf die nachgewachsene Seite zu starren.

Aber vielleicht war es auch ganz gut, daß Alfred nicht zurückkam. Denn als Wiltfred das Buch zuklappte und dann an der regenerierten Stelle wieder aufschlug, da

w
a s
m t i kh k
jt k g
dsf jhf i j
f g h k i
g g
k jhk u
fg z b
t j hkjglfh gfrt dsjnbr sfds fjh z u k gh vgf
g f g r hgfdd s f d uhlh d bn t
f b v g df g h jjk k kgfhf fhgjgjgjgztzvbvfd
f g
hzgtfr kgh e

Ganymed

Jupiter besitzt nach unserem derzeitigen Kenntnisstand 16 Monde, die in vier Vierergruppen aufgeteilt sind. Die (von innen gezählte) zweite Gruppe sind die großen Jupitermonde, die sogenannten galileischen Monde Io, Europa, Ganymed und Kallisto.

Ganymed ist der größte Jupitermond mit einem Durchmesser von 5270 km (also etwa der anderthalbfache Erdmond-Durchmesser). Seine mittlere Entfernung vom Jupiter (Planetenmittelpunkt) beträgt 1 071 000 km, das sind 15 Jupiterradien. Er umläuft Jupiter auf nahezu Kreisbahn (Bahnexzentrizität nur 0,001) in 7,155 Tagen, die Neigung seiner Umlaufbahn gegenüber der Umlaufebene Jupiters um die Sonne beträgt etwa 3°.

Ganymed erscheint mit hellen und dunklen Flecken auf seiner Oberfläche, und seit der Voyager-1-Mission kennt man Bilder von ihm, die seine eigenartig marmorierte Oberfläche zeigen. Er trägt einerseits rundliche dunkle Flecken, ältere, von Kratern zerfurchte Gegenden, andererseits aber jüngere helle Rillenbänder mit etwa 5 bis 15 km breiten Rinnen, deren Ursache noch ungeklärt ist. Zu diesen Streifungen kennt man nichts Vergleichbares auf Mond und Mars.

Ganymed wurde 1610 vom italienischen Naturforscher Galileo Galilei und vom deutschen Astronom Simon Marius (Mayr) unabhängig voneinander und fast gleichzeitig entdeckt. Galilei genügte dazu ein einfaches Fernrohr mit 30facher Vergrößerung. Marius taufte den Jupitermond nach dem Jüngling Ganymed aus der griechischen Mythologie, der von Zeus zu seiner persönlichen Freude in den Olymp entführt wurde. Ganymed, der von außerordentlicher Schönheit war, diente den Göttern als Mundschenk.

Die vier großen Jupitermonde wurden von Galilei in seinen Ketzereiprozessen als gewichtigstes Argument für das kopernikanische Weltsystem ins Feld geführt. Außerdem nutzte der dänische Astronom Ole Römer 1675 ihre Mondphasen zur erstmaligen Berechnung der Lichtgeschwindigkeit.

T. L. B.

Sternen-Anthologien

IM GOLDMANN-TASCHENBUCH

Die einzige Buchreihe Deutschlands, in der ausschließlich deutschsprachige SF-Autoren gefördert werden.

Antares	(23365)
Beteigeuze	(23385)
Canopus	(23391)
Deneb	(23405)
Eros	(23417)

Verlangen Sie das Gesamtprogramm beim
Goldmann Verlag · Neumarkter Straße 18 · 8000 München 80

SF-Länderbände

IM GOLDMANN-TASCHENBUCH

Bibliothek der SF-Weltliteratur

Die neue und bisher konkurrenzlose Reihe auf dem deutschen SF-Markt – die beste SF aus unbekannten Ländern.

23410

23424

23403

Verlangen Sie das Gesamtprogramm beim
Goldmann Verlag · Neumarkter Straße 18 · 8000 München 80

Arthur C. Clarke

IM GOLDMANN-TASCHENBUCH

Der berühmteste SF-Autor Englands

23009

23011

23054

23070

Verlangen Sie das Gesamtprogramm beim
Goldmann Verlag · Neumarkter Straße 18 · 8000 München 80

Frederik Pohl

IM GOLDMANN-TASCHENBUCH

Der meistausgezeichnete SF-Autor der siebziger Jahre.

Der lautlose Krieg (23392)
Jenseits des blauen Horizonts (23384)
Jem - die Konstruktion einer Utopie (23360)
Gateway (23299)
Der Plus-Mensch (23266)
Katalysatoren (23251)
Neue Modelle (23246)
Venus nähert sich der Erde (23217)
Invasion vom Sirius (23215)
Jenseits der Sonne (23205)
Die Welt wird umgepolt (23134)

Verlangen Sie das Gesamtprogramm beim
Goldmann Verlag · Neumarkter Straße 18 · 8000 München 80

Theodore Sturgeon

IM GOLDMANN-TASCHENBUCH

Der Literat unter den SF-Autoren

Hinter dem Ende der Zeit (23408)
Auf dem Floß der Zeit (23399)
Fährmann ins All (23395)
PSI-Talente (23339)
In einer fremden Haut (23326)
Nach dem Exodus (23233)
Prognose: positiv (23200)
Der Gott des Mikrokosmos (23195)
Licht von den Sternen (23192)
Tausend Schiffe am Himmel (23189)
Das Geheimnis von Xanadu (23188)
Die lebenden Steine (23187)
Sein Name war Mensch (23184)

Verlangen Sie das Gesamtprogramm beim
Goldmann Verlag · Neumarkter Straße 18 · 8000 München 80

Neue Talente

IM GOLDMANN-TASCHENBUCH

23381

23382

23383

23386

23393

23396

23404

Verlangen Sie das
Gesamtverzeichnis
beim
Goldmann Verlag
Neumarkter Str. 18
8000 München 80

23409